环境监测与环保技术应用

王娟　郝欣欣　曹玉龙　著

吉林科学技术出版社

图书在版编目（CIP）数据

环境监测与环保技术应用 / 王娟，郝欣欣，曹玉龙
著 . -- 长春 : 吉林科学技术出版社 , 2023.6
ISBN 978-7-5744-0639-1

Ⅰ.①环… Ⅱ.①王… ②郝… ③曹… Ⅲ.①环境监
测—研究②环境保护—研究 Ⅳ.① X

中国国家版本馆 CIP 数据核字 (2023) 第 136517 号

环境监测与环保技术应用

著　王　娟　郝欣欣　曹玉龙
出 版 人　宛　霞
责任编辑　袁　芳
封面设计　乐　乐
制　　版　长春美印图文设计有限公司
幅面尺寸　185mm×260mm
开　　本　16
字　　数　280 千字
印　　张　18
印　　数　1-1500 册
版　　次　2023年6月第1版
印　　次　2024年2月第1次印刷

出　　版　吉林科学技术出版社
发　　行　吉林科学技术出版社
地　　址　长春市福祉大路5788号
邮　　编　130118
发行部电话/传真　0431-81629529 81629530 81629531
　　　　　　　　　　 81629532 81629533 81629534
储运部电话　0431-86059116
编辑部电话　0431-81629518
印　　刷　三河市嵩川印刷有限公司

书　　号　ISBN 978-7-5744-0639-1
定　　价　120.00元

前　言

　　环境监测是通过对反映环境质量的指标进行监视和测定，以确定环境污染状况和环境质量的高低。环境监测的内容主要包括物理指标的监测、化学指标的监测和生态系统的监测。环境监测是科学管理环境和环境执法监督的基础，是环境保护必不可少的基础性工作。环境监测的核心目标是提供环境质量现状及变化趋势的数据，判断环境质量，评价当前主要环境问题，为环境管理服务。

　　在环保工作当中，环保工作人员对主要污染源的探索、污染程度的分析、环保工作重点的把握、环境污染发展趋势的预测等，都与环境监测的有效帮助密不可分。环境监测可以进一步指明环保工作的方向与缺陷，帮助环保工作人员更加高效、高质量地开展工作，真正完成环境治理的工作目标。借助环境监测工作的开展，相关工作人员可以及时获取监测区域的土壤、水体、大气等污染情况，并提供给相关企业，帮助环保部门及时找到环保工作中的缺陷，从而提高环保工作水平。除此之外，借助环境监测还可以精准地判断出首要污染源及其具体发展趋势，帮助环保工作人员更有针对性地完善与制订防治工作方案，确保环保工作能够具有更加明确的方向，从而提高工作效率。

　　自然生态环境是人们生存发展的保障，是推动经济进步、科技发展的重要基础。因此，保护环境对我国的发展至关重要。我国需从多个方面落实环境保护工作，不仅要在法律政策方面予以落实，还要从不同的细节展开。检测工作对各项环保工作的落实有着较高的价值，可从多方面约束不同经济体、个人的行为，从而为我国环境保护工程项目的展开提供依据，促进全体人民环境保护意识的提升，使环境保护工作落到实处。

　　本书以环境和环境污染为切入点，由浅入深地论述了污染物来源和性质、环境监测与环境影响评价，阐述了环境污染与环境监测、水质监测、大气环境监测、土壤环境监测，系统地探究了水污染控制、水土保持、空气污染控制，分析了生态环境监测及环保技术发展，以期为读者理解、践行环境监测与环保技术应用提供有价值的参考和借鉴。本书内容翔实、逻辑合理，在撰写的过程中遵循理论与实践相结合的原则，适用于从事环境保护研究以及相关工作的专业人士。

本书由王娟、郝欣欣、曹玉龙所著，具体分工如下：王娟（中赟国际工程有限公司）负责第七章、第八章、第九章内容的撰写，计8万字；郝欣欣（山东省潍坊生态环境监测中心）负责第二章、第三章、第五章、第六章内容的撰写，计10万字；曹玉龙（河北省唐山生态环境监测中心）负责第一章、第四章、第十章、第十一章内容的撰写，计10万字。

笔者在撰写本书过程中，借鉴了许多专家和学者的研究成果，在此表示衷心的感谢。本书研究的课题涉及的内容十分宽泛，尽管笔者在写作过程中力求完美，但仍难免存在疏漏，恳请各位专家批评指正。

王　娟　郝欣欣　曹玉龙

2023 年 6 月

目　录

第一章 环境污染与环境监测综述

第一节 生存环境与人类

一、生存环境与人类的关系

生物的生存环境，通俗地讲是指在生物中直接或者间接影响人类生存和变化的要素和原因，习惯上分为自然环境和生活环境。广泛概念的自然环境包括地球五大圈——大气圈、水圈、土圈、岩石圈和生物圈，具体涉及阳光、空气、水、温度、气候、地质、岩石、土壤、动植物、微生物以及地壳的稳定性等诸多自然因素。本书所提到的生存环境，均指自然环境，是人类生活和生产所必需的生活和生产资料的天然来源，具体地说，它包括大气、土壤、水、生物、地质等环境。

人类与生存环境的关系自始至终就异常密切，相互依存、相互影响和制约。环境是人类赖以生存的基础；反之，人类的任何活动也对环境产生着直接或间接的影响。环境客观规律的发生、发展和变化等均不以人的意志为转移，人类任何主观的需求都不会对客观的属性产生变化，人类的活动更不会影响其自身的发展变化，人类依附环境形成和转化出的物质和能量生存和繁衍。同时，人类通过各种生活及生产活动对自然界产生作用，引起生存环境的千变万化，时刻改变着周围环境的面貌。人类从诞生之日起，就不断地向周围环境释放物质和能量，其中包含许多危害环境的废弃物。人类与环境的这种物质、能量与信息的交换持续地起着积极作用或消极作用。可以说，人类与生存环境是一种"和谐式矛盾"关系。从一定角度看，这种"和谐式矛盾"关系本质上是双向流动的相互作用、相互影响、客观存在的既统一又对立的关系。人类与环境的矛盾体现在对立方面，人类活动不能永无止境地从环境中索取，也不能无休止地向环境排放废弃物。统一关系是指人类与生存环境的一种息息相关的依赖关系，人类以生存环境为载体，存在于一定的环境空间里，并且与环境时时刻刻发生各种联系。当人类对环境的主观改变达到一定限度时，环境就会以客观性的自身变化规律来阻抗人类，比如，一些自然灾害的发生就是这种阻抗的客观表现。在人类与环境的这种关系中，人类付出了沉重代价。恩格斯在《自然辩证法》中曾指出："我们不要过分陶醉于我们人类对自然界的胜利。对于每一次这样的胜利，自然界都对我们进行了报复。"这实质上指出了现今社会共同关注的一个大问题，即环境问题。

环境问题是人类和地球环境演变到一定阶段的必然产物。人类自从在地球上出现，就与环境在对立统一关系中逐渐崛起。这种"和谐式矛盾"在人类与环境的相互作用下源远流长。

当人类处于原始社会阶段时，这种对立统一关系处于初级状态。早期的人类实际上在与各种环境进行着生存竞争，但人类各种活动只是单纯地依靠环境，没有能力去改变和影响环境，这就决定了当时人类与环境之间的矛盾并不突出。

随着人类社会的发展，人口数量大幅增长。尤其是人类社会进入农业文明时代以后，人类大刀阔斧地改造周围环境，人口数量剧增。顷刻，人类与生存环境的矛盾日益凸显。例如，滥伐森林造成严重的水土流失、盲目地开垦使草原遭到破坏加速沙漠的扩张、没经过科学论证的不合理的引水灌溉造成土壤盐渍化。其实这是环境对人类无节制活动的一种对抗性反作用。在这种反作用的影响下，曾经闻名一世的巴比伦文明古国，在干旱、洪水、风沙的侵袭下加剧了灭亡。为了生存，人们离开恶劣的环境，出走他乡。早期存在的环境问题，尚未达到危及人类生存的地步。因此，人类也没有意识到这是环境对人类的一种客观性对抗。

进入现代工业时代，情况发生了根本性改变。随着科学技术的进步和社会经济的发展，人类社会的生产力、人口数量、生活范围和规模迅速增加和扩大，人们在对环境进行改造的同时，依然固执地破坏着环境，导致人与自然环境之间的矛盾日益凸显，因此环境问题越发严重。此时，环境的结构组成、物质循环方式和强度都发生了极大变化，在人们使用产品的同时，生产和消耗中所产生的废气、废水、废渣没有经过处理、同化，直接投放回自然环境。长久以来，有害废弃物得不到有效的降解，环境质量渐渐地恶化，不断地威胁着人类及其他生物的生命。农业现代化也派生出许多方面的环境问题。自 20 世纪以来，环境问题出现了两次高潮。第一次高潮出现在 50—60 年代，对于工业比较发达的国家，环境污染达到了非常严重的程度，直接威胁人们的生命和安全，成为当时重大的社会问题。第二次高潮出现在 20 世纪 80 年代初，持续的污染给环境带来了严重危害和影响，使大范围生态遭到破坏。

早年间的各个国家都发生过类似的事件，如美国洛杉矶光化学烟雾事件、1934 年美国的"黑风暴"事件、英国伦敦烟雾事件、比利时马斯河谷事件等，在人类创造高度物质文明的同时，忽略了自身给周围环境所带来的不利影响。就在今天的比利时，人口剧增与生存环境的问题仍然很严峻，存在如酸雨、森林锐减、臭氧层破坏和"温室效应"等诸多问题。各个国家都没有意识到人与自然共生的重要性，因此要解决人类与环境这种"和谐式矛盾"。

由此看来，人类与生存环境之间长期的发展关系应该是相辅相成、共生共荣的，人类逐渐地学会了顺其自然、自然而然。从最初人类对环境的完全依赖到通过物质文明的崛起而影响自然环境，随着自然环境的恶性循环对人类产生新的不良影响，人类的生存开始面临严重的危机。至此，人类开始反思自己的过往，重视对环境的影响并开始采取挽救的措施，最终又回到向大自然学习经验，学会与环境相互依存、和谐共生。其目的是尽力遵循环境发展规律，注重使人类与环境能够共生共荣。对此人类做出了相应的反应，例如美国的"死河复活"、英国的"雾都改观"、中国的"三北"防护林带、日本的"花园工厂"等。各个国家的行为活动都表示出人类与环境共生共荣的意愿，否则人类必然遭到环境的报复和惩罚。如人类目前面临的各种污染便是大自然对人类的惩罚之一。人类在环境的反影响下，及时地调整了物质工业行为活动，在与自然环境良性互动的关系下进行发展。

这里要指出的是，在世界工业的发展与人类环境资源和环境意识的提高下，国际环境法产生了。它的发展大致分为五个阶段，下面对其各个阶段的历史进行详细的阐述。

从 20 世纪 20 年代到第二次世界大战结束是国际环境法的萌芽期。在此期间，第一个签订环境资源的公约是 1921 年日内瓦签订的关于油漆中使用无铅的公约，这样的国际环境公约共有 3 项。

国际环境法的初步成长期是从第二次世界大战结束到 1972 年联合国人类环境会议召开前，此次会议于 6 月 5—16 日在瑞典首都斯德哥尔摩召开。此时，国际环境公约多达 56 项。可以看出，各个国家对环境资源已经开始重视。

接下来，国际环境法的蓬勃发展期是从联合国人类环境会议到 1982 年内罗毕会议这段时间。人类环境会议明确了全球一体、保护生物圈的整体观念，113 个参加的国家一致通过了《人类环境宣言》和《世界环境行动计划》，并且喊出了"与地球同在"的口号。同时，会议将每年的 6 月 5 日作为"世界环境日"。在本次会议后接下来的十年里，签订国际公约 40 项。至此，国际环境法发展上有了突破性的进展，它代表原则性的全球环境法正式成立。

国际环境法的成熟期是由内罗毕会议后到 1992 年的联合国环境与发展大会这段时间。1982 年 5 月 10—18 日在肯尼亚首都内罗毕，联合国环境规划署召开了特别的会议，会议中主要明确了未来十年的工作目标，发表了内罗毕宣言。《保护臭氧层维也纳公约》（1985）、《核事故及早通报公约》（1986）、《核事故或辐射紧急情况援助公约》（1986）、《关于消耗臭氧物质的蒙特利尔议定书》（1987）、《控制危险废物越境转移及其处置的巴塞尔公约》（1989）等都是在此期间签订的。

1992 年 6 月 3—14 日在巴西里约热内卢召开了联合国环境与发展大会，有全球 118

个国家的领导人参加。大会签署了 5 个文件，其中《生物多样性公约》和《气候变化框架公约》属于强制法，它们具有现行国际法最强的法律约束力。

我国也在国际上积极参与众多关于环境保护的各类活动，其中签订的国际环境与资源保护公约、条约多达 50 余项。

这里需要理顺以下几个关系。

树立可持续发展的观念。环境问题涉及人类文明，人类必须与自然环境和谐相处，走可持续发展之路，这是人类文明发展的必然趋势。

（1）只有在长期、可持续发展的优越生存环境下，人类才能实现与环境的物质、能量和信息的高效率交换。

（2）人类与自然环境需要建立起一种相互依存的共生关系，才能相辅相成地有机结合成一体，共同发展。

（3）人类文化的进步离不开良好的社会环境，人类在通过对自然界利用的认识上，去推动社会的良性发展和民族的进步。

（4）人类与自然的关系应该是共生共荣的，这就要求全人类的环境意识要强，并且知识健全才能够保证人类与环境可持续发展，使人类更融洽地适应环境，更好地生活，与环境更久地持续性发展。

简言之，人类和环境之间的对立统一，在任何时候都是有必要的，与环境紧密联系是在经济建设时期实现经济效益、社会效益和生态效益的高度协调，维护人类与环境关系唯一的办法，以确保环境的可持续发展和人类的可持续共生。

二、环境污染对健康的影响

生存环境的污染物会通过空气、水、食物等介质侵入人体，直接或间接影响人体健康。具体表现在引起感官和生理机能的不适，引发急、慢性中毒，产生病理变化，甚至器官的衰竭或是胎儿的畸形。

污染不同导致其对健康的危害也不同。以大气污染、水体污染、土壤污染和食品污染为例，分述如下。

（1）大气污染。近几十年来，医学界发现传染病的发病率和死亡率不断下降，而癌症的发病率和死亡率却在不断上升。国际癌症研究中心（IARC）自 1971 年以来组织了 21 个国家 134 名专家对 368 种化学物质进行鉴定，认为对人类有致癌作用的化学物质有 26 种，其中大气中的致癌物质大部分是有机物，如多环芳烃及其衍生物，小部分是有毒的无机物，如砷、镍、铍、铬等，这些化学致癌物对人类健康具有潜在的危害。大量文献资料表明，最近 20 年来，城市大气中的苯并芘浓度和煤烟量与肺癌死亡率有显著的相关性。据统计，2010 年全世界共有 22.3 万人死于空气污染导致的肺癌。预计到 2033 年，全球新增癌症病例将达到 2500 万，其中大部分来自发展中国家。

（2）水污染对人类健康影响表现在多个方面。一是它会导致急性和慢性中毒，主要表现在：被化学有毒物质污染的水会通过饮用水或食物链导致人体中毒，如甲基汞中毒（Minamata disease）、镉中毒、砷中毒（Arsenic poisoning）、铬中毒、氰化物中毒和其他多氯联苯中毒等。二是水是一种能传染疾病的介质。例如，人类和动物粪便等生物污染物可以导致细菌肠道传染病，如伤寒、痢疾、肠炎、霍乱等。肠道常见的病毒有脊髓灰质炎病毒、柯萨奇病毒、回波病毒、腺病毒、呼肠孤病毒、传染性肝炎病毒，可以通过水污染传染疾病。此外，水还可以传播各种寄生虫病。三是水的污染有致癌、致畸和诱变的作用。例如，一些致癌物、致畸物和诱变剂可以污染水体，并在悬浮固体、沉积物和水生生物中积累。长期饮用这些水可能会导致癌症，引起胎儿畸形或异常。四是水污染对人类健康也有间接的影响。虽然有些污染物对人体没有直接的危害，但是它可以阻碍了的正常使用。铜、锌、镍等物质在一定浓度下可以抑制微生物的生长和繁殖，从而影响水中有机物的分解和生物氧化，抑制水的自净化能力，影响水的卫生状态。也就是说，污染物会导致水的感官特性恶化。

（3）受病原污染的土壤可以传播传染病，如伤寒、副伤寒、痢疾、病毒性肝炎等。传染性疾病的病原体与病人、粪便携带者和他们的衣服、用具、洗涤污水污染的土壤，通过雨水侵蚀和渗透，将病原体带入地表水或地下水，帮助这些疾病流动起来。寄生虫病通过被污染的土壤和蛔虫病传播。人们直接接触土壤，或食用受污染的蔬菜、瓜果等，很容易感染寄生虫病。蛔虫的虫卵在土壤中成熟，钩虫卵必须在土壤中孵出钩蚴才有传染性。由此可见，土壤对寄生虫病的传播有极其重要的作用。

一些传染病，特别是与动物有关的疾病也是通过土壤传播给人类的。例如，在受污染的土壤中，绵羊、牛、猪和马粪的钩端螺旋体病，在土壤中存活数周，然后通过黏膜或皮肤伤口侵入人体中，导致疾病。芽孢杆菌可以在土壤中存活数年甚至数十年。像破伤风、芽孢杆菌、肉毒杆菌等病原体也可以形成孢子，并在土壤中存活很长时间。人体伤口受到土壤污染后，容易感染破伤风或气性坏疽。此外，土壤的有机物污染是蚊子和啮齿动物的滋生地，也是蚊子、啮齿动物和许多传染病的重要媒介。

受有毒化学物质污染的土壤，主要通过地表或地面作物对人体产生影响，对人体的影响是间接的。土壤被任何有毒的废渣和有毒化学物质污染，如杀虫剂，可以通过雨水冲刷、携带和渗透污染水源。人类和牲畜通过饮水和食物导致中毒。

（4）食品污染涉及生物性污染、重金属污染、有机物污染等很多方面。当人们大量食用受污染的食品时，会发生急性中毒，也就是我们所说的食物中毒，如细菌性食物中毒、农药食物中毒、霉菌毒素中毒等。即使经常性地少量食用受污染的食品，也一样可以引起中毒，只不过是慢性的。中毒后除了表现出一些临床症状外，还可表现为生长迟缓、不孕、流产、死胎等生育功能障碍。除此之外，各类添加剂造成的食品污染也日渐走入人们的视野。现代人的现代化饮食，过分追求食品的"色、香、味"，大多数添加剂都是化学物质，如防腐剂、杀菌剂、漂白剂、抗氧化剂、甜味剂、调味剂、着色剂等都具有一定的毒性，经常性地食用含有这些物质的食品，会使有毒物质在体内积累，长期下来对人体存在严重危害。为此，食品化学添加剂的污染正逐渐受到人们的重视。

第二节　环境和环境污染

一、环境

（一）环境的定义

环境指影响人类生存和发展的各种天然的和经过人工改造的自然因素的总体，包括大气、水、海洋、土地、矿藏、森林、草原、野生生物、自然遗迹、人文遗迹、自然保护区、风景名胜区、城市和乡村等。环境是由大气圈、水圈和土壤圈各圈层的自然环境与以生物圈为代表的生态环境共同构成的物质世界——自然界，包括自然界产生的和人类活动排放的各种化学物质形成的"化学圈"。但环境并不是以上几个圈的零散集合，而是一个有机整体，包括以上所有物质与形态的组合及其相互关系。

环境也指环绕于人类周围的所有物理因素、化学因素、生物因素和社会因素的总和。几个圈层共存于环境中，互相依赖、互相制约，并保持着动态平衡。人类与环境所构成的这样一个复杂的多元结构的平衡体系一旦被打破，必然会导致一系列的环境问题。虽然环境对一定的刺激有着调节作用和缓冲能力，可以经过一系列的连锁反应，建立起新的动态平衡，但这些刺激若超过了环境本身的缓冲能力，就会由量变引起质变，从而改变环境的性质和质量，使环境受到污染和破坏。

（二）环境的分类

环境既包括以空气、水、土地、植物、动物等为内容的物质因素，也包括以观念、制度、行为准则等为内容的非物质因素；既包括自然因素，也包括社会因素；既包括非生命体形式，也包括生命体形式。通常按环境的属性，可将环境分为自然环境、人工环境和社会环境。

自然环境是指未经过人的加工改造而天然存在的环境。自然环境按环境要素，又可分为大气环境、水环境、土壤环境、地质环境和生物环境等，主要是指地球的五大圈——大气圈、水圈、土圈、岩石圈和生物圈。

人工环境是指在自然环境的基础上经过人的加工改造所形成的环境，或人为创造的环境。人工环境与自然环境的区别，主要在于人工环境对自然物质的形态做了较大的改变，使其失去了原有的面貌。

社会环境是指由人与人之间的各种社会关系所形成的环境，包括政治制度、经济体制、文化传统、社会治安、邻里关系等。

（三）环境的组成

通常按照人类生存环境的空间范围，可由近及远、由小到大地将环境分为聚落环境、地理环境、地质环境和星际（宇宙）环境等层次结构，而每一层次结构均包含各种不同的环境性质和要素，并由自然环境和社会环境共同组成。

1. 聚落环境

聚落是指人类聚居的中心，活动的场所。聚落环境是人类有目的、有计划地利用和改造自然环境而创造出来的生存环境，是与人类的生产和生活关系最密切、最直接的工作和生活环境。聚落环境中的人工环境因素占主导地位，也是社会环境的一种类型。人类的聚落环境，从自然界中的穴居和散居，直到形成密集栖息的乡村和城市。显然，聚落环境的变迁和发展，为人类提供了安全清洁和舒适方便的生存环境。但是，聚落环境及周围的生态环境由于人口的过度集中、人类缺乏节制的频繁活动，以及对自然界的资源和能源超负荷索取而受到巨大的压力，造成局部、区域乃至全球性的环境污染。因此，聚落环境历来受到人们的重视和关注，也是环境科学的重要和优先研究领域。

聚落环境根据其性质、功能和规模可分为院落环境、村落环境、城市环境等。

（1）院落环境

院落环境指的是将功能存在差异的建筑物组合在一起，由不同场院所构成的环境单元。其发展形态、基本布局、组织架构、发展规模等方面，与其功能单元之间存在较大的分化差异，完善程度也不尽相同。最简单的组成可以是一座屋舍，也可以是一个规模巨大的庄园。鉴于发展之间的不平衡，它可以十分简陋，也可以具有现代化的防震功能、消解噪声功能、调节温度功能，是现代化的住宅形式。其时代特征鲜明，地方特征浓郁。例如，在广大的北极地区，有着特色鲜明的因纽特人屋舍；在我国广大的西南地区，有着当地的代表性建筑竹楼；在北部的内蒙古，蒙古包成为一大亮点；窑洞则是黄土高原的代表性建筑。北方的建筑十分强调"向阳门第"，与此相对应的南方则更加看重"阴凉通风"。上述内容表明，在人类发展中，院落环境需要因地制宜，与生产诉求、生活需要更加紧密地结合起来。

院落环境在保障人类工作、生活和健康及促进人类发展过程中起到了积极的作用，但也相应地产生了消极的环境问题。例如，南方房子阴凉通风，以致冬季在室内比在室外阳光下还要冷；北方房屋注意保暖而忽视通风，以致室内空气污染严重。因此，在今后聚落环境的规划设计中，要加强环境科学的观念，在充分考虑利用和改造自然的基础上，创造出内部结构合理并与外部环境协调的院落环境。所谓内部结构合理，不但要求各类房间布局适当、组合成套，而且要求有一定的灵活性和适应性，能够随着居民需要的变化而改变一些房间的形状、大小、数目、布局和组合，机动灵活地利用空间，方便居民生活。所谓与外部环境协调，也不仅是从美学观点出发，在建筑物的结构、布局、形态和色调上与外部环境相协调，更重要的是从生态学观点出发，充分利用自然生态系统中能量流和物质流的迁移转化规律来改善工作和生活环境。例如，在院落的规划设计中，要充分考虑太阳能的利用，以节约燃料、减少大气污染等。

院落环境的污染主要是由居民的生活"三废"造成的。解决办法是提倡院落环境园林化，在室内、室外、窗前、房后种植瓜果、蔬菜和花草，美化、净化环境，调控人类、生物与大气之间的二氧化碳与氧气平衡。近年来，国内外不少人士主张大力推广无土栽培技术，不但可以创造一个色、香、味俱美，清洁新鲜，令人心旷神怡的居住环境，而且其产品除供人畜食用外，所收获的有机质及生活废弃物又可用作生产沼气来提供清洁能源的原料，其废渣、废液还可用作肥料，以促进人们收获更多的有机质和"太阳能"。这样就把院落环境建造成一个结构合理、功能良好、物尽其用的人工生态系统，同时减少了居民"三废"的排放。

（2）村落环境

村落主要是农业人口聚居的地方。由于自然条件的不同，以及农、林、牧、副、渔等农业活动的种类、规模和现代化程度的不同，无论是从结构、形态、规模上还是从功能上来看，村落的类型都是多种多样的，如平原上的农村、海滨湖畔的渔村、深山老林的山村等。因而，它所遇到的环境问题也各不相同。

村落环境的污染主要来自农业污染及生活污染，特别是农药、化肥的使用使污染日益严重，影响农副产品的质量，威胁人们的身体健康，甚至危及人们的生命。因此，各地必须加强对农药、化肥的管理，严格控制施用剂量、时机和方法，并尽量利用综合性生物防治来代替农药防治，用速效、易降解的农药代替难降解的农药，尽量多施用有机肥，少施用化肥，提高施肥技术和改善施肥效果。

提倡建设生态新农村，走可持续发展道路。应因地制宜，充分利用农村的自然条件，综合利用自然能源，如太阳能、风能、水能、地热能、生物能等分散性自然能源都是资源非常丰富并可更新的清洁能源。各地还可以人工建立绿色能源基地，种植速生高产的草木，以收获更多的有机质和"太阳能"，从而改变自然能源的利用方式，提高其利用率。另外，把养殖业的畜禽粪便及其他有机质废物制成沼气，既可以提供给人们生活作为煮饭燃料、照明能源等，又可以降低污染、美化环境，是打造低碳新农村的可行之路。

（3）城市环境

城市环境是人类利用和改造环境而创造出来的高度人工化的生存环境。城市有现代化的工业、建筑、交通、运输、通信、文化娱乐设施及其他服务行业，为居民的物质和文化生活创造了优越条件，但是由于城市人口密集、工厂林立、交通阻塞等，所以城市环境遭受严重的污染和破坏。

城市是以人为主体的人工生态环境，其特点是人口密集；占据大量土地，地面被建筑物、道路等覆盖，绿地很少；物种种群发生了很大变化，野生动物极少，而多为人工养殖宠物；城市环境系统是不完全的生态系统，在城市中主要是消费者，而生产者和分解者所占比例相对较小，与其在自然生态系统中的比例正好相反，呈现出以消费者为主体的倒三角形营养结构。城市的生产者（植物）的产量远远不能满足人们对粮食的需要，必须从城市外输入。城市因消费者而产生的大量废弃物自身又难以分解，必须送往异地。为满足城市系统的正常运行而形成的城市系统中的巨大能源流、物质流和信息流对环境产生的影响是不可低估的。

2. 地理环境

地理环境是指一定社会所处的地理位置以及与此相联系的各种自然条件的总和，包括气候、土地、河流、湖泊、山脉、矿藏以及动植物资源等。地理环境是能量的交错带，位于地球表层，即岩石圈、水圈、土壤圈、大气圈和生物圈相互作用的交错带上。它下起岩石圈的表层，上至大气圈下部的对流层顶，厚 10~20km，包括了全部的土壤圈，其范围大致与水圈和生物圈相当。概括地说，地理环境是与人类生存和发展密切相关的，直接影响人类衣、食、住、行的非生物和生物等因子构成的复杂的对立统一体，是具有一定结构的多级自然系统，包括水、土、大气、生物圈等子系统。每个子系统在整个系统中都有各自特定的地位和作用，非生物环境都是生物（植物、动物和微生物）赖以生存的主要环境要素，它们与生物种群共同组成生物的生存环境。这里是来自地球内部的内能和来自太阳辐射的外能的交融地带，有着适合人类生存的物理条件、化学条件和生物条件，因而构成了人类活动的基础。

3. 地质环境

地质环境主要是指地表以下的坚硬地壳层，也就是岩石圈部分。地理环境是在地质环境的基础上，在宇宙因素的影响下发生和发展起来的。地理环境和地质环境，以及星际环境之间经常不断地进行着物质和能量的交换。岩石在太阳能作用下的风化过程，使被固结的物质解放出来，参加到地理环境中去，参加到地质循环乃至星际物质大循环中去。

如果说地理环境为我们提供了大量的生活资料、可再生的资源，那么地质环境则为我们提供了大量的生产资料——丰富的矿产资源和难以再生资源。矿物资源是人类生产资料和生活资料的基本来源，对矿产资源的开发利用是人类社会发展的前提和动力。

4. 宇宙环境

宇宙环境又称为星际环境，是指地球大气圈以外的宇宙空间环境，由广袤的空间、各种天体、弥漫物质以及各类飞行器组成。

目前人类能观察到的空间范围已达 100 多亿光年的距离。各星球的大气状况、温度、压力差别极大，与地球环境相去甚远。在太阳系中，我们居住的地球距离太阳不近也不远，正处于"可居住区"之内，转动得不快也不慢，轨道离心率不大，致使地理环境中的一切变化既有规律，又不过度剧烈，这些都为生物的繁茂昌盛创造了美好的条件。地球是目前我们所知道的唯一一个适合人类居住的星球。我们研究宇宙环境是为了探求宇宙中各种自然现象及其发生的过程和规律对地球的影响。例如，太阳的辐射能量变化和对地球的引力作用会影响地球的地理环境，与地球的降水量、潮汐现象、风暴和海啸等自然灾害有明显的相关性。人类对太阳系的研究有助于人们对地球的成因及变化规律的了解，有助于人们更好地掌握自然规律和防止自然灾害，创造更理想的生存空间，同时也为星际航行、空间利用和资源开发提供了可循依据。

（四）城市化对环境的影响

1. 城市化对大气环境的影响

第一，城市化改变了下垫面的组成和性质。湿地、草原、土壤、森林等自然地面被混凝土、瓦片、砖石等所取代，原有的地面热能交换环境被改变，大气的物理特点发生了一定的变化。

第二，大气的热量状况因为城市化而发生了变化，更多的热能被释放出来。大气环境能够更好地对这一热能进行接收，它有时能够超越自身太阳能的接收度，造成乡村地区的气温明显低于城市地区。

第三，城市化使更多的污染物被排出，空气污染加剧。下述污染物使得城市大气环境发生了明显的变化。

汽车能够排放出大量的污染气体，包括 CO、烟尘、光学烟雾等，给大气环境带来较多的污染，使大气环境变得更为恶劣。相比较而言，城市的温度要高得多，降雨较多，云雾较多，碳氧化物、烟尘等污染物明显增加。不少城市甚至发生了影响巨大的污染事件，最具典型的为洛杉矶、伦敦所发生的烟雾事件。不过，与风速、可见度、辐射接收量相比较，其辐射明显减少。城市的温度较周边农村要高得多，常常会出现严重的热岛效应。在市区内部，被污染的气流上升，同时不断扩散。乡村地区的新鲜气体则向城区扩散，形成了小范围的环流。如此一来，乡村和城市的气体能够交换，但是也使污染物难以存在于环流当中，难以向更大的范围内传播，使城市的上空被污染圈所笼罩。

2. 城市化对水环境的影响

第一，影响水量。城市化的发展需要持续完善排水系统，尤其是要针对暴雨进行排水系统建设，避免发生渗透问题，使得水流速度加快。但这会导致地下水无法得到较好的水源补充，使得自然界水分循环被严重破坏，峰值流量较之前明显提升。而城市化的发展又使得水源需求量不断增加，造成了供水方面存在各种各样的问题，水源变得更为枯竭。对地下水不进行适度开采，极其容易造成地面下沉问题的出现。

第二，影响水质。运输行业、工业领域、生活领域等行业发展也会给水资源带来严重破坏。

3. 城市化对生物环境的影响

随着城市化步伐的不断加快，生物环境遭到严重破坏，这对生物的生活环境产生了一定的影响。直接的结果便是消费者与生产者有机体直接存在极度不平衡的问题。尤其是随着工商业城市发展速度不断加快，计划无法发挥出其应有的调节作用，经济规律的决定性作用越来越强。不少城市的建筑十分密集，多条道路相互交错，我们常常能够看到混凝土建筑遍布周边，很难看到湿地、草地等。除了更多的人群之外，城市出现了严重的荒漠问题，生命体类型十分单一。特别是在一些繁华的地区，高楼林立，让人内心十分压抑。此外，城市当中的野生动物类型也越来越少，甚至失去了小鸟的影子。从20世纪中叶开始，这一情况备受人们的关注。生态系统不断被破坏，自然界的循环受到了一定的影响。为了使城市环境更为优化，不少国家完善相关措施，扩大绿化面积。不少城市更是致力于优化环境，加大城市清洁力度，全面开展绿化等相关工作。

4. 城市化对环境的其他影响

随着城市化的发展，各种各样的问题产生，如噪声、光学污染、交通混乱、城市交通拥挤等，这些给人民群众的生活带来了极大的困扰，也使我们不得不思考环境问题。城市的发展速度越快，就会引发越严重的环境问题。近年来，发达国家的人口向周边郊区转移的趋势更为明显。城市中心的居民人数急剧下降，形成了一种崭新的生活方式，他们休息日在郊区生活、工作日在城市工作，这也使得交通的压力更大，产生了更多的能源消耗，也造成了更为严重的大气污染。

城市化发展不可逆转，然而，城市的规模如果太大，也会产生各种各样的弊端。为了尽可能避免城市化带来负面的影响，需要从下述方面着手：对人口进行控制；征收一定的保护税；对企业进行必要的疏导；构建大规模的卫星城，也可以进行中、小城市的划分。

二、环境污染

（一）环境污染的含义

生态系统的平衡只是一种暂时的动态平衡。由于系统的内部因素或外部条件的影响，这种平衡也会遭到暂时、局部的破坏，产生我们所说的环境污染问题。生态系统受到破坏的原因有两类：一类是自然界本身变异所造成的破坏或自然环境中本来存在对人类及其他生物生存有害的因素。这一类问题称为原生环境问题，如火山爆发、地震、水旱灾害、台风、海啸、流行病等。虽然这些因素对生态系统的破坏是极其严重的，并且具有突发性的特点，但通常只是局部的、出现的频率不高，对人类生存影响并不是很大。例如，火山爆发会产生大量的二氧化碳、二氧化硫、火山灰等有害物质（美国华盛顿州的圣·海伦斯山在1982年6个月内就喷出 9.1×10^5t 二氧化碳），从而破坏了自然界原有的碳、硫循环，污染了环境。另一类是人类活动的影响所造成的环境问题，也称次生环境问题。人类在利用自然资源进行生产活动，改善人类生活条件的同时，也向周围环境排出了大量的废弃物，其数量远远超过了生态系统的自身调节能力，使正常的生态关系被打乱，造成了生态平衡的失调、环境污染，这种环境污染的程度可以简单地用下式来表示。

人类活动的冲击、破坏—包括自净功能在内的自然界动态平衡恢复能力＝环境污染所造成的公害。

由于人为因素对生态平衡的破坏而导致的对生态系统平衡的破坏是最常见的、最主要的，这种影响往往是缓慢的、长效应的，而且这种破坏作用常常是难以扭转的。因此，次生环境问题是人类更为关注的环境问题。我们所说的环境污染，主要是对次生环境问题而言。

综上所述，我们可以给环境污染下这样的定义：环境污染是指人类活动使环境要素或其状态发生了变化，环境质量恶化，以致破坏了生态系统的平衡和人类的正常生活条件，并对人类和其他生物产生危害的现象。简单地说，环境因为人类活动的影响而改变了原有性质或状态的现象称为环境污染。

（二）环境污染的特征

不同种类的污染物所造成的环境污染也不完全相同。但总体来说，它们都具有以下几个共同特征。

（1）影响范围大。环境污染所涉及的地域十分广阔，如由于二氧化碳浓度增高而产生的"温室效应"将会对全球性气候产生巨大影响。另外，环境污染一旦产生，不但会影响人类健康，而且也会影响动物、植物、微生物等其他生物物种的生存和发展。

（2）作用时间长。环境一旦被污染，所有生存在该环境内的生物体每时每刻都受到影响。随着时间的推移，它对生物体的危害也逐渐显现出来，并可能产生严重后果。

（3）污染物浓度低，情况复杂。污染物进入环境以后，由于受到大气、水体的稀释，一般浓度都比较低，多数在 10^{-6}（百万分之一）级。但是它们可以通过生物或物理化学作用发生转化、代谢、降解、富集，从而改变原有的性质、状态和浓度，甚至产生新的污染物。这些污染物作用于生物体，往往产生复杂的联合作用，危害更大。

（4）污染容易，治理难。环境一旦被污染，要想使其恢复到原有的状况，不但费力大、代价高，而且在很长时间内难以奏效。有些污染物如重金属和部分难以降解的有机物污染土壤或水源后，会长期残留在土壤或水中。

三、环境污染对人体健康的危害

人每时每刻都在一定的环境中生活，并和环境进行物质和能量的交换，因此环境质量的好坏将直接关系到人体的健康。

未受污染的环境对人体的功能是合适的，人们能正常吸收环境中的物质而进行新陈代谢的生命活动。一旦外界环境发生异常变化，必然会影响人体正常的生理功能。虽然人类具有调节自己的生理功能来适应不断变化着的环境的能力（如人体可以通过调节体温来适应环境中气候的变化），但是这种调节是有一定限度的。如果环境的异常变化超过了人类正常生理调节的限度，环境污染物就会以各种方式进入人体，引起人体某些功能和结构发生异常，甚至造成病理性变化，引起疾病。使人体发生病理性变化的环境因素称为环境致病因素，可分为三大类：一是化学性因素，如有毒气体、重金属、农药、化肥及其他对人体有害的有机和无机化合物；二是物理性因素，如噪声、放射性物质的辐射作用、恶臭、电磁波、热污染等；三是生物性因素，如细菌、病毒等。这些因素大都与环境污染有关，因此人类疾病的产生在很大程度上是由环境污染引起的。

由环境污染而引起的疾病，多数无明显的临床症状，但是当微量毒物进入人体内并形成蓄积时，最终将会发生功能性变化，导致疾病产生。因此，我们不能以人体是否已出现临床症状来评价环境污染的严重程度，而应全面了解多种环境因素对人体正常生理和生化功能的作用，及早发现临床的前期变化。所以，在评价环境污染对人体健康的影响时，必须从以下几个方面来考虑。

（1）是否引起急性或慢性中毒；

（2）是否有致癌、致畸和致突变作用；

（3）是否会引起寿命的缩短；

（4）是否会引起生理功能的降低。

环境污染与人体健康的关系极其复杂，这是环境医学领域中一个很重要的研究课题。污染物在人体内的吸收、代谢、蓄积、转移、排泄过程及污染物中毒症状之间的相应联系还没被充分认识。目前，许多国家已经投入了大量的人力、物力，开展环境污染与人体健康的研究，重点是研究心血管病、癌症、呼吸道疾病及畸胎、基因突变与环境污染的关系。大量的动物实验和癌瘤流行病学的调查已经证实，世界癌症发病率的提高、临床罕见病种的出现，均与环境污染关系十分密切。因此，保护环境，减少污染，不断改善环境质量是提高全人类健康水平的重要措施。

第三节　污染物来源和性质

一、环境污染物概述

（一）环境污染物的定义

环境污染物是指进入环境后使环境的正常组成和性质发生直接或间接有害于人类的变化的物质。大部分环境污染物是由人类的生产和生活活动产生的。有些物质原本是生产中的有用物质，甚至是人和生物必需的营养元素，由于未充分利用而大量排放，不但造成资源的浪费，而且可能成为环境污染物。一些污染物进入环境后，通过物理或化学反应或在生物作用下会转变成危害更大的新污染物，也可能降解成无害物质。不同污染物同时存在时，可因协同或拮抗作用使毒性增大或减小。

环境污染物是环境监测研究的对象。

（二）污染物的化学类别

根据化学结构和性质特点，对环境产生危害的化学污染物可分为九类，具体介绍如下。

（1）元素。包括铅、镉、铬、汞、砷等重金属元素和准金属、卤素、氧（臭氧）、磷等。

（2）无机物。包括氰化物、一氧化碳、氮氧化物、卤化氢、卤素化合物（如 ClF、BrF_3、IF_5、BrCl、IBr 等）、次氯酸及其盐、硅的无机化合物（如石棉）、磷的无机化合物（如 PH_3、PX_3、PX_5）、硫的无机化合物（如 H_2S、SO_2、H_2SO_3、H_2SO_4）等。

（3）有机烃化合物。包括烷烃、不饱和烃、芳烃、多环芳烃等。

（4）金属有机和准金属有机化合物。包括四乙基铅、羰基镍、二苯铬、三丁基锡、单甲基或二甲基胂酸、三苯基锡等。

（5）含氧有机化合物。包括环氧乙烷、醚、醇、酮、醛、有机酸、酯、酐和酚类化合物等。

（6）有机氮化合物。包括胺、腈、硝基甲烷、硝基苯和亚硝胺等。

（7）有机卤化物。包括四氯化碳、饱和或不饱和卤代烃（如氯乙烯）、卤代芳烃（如氯代苯）、氯代苯酚、多氯联苯和氯代二噁英类等。

（8）有机硫化合物。如烷基硫化物、硫醇、巯基甲烷、二甲砜、硫酸二甲酯等。

（9）有机磷化合物。主要是磷酸酯类化合物，如磷酸三甲酯、磷酸三乙酯、磷酸三邻甲苯酯、焦磷酸四乙酯、有机磷农药、有机磷军用毒气等。

二、环境污染物的来源

按照污染物的来源，可以把污染物分为两大类，即生产性污染物和生活性污染物。

（一）生产性污染物

生产性污染物来自人类的各种生产活动，使大量自然界原来不存在的人工合成化合物（近 200 万种）及固体废物、放射性物质、噪声等进入环境，造成环境污染。生产性污染物主要有以下几类。

1. 工业"三废"

工业生产中排出的废水、废气、废渣称为工业"三废"。它们在生产性污染物中所占比例最大。

绝大多数生产过程都离不开水。在工业生产中，水可以用来作传热的介质、工艺过程中的溶剂、洗涤剂、吸收剂、萃取剂、生产原料或反应物的反应介质。生产中大量使用水，同时也不可避免地排出大量废水，造成水体污染。废水中的有害成分很多，如有毒的有机物、酸、碱、重金属盐类、氰化物、氮和磷的化合物、难生物降解的物质、油类及其他漂浮物质、易挥发性物质等。

任何一个生产过程都不可能将原料全部转化为我们所需要的产品，而产品以外的固体剩余物就是我们所说的废渣。如采矿业排出的煤矸石、废石、尾矿；冶金业的高炉炉渣、钢渣、赤泥；燃料燃烧时排出的煤灰渣、粉煤灰；化工行业排出的硫铁矿渣、磷石膏、盐泥以及各种各样的工业垃圾等。

2. 农业生产污染物

生产性污染物的另一个来源是农业生产活动。化肥的大量使用，虽使农作物产量大大提高，但同时也造成了农村地下水和饮用水源的污染及湖泊等水体的富营养化。农药的使用在防治农作物病虫害方面发挥着很大作用，但过量使用不仅造成水体、土壤污染，还使害虫抗药性增强、害虫天敌死亡，导致病虫害猖獗。近年来我国生产农药品种 200 多个，原药生产量约 40 万吨（折纯），排名世界第二位，年使用农药达 45 亿亩次。长期大量施用化学农药，还对生态系统结构和功能产生严重危害，使生物物种退化，多种生物种群濒临灭绝，农药污染所造成的损失也逐年增加。由于农用地膜在自然环境中难以降解，地膜的大量使用已经造成了农田的"白色污染"，成为破坏土壤结构的一种新型污染物。大量的粪杂肥未经处理就直接排放也会造成农村水源、土壤、空气的污染。

3. 放射性污染物

造成放射性污染的人工污染源主要有核武器试验、核燃料循环中排放的各种放射性废物、供医疗诊断用的电离辐射源、放射性同位素及带有辐射源的各种装置、设备等。

核试验是全球性放射性污染的主要来源。在大气层进行核试验时，放射性沉降物会对大气、地面、海洋、动植物和人体造成污染。其中，部分放射性污染物还会在高层大气中长期停留，随后缓慢地向全球扩散并散落在世界各地，造成全球性的污染。这些放射性污染物主要是核裂变材料的裂变产物，如锶—90、铯—137、碘—131、氚、碳—14、钚—239 等。

核能工业的中心问题是核燃料的产生、使用和回收。核燃料循环中铀矿的开采和冶炼、净化与转化，铀—235 的浓缩，燃料的制备与加工，核燃料的燃烧，废核燃料的运输、后处理和回收以及核废物的贮存和处置等过程中均会给周围环境带来一定程度的核污染。

就整个核工业而言，在正常情况下，核工业企业对环境的污染不会超过国际辐射防护委员会规定的有关标准，对人体也不会构成危害。但是个别核设施可能由于意外的事故，逸出大量的放射性物质，会造成严重的放射性污染。如 1986 年苏联切尔诺贝利核电站的意外爆炸事故就是一个典型的例子，那次事故造成了 30 亿美元的经济损失，当场死亡 31 人，还有数万人在今后几十年内很可能由于受到辐射作用而患病甚至死亡。

放射性物质在医学、工农业生产及科学研究中的应用也在不断发展，在医学中的应用最为广泛，主要用于对某些疾病的诊断和治疗。例如，用钴—60 照射治癌、碘—131 治疗

甲状腺功能亢进、X 射线的透视等，所有这些过程都会有一定量的放射性物质排入环境，给病人和医务人员带来一定的影响。

4. 噪声污染

人类文明及与人类文明相协调的工业技术的发展，也增加和增强了自然界里的声音，其中有些是不和谐的声音或对人体有害的、人们不需要的声音，即噪声。噪声污染也成了当今世界的公害之一。

噪声的来源有交通噪声（机动车辆、火车、船舶发出的噪声）、工业噪声（工业生产过程中各类机械设备发出的噪声）、建筑噪声（城市建筑施工所产生的噪声）等。

人们在社会生活中也常出现噪声，称为社会噪声，如人群的喧闹声、沿街的高音喇叭声、文化娱乐场所的高强度声响等。

（二）生活性污染物

进入 20 世纪以来，随着生产力的发展，城市的规模不断扩大，特别是人口的急剧增加及人们生活水平的不断提高，粪便、垃圾、污水等生活性废物的排出量已达到惊人的数字，如处理不当，也会对环境产生污染。仅就垃圾一项而言，世界人均发生量为 440 ~ 500kg/a，其数量之多、处理难度之大，已经成了世界各国面临的一大难题。我国人均垃圾排放量也大体处于这一水平，并且以每年 10% 的速度增长。

综上所述，环境污染物可以以气态、液态、固态、胶态、声波和辐射线等几种状态存在，被污染的对象则是大气、水体、土壤和生物（包括人类本身）。

三、污染物的性质

污染物的种类繁多，性质各异，对其常见属性可归纳如下。

（一）自然性

长期生活在自然环境中的人类，对自然物质有较强的适应能力。有人分析了人体中 60 多种常见元素的分布规律，发现其中绝大多数在人体血液中的百分含量与它们在地壳中的百分含量极为相似。但是，人类对人工合成的化学物质的耐受力则要小得多。所以区别污染物的自然或人工属性，有助于估计它们对人类的危害程度。

（二）毒性

在环境污染物中，氰化物、砷及其化合物、汞、铍、铅、有机磷和有机氯等的毒性都很强，部分具有剧毒性，处于痕量级就能危及人类和生物的生存。决定污染物毒性强弱的主要因素除了其性质、含量外，还有其存在形态。例如，简单氰化物（氰化钾、氰化钠等）的毒性强于络合氰化物（铁氰络离子等）。又如，铬有二价、三价和六价三种形式，其中六价铬的毒性很强，而三价铬则是促进人体新陈代谢的重要元素之一。

（三）时空变异性或扩散性

污染物进入环境后，随着水和空气的流动被稀释扩散，可能造成由点源到面源更大范围的污染，而且在不同空间位置上，污染物的浓度分布随着时间的变化而不同。这是由污染物的扩散性和环境因素所决定的，如水溶解性好的或挥发性强的污染物，常能被扩散输送到更远的距离。

（四）活性和持久性

活性表示污染物在环境中的稳定程度。活性高的污染物，在环境中或在处理过程中易发生化学反应生成比原来毒性更强的污染物，构成二次污染，严重危害人和生物的健康与生存。如垃圾焚烧过程中产生的二噁英就是最典型的例子。

与活性不同，持久性表示有些污染物能长期地保持其危害性的特性。如持久性有机污染物（POPs）与重金属铅、镉和铍等都具有毒性，且在自然界中难以降解，并可形成生物蓄积，长期威胁人类的健康和生存。

（五）生物可分解性

有些污染物能被生物所吸收、利用并分解，最后生成无害的稳定物质。大多数有机物都有被生物分解的可能性。如苯酚虽有毒性，但经微生物作用后可以被分解而变得无害化。但也有一些有机物长时间不能被微生物分解，属于难降解有机物，如二噁英等。

（六）生物累积性

有些污染物可在人类或生物体内逐渐积累、富集，尤其在内脏器官中长期积累，由量变到质变最终引起病变，危及人类和动植物健康。如镉可在人体的肝、肾等器官组织中蓄积，造成各器官组织的损伤；水俣病则是由甲基汞在人体内蓄积而引起的。

（七）对生物体的联合作用

在环境中，只存在一种污染物的可能性很小，往往是多种污染物同时存在，因此考虑多种污染物对生物体作用的综合效应是必要的。根据毒理学的观点，混合物对生物体的联合作用主要包括加和、协同和拮抗三类作用。加和作用是指毒物联合作用的毒性等于其中各毒物成分单独作用毒性的总和。如果毒物联合作用的毒性对环境的危害比污染物的简单相加更为严重，则称为协同作用，如伦敦烟雾事件的严重危害就是由烟尘颗粒物与二氧化硫之间的协同作用所造成的。另一类是污染物共存时反而使危害互相削弱，这类相互作用称为拮抗作用，如有毒物质硒可以抑制甲基汞的毒性。

在研究环境容量和制定各种污染物的排放标准时，首先要了解各种环境污染物的性质，这对于确定目标监测污染物、合理进行采样点的布设、准确评价污染物对环境的影响都是十分必要的。

第四节　生态环境标准

生态环境标准是指为了防止环境污染，维护生态平衡，保护人群健康，对生态环境保护工作中需要统一的各项技术规范和技术要求所做的规定。根据国家的生态环境政策和法规，在综合考虑本国自然环境特征、社会经济条件和科学技术水平的基础上，规定生态环境中污染物的允许含量和污染源排放污染物的数量、浓度、时间和速度、监测方法，以及其他有关技术规范。我国在 20 世纪 70 年代几乎没有环境法律法规。1974 年 1 月 1 日实施的《工业"三废"排放试行标准》是我国第一项环保标准，也是我国环保事业起步的重要标志。20 世纪 80—90 年代，《中华人民共和国环境保护法》等法律原则性规定地方政府对辖区环境质量负责，并规定排放超标者应缴纳超标排污费；2000 年修订的《中华人民共和国大气污染防治法》确立了排放标准"超标即违法"原则；"十一五"期间推行减排考核，探索开展了对政府环境质量的目标考核，该考核措施在 2008 年修订的《中华人民共和国水污染防治法》中得到进一步强化；2014 年修订的《中华人民共和国环境保护法》进一步加大了对超质量、排放标准的问责力度，明确对污染企业罚款上不封顶。过去 40 多年是我国环境保护标准法律约束力不断增强的重要阶段，生态环境标准随着国家和社会对环保工作的日益重视而加速发展。2020 年 11 月 5 日，《生态环境标准管理办法》的颁布，表明我国已经形成了完整的生态环境标准体系。

一、生态环境标准的作用

生态环境标准对于环境保护工作具有"依据、规范、方法"三大作用，是政策、法规的具体体现，是强化生态环境管理的基本保证。其作用体现在以下几个方面。

（一）生态环境标准是执行环境保护法规的基本手段，又是制定环境保护法规的重要依据

我国已经颁布的《中华人民共和国环境保护法》《中华人民共和国大气污染防治法》《中华人民共和国水污染防治法》《中华人民共和国土壤污染防治法》《中华人民共和国海洋环境保护法》等法律中都规定了有关实施环境标准的条款。生态环境标准具有法规约束性，并且具有强制性、规范性、区域性、阶段性、科学性和先进性。

（二）生态环境标准是强化环境管理的技术基础

生态环境标准是实施环境保护法律、法规的基本保证，是强化环境监督管理的核心。生态环境标准同环境法相配合，在国家环境管理中起着重要作用。在处理环境纠纷和污染事故的过程中，生态环境标准是重要依据。

（三）生态环境标准是环境规划的定量化依据

生态环境标准用具体的数值体现环境质量和污染物排放应控制的界限。生态环境质量标准提供了衡量环境质量状况的尺度；污染物排放标准为判断污染源是否违法提供了依

据；方法标准、样品标准和基础标准统一了生态环境质量标准和污染物排放标准的技术要求，为生态环境质量标准和污染物排放标准提供了技术保障，同时有利于实现环境监督的科学管理。

（四）生态环境标准是推动科技进步的动力

生态环境标准具有科学性和先进性，代表了今后一段时期内科学技术发展的方向，使标准在某种程度上成为判断污染防治技术、生产工艺与设备是否先进可行的依据，成为筛选、评价环保科技成果的一个重要尺度，对技术进步具有导向作用。

（五）生态环境标准是环境评价的准绳

依靠生态环境标准，能做出定量化的比较和评价，正确判断环境质量的优劣，从而为控制环境质量、设计切实可行的治理方案提供科学依据。

此外，大量生态环境标准的颁布，对促进环保仪器设备及样品采集、分析、测试和数据处理等技术方法的发展也起到了强有力的推动作用。

二、生态环境标准的分级和分类

（一）生态环境标准的分级

生态环境标准体系是指根据环境标准的性质、内容和功能，以及它们之间的内在联系，对其进行分级、分类，使其构成一个有机统一的标准整体。该整体既具有一般标准体系的特点，又具有法律体系的特性。然而，世界上对生态环境标准没有统一的分类方法，可以按适用范围划分，可以按环境要素划分，也可以按用途划分。目前应用最多的是按用途划分，一般可分为环境质量标准、污染物排放标准和基础方法标准等；按适用范围，可分为国家标准、行业标准和地方标准等；而按环境要素，可分为大气环境质量标准、水质标准和水污染控制标准、土壤环境质量标准、固体废物污染控制标准和噪声控制标准等。其中对单项环境要素又可按不同的用途进行再细分，如水质标准又可分为生活饮用水卫生标准、地表水环境质量标准、地下水环境质量标准等。

我国已形成了以生态环境质量标准和污染物排放标准为核心，以生态环境监测标准和环境管理规范类标准为重要组成部分，以相关行业标准、地方标准和团体标准为补充的生态环境标准体系。

1. 国家生态环境标准

国家生态环境标准包括国家生态环境质量标准、国家生态环境风险管控标准、国家污染物排放标准、国家生态环境监测标准、国家生态环境基础标准和国家生态环境管理技术规范。国家生态环境标准在全国范围或者标准指定区域范围内执行，具有法律约束力。

同属国家污染物排放标准的行业型污染物排放标准优先于综合型和通用型污染物排放标准；行业型或者综合型污染物排放标准未作规定的项目，应当执行通用型污染物排放标准的相关规定。

2. 地方生态环境标准

地方生态环境标准包括地方生态环境质量标准、地方生态环境风险管控标准、地方污染物排放标准和地方其他生态环境标准。地方生态环境标准在发布该标准的省、自治区、直辖市行政区域范围或者标准指定区域范围内执行。根据《中华人民共和国环境保护法》，地方标准制定的原则是：①对国家生态环境质量标准或国家污染物排放标准中未作规定的项目，可以制定地方生态环境质量标准或地方污染物排放标准；②对已作规定的项目，可以制定严于国家标准的地方生态环境质量标准或地方污染物排放标准。相应地方标准应当报国务院生态环境主管部门备案。

各地制定的地方生态环境质量标准、地方生态环境风险管控标准和地方污染物排放标准，依法优先于国家标准执行。各地除应执行各地相应标准的规定外，尚需执行国家有关环境保护的方针、政策和规定等。

国家和地方生态环境质量标准、生态环境风险管控标准、污染物排放标准和法律法规规定强制执行的其他生态环境标准，以强制性标准的形式发布。法律法规未规定强制执行的国家和地方生态环境标准，以推荐性标准的形式发布。

3. 团体标准

2018 年 1 月 1 日正式实施的《中华人民共和国标准化法》的标准分类中，增加了团体标准。其定义为：团体标准是依法成立的社会团体为满足市场和创新需要，协调相关市场主体共同制定的标准。团体是指具有法人资格，并且具备相应专业技术能力、标准化工作能力和组织管理能力的学会、协会、商会、联合会和产业技术联盟等社会团体。如《光谱法水质在线监测系统技术导则》（T/CWEC 13—2019）团体标准于 2019 年 10 月 17 日由中国水利企业协会发布，并于 2019 年 11 月 1 日起实施。团体标准能够充分体现行业追求，及时反映行业特点。可以预期，中国环境保护产业协会主导的团体标准未来有可能成为环境领域内应用广泛、行业地位较高的环保标准。

（二）生态环境标准的类别

我国生态环境标准分为六类，其中，生态环境质量标准和污染物排放标准是生态环境标准体系的主体，生态环境监测标准、生态环境基础标准和生态环境管理技术规范标准为生态环境标准体系的重要组成部分。

1. 生态环境质量标准

生态环境质量标准是对环境中有害物质和因素所做的限制性规定，包括大气环境质量标准、水环境质量标准、海洋环境质量标准、声环境质量标准、核与辐射安全基本标准。生态环境质量标准是开展生态环境质量目标管理的技术依据。因此制定生态环境质量标准，应反映生态环境质量特征，以生态环境基准研究成果为依据，与经济社会发展和公众生态环境质量需求相适应，科学合理确定生态环境保护目标。

2. 生态环境风险管控标准

生态环境风险管控标准包括土壤污染风险管控标准，以及法律法规规定的其他环境风险管控标准。制定生态环境风险管控标准，应当根据环境污染状况、公众健康风险、生态环境风险、环境背景值和生态环境基准研究成果等因素，区分不同保护对象和用途功能，科学合理确定风险管控要求。土壤污染风险管控标准主要用于风险筛查和分类，而非质量达标评价。土壤污染风险管控标准属于强制性标准，是开展生态环境风险管理的技术依据。

3. 污染物排放标准

污染物排放标准包括行业型、综合型、通用型、流域（海域）或者区域型四种类型。污染物排放标准执行的优先顺序为：①地方污染物排放标准优先于国家污染物排放标准。②同属国家污染物排放标准的，行业型污染物排放标准优先于综合型和通用型污染物排放标准。③同属地方污染物排放标准的，流域（海域）或者区域型污染物排放标准优先于行业型污染物排放标准，行业型污染物排放标准优先于综合型和通用型污染物排放标准；流域（海域）或者区域型、行业型或者综合型污染物排放标准均未作规定的项目，应当执行通用型污染物排放标准的相关规定。

4. 生态环境基础标准

生态环境基础标准包括生态环境标准制定技术导则、生态环境通用术语、图形符号、编码和代号（代码）及其相应的编制规则等。生态环境基础标准在具有统一规范的生态环境标准的制定技术工作，以及生态环境管理工作中具有通用指导意义。

5. 生态环境监测标准

为监测生态环境质量和污染物排放情况，开展达标评定和风险筛查与管控，规范布点采样、分析测试、监测仪器、卫星遥感影像质量、量值传递、质量控制、数据处理等监测技术要求，制定生态环境监测标准。生态环境监测标准包括生态环境监测技术规范、生态环境监测分析方法标准、生态环境监测仪器及系统技术要求、生态环境标准样品等。

生态环境监测标准是生态环境质量标准、生态环境风险管控标准、污染物排放标准制定和实施的重要基础，同时在优先控制化学品环境管理、国际履约等生态环境管理及监督执法中有着重要的支撑作用。

6. 生态环境管理技术规范

生态环境管理技术规范包括大气、水、海洋、土壤、固体废物、化学品、核与辐射安全、声与振动、自然生态、应对气候变化等领域的管理技术指南、导则、规程、规范等，是为规范各类生态环境保护管理工作提出的技术要求。生态环境管理技术规范属于推荐性标准。

三、生态环境标准的法律意义

作为环境法有机组成部分的生态环境标准，其在配合环境法实施过程中，具有不同的法律意义。

（一）生态环境质量标准是确认环境是否已被污染的根据

所谓环境污染，是指某一地区环境中的污染物含量超过了适用的环境标准规定的数值。因此，判断某地区环境是否已被污染，只能以适用的环境质量标准为根据。

环境法规定，造成环境污染危害者，有责任排除危害并对直接遭受损失的单位和个人赔偿损失。如果排污者排放的污染物在环境中的含量超过了环境质量标准的规定，应依法承担相应的民事责任。因此，生态环境质量标准也是判断排污者是否应承担民事责任的依据。

（二）污染物排放标准（或控制标准）是确认某排污行为是否合法的根据

污染物排放标准是为污染源规定的最高容许排污限额（浓度或者总量）。因此，从理论上来说，排污者如以符合排污标准的方式排放污染物，则其排污行为是合法的；反之，则是违法排污。合法排污者只有在其排污造成了环境污染危害时，才依法承担民事责任。超标排污造成重大的污染事故，导致公私财产遭受重大损失或者人身伤亡的严重后果的，还将依法承担刑事责任。

（三）生态环境基础标准和生态环境监测方法标准是环境纠纷中确认各方所出示的证据是否合法根据

在环境纠纷中，争执双方为了证明自己的主张正确，都会出示各自的"证据"。这些"证据"旨在证明生态环境已经或者没有受到污染，或者证明排污是合法的或是违法的。确认这些"证据"是否合法，就成了解决环境纠纷的先决条件。

合法的证据必须与"生态环境质量标准"，或"污染物排放标准"中所列的指标限额数值具有可比性。而可比性只有当两者建立在同一基础、同一方法上时才成立。因此，判断争执双方所出示的证据是否合法的办法只能是检定"证据"是否是按生态环境方法标准规定的方法抽样、分析、试验、计算得出来的。如果是，就是合法证据；否则，这些"证据"就没有任何法律意义。

第五节　环境监测与环境影响评价

一、环境监测

（一）环境监测的概念

环境监测是运用现代科学技术方法，以间断或连续的形式定量地测定环境因子及其他有害于人体健康的环境污染物的浓度变化，观察并分析其环境影响过程与程度的科学活动。它是环境科学和环境工程的一个重要组成部分，环境化学、环境物理学、环境生物学、环境地质学、环境经济学、环境管理学、环境医学以及某些新技术是环境监测的基础。

（二）环境监测技术

早期进行环境监测以化学分析为主要手段，建立在对测定对象间断、定时、定点、局部分析的结果上，不能适应及时、准确、全面地反映环境质量动态和污染源动态变化的要求。20 世纪 70 年代后期，随着科学技术的进步，环境监测技术迅速发展，仪器分析、计算机控制等现代化手段在环境监测中得到了广泛应用，各种自动连续监测系统相继问世。环境监测从单一的环境分析发展到物理监测、生物监测、遥感卫星监测，从间断性监测逐步过渡到自动连续监测。监测范围从一个断面发展到一个城市、一个区域、整个国家乃至全球。一个以环境分析为基础、以物理测定为主导、以生物监测为补充的环境监测技术体系已初步形成。

（三）环境监测内容

从监测的环境要素来看，环境监测的内容包括水质监测（各种环境水和废水的监测技术）、大气监测（包括环境空气和废气的监测技术）、土壤与固体废物监测、生物监测、生态监测、物理污染监测等。

1. 水质监测

水质监测的项目非常多，就水体来说有地表水（包括江、河、湖、海、各类景观水体）、地下水、各类工业废水和生活污水等。其主要监测项目大体可分为两类：一类是反映水质受污染的指标，如温度、色度、浊度、pH、电导率、悬浮物、溶解氧、化学需氧量、生化需氧量、氮磷等营养盐；另一类是有毒物质，如酚、氰、砷、铅、铬、镉、汞、有机农药、苯并芘等。除上述监测项目外，还有水体流速和流量测定。

2. 大气监测

大气监测主要是对大气中的污染物质及含量进行监测。目前，已知的空气污染物有100 余种，这些污染物以分子和粒子态存在于空气中。分子态污染物的监测项目主要有二氧化硫、氮氧化物、碳氧化物、臭氧、总氧化剂、卤化氢以及烃类化合物等。粒子态污染物的监测项目主要有总悬浮颗粒物（TSP）、飘尘（IP）、自然降尘量及尘粒的化学组成（如重金属、多环芳烃等）；同时，为了了解粉尘的分散情况，还可对其粒径进行测定。此外，局部地区可根据具体情况增加某些特有监测项目。

3. 土壤与固体废物监测

土壤的污染主要是由两方面因素引起的：一方面是工业废物（如废水和废渣）引起的污染；另一方面是化肥和农药的使用引起的污染。其中，工业废物是土壤污染的主要原因。

4. 生物监测

大气、水、土壤是一切生物生存、生长的条件，无论动物还是植物，都是直接或间接从大气、水、土壤中吸取生长所需营养。伴随着营养的摄入，有害的污染物也通过食物链被摄入生物体内，其中有些毒物在生物体内还会被富集，不仅使动植物生长和繁殖受到损害甚至死亡，还会危害人类健康。因此，对生物体内有害物的监测，以及对生物群落种群变化的监测也是环境监测的内容，具体监测项目视情况而定。

5. 生态监测

生态监测就是观测与评价生态系统对自然变化及人为变化所做出的反应，是对各类生态系统结构和功能时空格局的度量。它包括生物监测和地球物理化学监测。生态监测是比生物监测更复杂、更综合的一种监测技术，是以生命系统（无论是哪一层次）为主进行的环境监测技术。

6. 物理性污染监测

物理性污染监测包括对噪声、振动、电磁辐射、放射性等物理能量的监测。与化学性污染所不同的是，这些污染不会引起人体中毒，但当此类污染超过其阈值时，也会对人体的身心健康造成严重危害，尤其是放射性物质所放出的 α 射线、β 射线和 γ 射线对人体危害可能更大。由此可见，物理性污染监测也是环境监测的重要组成部分。

（四）环境监测分类

环境监测是环境保护和环境科学研究的基础。它既为了解环境质量状况、评价环境质量提供信息，又为贯彻和执行各种环境保护法令、法规和条例提供科学依据。它属于环境规划和管理部门以及厂矿企业进行全面质量管理的一部分。

按照监测目的，环境监测可以分为以下几种类别。

1. 监视性监测（例行监测或常规监测）

监视性监测又称为监督监测或环境质量监测，是指对确定的环境要素或污染物质的现状和变化趋势进行连续的监测，及时发现污染情况，评价污染控制措施的效果以及环境标准实施情况。它可对指定的有关项目进行定期的、长时间的监测，以确定环境质量及污染状况、评价控制措施的效果，衡量环境标准实施情况和环境保护工作的进展。该类监测属于"环境监测站第一位主体工作"。

2. 特定目的监测

特定目的监测主要包括污染事故监测、仲裁监测、考核验证监测及咨询服务监测。

（1）污染事故监测

在发生污染事故时进行应急监测，以确定污染物扩散方向、扩散速度和危及范围，为控制污染提供依据。这是针对已发生的污染事故进行的突击性监测，以确定污染物的种类、污染程度和危害范围，协助判断与仲裁造成事故的原因，并及时采取有效措施降低或消除事故的危害。其通常采用流动监测（车、船等）、简易监测、低空航测、遥感等手段。如汶川大地震后对饮用水的监测、龙江河镉污染事故监测。

（2）仲裁监测

仲裁监测主要针对污染事故纠纷、环境执法过程中所产生的矛盾进行监测。

仲裁监测应由国家指定的具有权威的部门进行，以提供具有法律责任的数据（公证数据），供执法部门、司法部门仲裁。

（3）考核验证监测

考核验证监测主要包括人员技术考核监测、方法验证监测、污染治理项目竣工时的验收监测。

（4）咨询服务监测

咨询服务监测是指为政府部门、科研机构、生产单位所提供的服务性监测。如企业建设新项目时应进行环境影响评价，需要按照评价要求进行室内空气质量监测。

3. 研究性监测（科研监测）

研究性监测是指为研究环境要素或某类污染物在环境中的演化规律、迁移模式以及对环境、人体和生物的影响，为研究控制环境污染的措施和技术要求，为研究监测分析方法、监测仪器制造而进行的各种监测。如环境本底的监测及研究；有毒有害物质对从业人员的影响研究；为监测工作本身服务的研究（统一方法、标准分析方法的研究；标准物质的研制等）。

（五）环境监测的原则

世界上已知的化学品有 700 多万种，进入环境的物质已达 10 万种，在监测过程中，必须有重点、有针对性地对部分污染物进行监测和控制，即遵循优先监测原则。对众多有毒污染物进行分级排序，从中筛选出潜在危害性大、在环境中出现频率高的污染物作为监测和控制的对象。这一筛选过程就是数学上的优先过程，经过优先选择的污染物称为优先污染物。

优先监测的污染物具有以下几个特点：①难降解，在环境中有一定残留水平；②有科学、可靠的监测方法，并能获得准确的数据；③在环境中出现频率高，含量已接近或超过规定标准，并且污染趋势在上升；④样品有广泛的代表性，能反映环境综合质量。

（六）环境监测的特点

（1）生产性。有一个类似生产的工艺定型化、方法标准化和技术规范化的管理模式，数据就是环境监测的基本产品。

（2）综合性。对监测手段、监测对象、监测数据的处理。

（3）追踪性。要保证监测数据的准确性和可比性，就必须依据可靠的量值传递体系进行数据的追踪溯源。

（4）连续性。如同水文气象数据一样，只有在有代表性的监测点位上持续监测，才有可能客观、准确地揭示环境质量发展变化的趋势。

（5）执法性。环境监测所得的数据可作为某些环境纠纷、环境管理、排污收费的重要依据。

（七）环境监测的要求

1. 代表性

代表性是指根据规定在固定地点、时间和要求进行样品采集。其要求样品必须能够准确反映整体环境的现实状况，包括污染物存在情况、污染物环境状况等。现实中污染物的存在具有任意性，不会均匀排列和摆放，所以应当考虑到目标污染物的时空分布情况，进行采样点位布设，提高样品的代表性，如此才能确保真实客观地反映污染物排放状况，体现环境质量。

2. 完整性

完整性是指能够完全按照工作整体计划完成工作任务，具体来说就是根据预期计划获取连续、系统的有效样品，保证样品信息监测的全面性和准确性。

3. 可比性

可比性是指对同一水样污染物使用多样化方法测定，最终获得相同结果。拥有明确的环境标准样品定值，采用多种标准分析方法获得的数据结果，其可比性更佳。可比性的要求包括三点：第一，同一样品在不同实验室的监测结果可比；第二，同一样品在不同实验室的监测结果能够与有关项目数据可比；第三，除特殊情况外，同一项目在往年同一时期内可比。总的来说，就是不同时间、行业、国际和大环境中数据之间可比。

4. 准确性

测定值和真实值的契合度即为准确性，影响监测数据准确性的环节较多，包括样本的现场固定和保存、样品传输以及实验室分析等。通常情况下，是通过监测数据的准确度实现准确性的表征。

5. 精密性

观察测定值是否存在再现性和重复性以精密性表示。通常情况下，是精密性测定是指采用某种固定的分析程序，根据受控条件对同一样品测定值的一致性进行重复分析。精密性能够反映测量系统的随机误差情况，或者是分析使用方法。若测试得出的随机误差小，表示该测试拥有较高的精密度。

二、环境影响评价

随着国际社会对环境保护的重视度越来越高，当前实施环境影响评价相当重要，通过环境影响评价改善环境状况，创造干净卫生的舒适环境。但是，由于国内的环境影响评价发展较晚，未建立完善的体系，整体发展不成熟，仍旧存在各种问题。因此，有关部门应提高对此方面工作的重视度，进一步改进管理体系，推动环境保护工作顺利实施。

（一）环境影响评价的含义与内容

环境影响评价是针对规划项目或工程建设对环境影响的分析和预测。根据当前掌握的信息内容及时作出对应的预防措施，开展符合现实情况的评价，控制工程建设对环境造成的负面影响，使其保持在合理范围内。环境影响评价过程中应匹配实施以工作编制为主的跟踪监测机制，有效约束和规范工作人员的行为。1979年，中国《环境保护法》出台，在法律的明确保障下，环境影响评价工作建立起全面系统的环评运行体系，其主体包括评估与评价环境技术、环评审批、环评监督与环评实施。

（二）环境影响评价工作的意义

从整体角度上看，自然环境与人们生活息息相关，若自然环境破坏严重，必然会对人类活动造成一定的影响，不利于人类对资源的利用，更会危害人类的生活环境。我国政府非常重视生态环境保护，并将其作为重要的工作之一。在环境治理上，我国政府结合当前发展现状和实际需求，设计管理计划，改进和完善相关法律规范，为环境保护提供法律保障，并且基于生态环境保护的立场，大力开展环境勘查、预测和评价工作。同时全面掌握不同区域的生态环境状况，选择适合的方式开展环境保护工作，创造干净卫生的生活环境。

（三）环保新形势下环境影响评价工作

"十四五"规划对我国环境质量提出明确指示，优化环境质量，建立完善的环保制度，并严格落实制度内容，促进生态环境改善。根据国家提出的规划目标，要在新形势下完成环境保护工作，解决环保中的各种问题，优化环境保护体系是首要问题，以强化企业的创新技能，提高流程的科学性。设计合理的清洁生产模式，抑制排放量高、耗能大的行业。积极宣传环境保护知识，增强公众的环保意识，引导公众参与环境保护，提升环保质量。同时宣传环境保护影响评价工作，让大众了解自身享有环境影响评价保护工作的参与权与知情权，保证环境保护信息能够按照正常程序予以公布，提高相关信息公示的透明度。

1.经济与环保的协调性

我国生态环境被严重破坏的主要原因是经济发展，由于经济发展意愿迫切而忽略了生态环境保护问题，如森林被过度砍伐，导致生态平衡被破坏。但庆幸的是，如今人们已经认识到环境保护的重要意义，因此积极开展环境影响评价，通过评价结果合理调控经济发展与环境保护之间的关系。从某种程度上看，发展经济确实能够推动环境保护，减缓环境污染，但是我国环境问题依旧不断恶化，环境破坏仍未停歇。基于此种情况，政府部门有责任、有义务进行干预和控制，发挥政府自身的主导作用，建立规章制度，在确保经济发展的同时注意环境保护，寻找二者协调发展的平衡点。另外，严格监督所有企业的污染控制情况，禁止随意排放污染物，提高减排效果。

2. 监督管理，加大处罚力度

环境影响评价工作有益于群众，但明显制约了企业的快速发展。换句话说，企业的发展因为环境影响评价工作而不得不提高成本投入，缩减企业经营利润，这一点是所有企业轻视环保的根本原因之一。即使企业了解环保制度，也会因为经济利益而刻意忽略，违背环保制度规定。因此身为监督者和管理者，政府需要加大监管力度，将环保管理落实到个人和企业，以更加严格的手段保护生态环境。

政府在实施环境保护管理工作时，对于轻视环境保护工作的企业应予以严厉惩罚，以此警示其他企业重视环境管理工作，认真贯彻落实环境保护机制，控制环境污染。同时提高环境影响评价指令，严厉处罚环境影响工作文件中出现严重问题的评价报告编制单位，为环境影响工作的开展起到督促作用。

3. 加强技术人才队伍的建设

以环评技术人员技术水平问题为核心，设计有助于加强队伍建设的相关措施。

第一，规划能够长期实行的培训学习计划。开展培训是为了提高人才水平，优化人员结构，为社会提供综合型人才，因此应保证每次培训都能取得有效成果。需注意的是，培训时间不能过短，要控制在一周左右，频率两周一次，逐步巩固和加深培训知识内容。培训互动形式多样，可通过共同学员之间的互动或学员与教师之间的互动，促进知识学习和理解，激发学员兴趣，使之积极参与到培训活动中。教师根据学员在学习和工作中遇到的问题重点进行讲解，加强学校与环评企业之间的合作深度，从学校入手进行人才培养，减轻环境影响评价工作重担。

第二，建立专业团队。利用良好的工作环境、高薪酬吸引并留住更多的综合型专业人才，建立专业的人才团队，以新鲜血液促进环境影响评价人员的共同进步。并且，制定相应的奖惩制度，对环境影响评价人员进行定期考核。具体考核内容包括两部分：一是专业知识；二是实际案例分析。依照考核结果了解环境影响评价人员存在的问题，以此设计对应的学习规划，促进环评专业团队的进一步优化和提升。

当前国内的环境保护工作压力巨大，环境迅速恶化，迫使人类不得不让步，反省自身的问题，并开始改变对生态环境的认知和处理方式。我国已经进入全新发展阶段，在新形势下环境保护工作需要从经济发展和环境保护两个方面共同着手，而实行环境影响评价正是协调环境保护和经济发展的重要手段。人们抱怨生活中垃圾遍地、河流污染，抱怨湛蓝的天空已经远离我们，抱怨环保部门不作为等，但是身为环境中的一部分，作为与环境息息相关的主体，我们有义务和责任保护生活的这片土地。例如，在适合的情况下选择骑行或步行；不随意丢弃废品等；企业严格遵守环保规定搞好污染物处理工作；政府发挥监督作用，严格监管相关机构和企业，处罚违规违纪人员。大家要共同努力为环境保护献上自己的一份力量。

第二章　水质监测

第一节　水质标准

一、水资源和水污染

水是地球上分布最广的物质之一。地球上总共有 $1.36 \times 10^9 km^3$ 的水，约 $2.25 \times 10^{12} kg$，分布于由海洋、江、河、湖和大气水分、地下水以及冰川共同构成的地球水圈中。海水占地球水量的97.2%，覆盖71%的地球表面，内陆水体的水只占总量的2.8%。淡水大部分存在于地球南北极的冰川、冰盖中，可利用的淡水资源只有河流、淡水湖和地下水的一部分，总计不到总水量的1%。

2022年《中国水资源公报》发布消息：2022年我国水资源总量为27088.1亿 m^3，全国人均综合用水量为425m^3。我国属于贫水型国家，而且我国水资源主要集中在西南地区，其中西北、华北地区水资源匮乏。因此，保护水资源不受污染就显得更为重要。

水是人类生存、生活和生产的重要物质。地球上的淡水除少量供饮用外，更多地被应用于生活和工农业生产。随着工农业的快速发展以及人口的不断增长，世界用水量也一直在增加，其中发达国家的用水量增幅较大。20世纪初，人类的生活和生产活动，将大量的生活污水、工业废水、农业回流水等未经处理直接排入天然水体，使本来就十分匮乏的淡水水源受到污染，引起水质恶化。20世纪中后叶，水资源污染问题受到了各国政府的重视，各国相继立法针对生活污水、工业废水等提出了排放前的处理要求，并规范了排放标准，初步遏制了水资源继续恶化的趋势。根据联合国环境与发展大会《21世纪议程》中提出的建议，第47届联合国大会于1993年1月18日通过193号决议，决定自1993年起每年的3月22日为"世界水日"，以推动对水资源进行综合性统筹规划和管理，加强水资源保护，解决日益严重的水问题。

水质污染一般可分为化学性污染、物理性污染和生物性污染。

（1）化学性污染。指排入水体的无机和有机污染物造成的水体污染。

（2）物理性污染。指引起水体的色度、浊度、悬浮固体、水温和放射性等监测指标明显变化的物理因素造成的污染。例如，热污染源将高于常温的废水排入水体；水土流失等因素造成水体的悬浮固体指标增加；植物的叶、根及其腐殖质进入水体会造成水体的色度和浊度急剧增大。

（3）生物性污染。未经处理的生活污水、医院污水等被排入水体，引入某些病原菌而造成的污染。

一定量的污染物通过各种途径进入水体后，经大量水的稀释作用和一系列复杂的物理、化学和生物作用，使污染物的浓度大幅度降低的作用称为水体"自净作用"。在水体的自净作用下，水质得到改善。但当污染物累积排入，浓度超过水体的受纳容量，水体的自净作用便会衰退或丧失，造成水质逐渐变差并趋于恶化。

水体的自净作用是水体中物理、化学和生物等作用的综合贡献，包括挥发、絮凝、水解、络合、氧化还原以及微生物降解等作用。

二、水质标准

我国水环境质量标准包括：《生活饮用水卫生标准》（GB 5749—2022）、《地表水环境质量标准》（GB 3838—2002）、《地下水质量标准》（GB/T 14848—2017）和《海水水质标准》（GB 3097—1997）等。

水污染物排放标准包括：《污水综合排放标准》（GB 8978—1996）、《城镇污水处理厂污染物排放标准》（GB 18918—2002）、《医疗机构水污染物排放标准》（GB 18466—2005）、《船舶水污染物排放控制标准》（GB 3552—2018）、《纺织染整工业水污染物排放标准》（GB 4287—2012）等。

（一）《地表水环境质量标准》

《地表水环境质量标准》（GB 3838—2002）适用于我国领域内江河、湖泊、运河、渠道、水库等具有使用功能的地表水水域。

《地表水环境质量标准》将监测项目分为地表水环境质量标准"基本项目"、集中式生活饮用水"地表水源地补充项目"和集中式生活饮用水"地表水源地特定项目"三个层次，根据水域功能进行监测项目的确定。

依据地表水水域环境功能和保护目标，按功能高低依次划分为以下五类。

Ⅰ类：主要适用于源头水、国家自然保护区。

Ⅱ类：主要适用于集中式生活饮用水地表水源地一级保护区、珍稀水生生物栖息地、鱼虾类产卵场、仔稚幼鱼的索饵场等。

Ⅲ类：主要适用于集中式生活饮用水地表水源地二级保护区、鱼虾类越冬场、洄游通

道、水产养殖区等渔业水域及游泳区。

Ⅳ类：主要适用于一般工业用水区及人体非直接接触的娱乐用水区。

Ⅴ类：主要适用于农业用水区及一般景观要求水域。

对应地表水上述五类水域功能，地表水环境质量标准基本监测项目标准值分为五类，不同功能类别分别执行相应类别的标准值。水域功能类别高的标准值严于水域功能类别低的标准值。同一水域兼有多类使用功能时，执行最高功能类别对应的标准值。在具体执行时，要求采用"一票否决制"的评价方法，只要一项指标被评为劣Ⅴ类，无论其他指标优劣，整个水体便都属于劣Ⅴ类。

地表水环境质量标准中还制定了"集中式生活饮用水地表水源地补充项目标准限值"（5项）和"集中式生活饮用水地表水源地特定项目标准限值"（80项）。需要时可通过生态环境部网站查阅标准全文，并根据执行标准时的具体情况选择使用。

特别要提出的是，在首次增加的"集中式生活饮用水地表水源地特定项目标准限值"中，68项为有机污染物，其余多为重金属污染物，这表明人们对水中有机污染物危害的关注。

该标准中不但规定了基本监测项目的标准限值，而且对获取监测数据的分析方法进行了明确限定。

受篇幅所限，需要了解"集中式生活饮用水地表水源地补充项目分析方法"和"集中式生活饮用水地表水源地特定项目分析方法"的具体内容，可查阅标准全文。

（二）《生活饮用水卫生标准》

生活饮用水包括两个含义，即供人生活饮水和生活使用的用水，但不包括饮料和矿泉水。生活饮用水水质卫生要求，是指水在供人饮用时所应达到的卫生要求，是用户在取水点获得水的质量要求。

《生活饮用水卫生标准》（GB 5749—2022）规定了生活饮用水水质要求、生活饮用水水源水质要求、集中式供水单位卫生要求、二次供水卫生要求、涉及饮用水卫生安全的产品卫生要求、水质检验方法。该标准既适用于城乡各类集中式供水的生活饮用水，也适用于分散式供水的生活饮用水。为确保饮用安全，标准中明确规定生活饮用水必须满足以下5项基本要求：①生活饮用水中不应含有病原微生物；②生活饮用水中化学物质不应危害人体健康；③生活饮用水中放射性物质不应危害人体健康；④生活饮用水的感官性状良好；⑤生活饮用水应经消毒处理。

该标准将水质指标分为常规指标（43项）、扩展指标（54项），常规指标反映生活饮用水水质基本状况；扩展指标反映地区生活饮用水水质特征及在一定时间内或特殊情况下水质状况。指标类别涉及微生物指标、毒理指标、感官性状和一般化学指标、放射性指标和消毒剂常规指标。

生活饮用水源水质应参照《地表水环境质量标准》（GB 3838）和《地下水环境质量

标准》（GB/T 14848）执行；水质检测、供水企业管理则应分别参照《城市供水水质标准》（CJ/T 206）和卫生部《生活饮用水集中式供水单位卫生规范》规定执行，以确保各相关标准的协调一致性。同时，选择的指标和限值与世界卫生组织的《饮用水水质准则》具有一致性。

2018 年 6 月，我国首部地方性生活饮用水水质标准——《上海市生活饮用水水质标准》（DB31/T 1091—2018）颁布。该标准在《生活饮用水卫生标准》（GB 5749—2006）106 项指标的基础上，增设了亚硝酸盐氮、N—二甲基亚硝胺（NDMA）、2—甲基异莰醇、土臭素、总有机碳（TOC）、一氯二溴甲烷、二氯一溴甲烷、三溴甲烷、三卤甲烷（总量）和氨氮等指标；并以消毒副产物控制要求和改善水质为目的，对 17 项常规指标限值提高了要求，对供水企业制水工艺优化和水质管理提出了更高的要求，也强化了政府对行业的监管和督查。

（三）《污水综合排放标准》

按照污水排放去向，《污水综合排放标准》（GB 8978—1996）规定了 69 种水污染物最高允许排放浓度及部分行业最高允许排水量，并给出了污水、排水量和排污单位等的界定。

污水：是指在生产与生活活动中排放的水的总称。

排水量：是指在生产过程中直接用于工艺生产的水的排放量，不包括间接冷却水、厂区锅炉、电站排水。

一切排污单位：是指本标准适用范围所包括的一切排污单位。

其他排污单位：是指在某一控制项目中，除所列行业外的一切排污单位。

《污水综合排放标准》将排放的污染物按其性质及控制方式分为两类。

第一类污染物：是指能在环境或动植物体内蓄积，对人体健康产生长远不良影响的污染物。含有第一类污染物的污水或废水，不分行业和污水排放方式，也不分受纳水体的功能类别，一律在车间或车间处理设施排放口采样。

第二类污染物：是指长远不良影响小于第一类污染物，在排污单位排放口采样。

对于同一行业，最高允许排放标准又分为三级，可根据企业性质和排水去向确定达标等级。

《污水综合排放标准》（GB 8978—1996）中不仅规定了各类企业废水的采样位置、采样频率及相应的达标限值，而且要求对各企业的用水总量进行测量，以保证对排水中各监测指标的浓度和排污总量实施双达标控制。

特别需要指出的是，《地表水环境质量标准》（GB 3838—2002）中Ⅰ、Ⅱ类水域和Ⅲ类水域中划定的保护区，《海水水质标准》（GB 3097—1997）中的一类海域，均禁止建设排污口，原有排污口应按水体功能要求实行污染物总量控制，以保证受纳水体水质符合

规定用途的水质标准。

近年来，基于城市受纳水体的环境容量制约，我国部分地方政府纷纷制定了更为严格的水污染物排放限值，如2012年北京市颁布了《城镇污水处理厂水污染物排放标准》（DB11/890—2012），将新建和改建城镇污水处理厂排水中主要污染物控制指标限值提高到《地表水环境质量标准》（GB 3838—2002）Ⅳ类水平，对改善北京市水环境质量和污水资源化利用具有重要意义。

第二节 水质监测技术

一、水质监测与分析的目的

水质监测是生态环境监测的重要组成部分。水质监测是通过对影响水体质量因素的代表值的测定，确定水污染程度及其变化趋势；水质分析则是对水样进行确定其组成和含量的化学分析。因此，水质分析是水质监测中不可或缺的环节。

水质监测可分为环境水体监测和水污染源监测。环境水体监测的对象为地表水（江、河、湖、库、海水）和地下水；水污染源监测的对象为生活污水、医院污水及各种废水。水质监测的目的可概括为以下几个方面。

（1）对进入江、河、湖泊、水库、海洋等地表水体的污染物质及渗透到地下水中的污染物质进行经常性的监测，以掌握水质现状及其发展趋势。

（2）对生产过程、生活设施及其他排放源排放的各类废水进行监视性监测，为污染源管理和排污收费提供依据。

（3）对水环境污染事故进行应急监测，为分析判断事故原因、危害及采取对策提供依据。

（4）对环境污染纠纷进行仲裁性监测，为准确判断纠纷原因和公正执法提供依据。

（5）为国家政府部门制定环境保护法规、标准和规划，全面开展环境保护管理工作提供有关数据和资料。

（6）为开展水环境质量评价、预测预报及进行环境科学研究提供基础数据和手段。

二、监测项目的选择

水质监测项目（或水质监测指标）依据水体的功能和污染源类型不同有较大差异。随着监测手段和分析方法的发展和进步，国际或国内水质监测项目增速较快。但受人力、物力和财力的限制，目前我国对水质监测和污水排放标准推行"常规项目"和"非常规项目"的"双轨制"，而"非常规项目"指标中大多数为有机物测试指标。相信随着测试方法的进一步完善以及大型测试仪器普及率的进一步提升，相当数量的非常规监测指标将逐步被列入常规监测指标中。

在选择水质分析项目时，一般应该考虑以下几个方面。

（1）优先选择国家或地方的水环境质量标准和水污染物排放标准中要求控制的监测项目。

（2）选择对人和生物危害大、对环境质量影响范围广的污染物。

（3）所选监测项目具有"标准分析方法""全国统一监测分析方法"，具备必要的分析测定的条件，如实验室的设备、药剂以及具备一定操作技能的分析人员等。

（4）可根据水体或水污染源的特征和水环境保护功能的划分，酌情增加监测项目。

（5）根据所在地区经济的发展、监测条件的改善及技术水平的提高，可酌情增加某些污染源和地表水监测项目。

（6）对于突发性事故或特殊污染，应重点监测进入水体的污染物，并实行连续的跟踪监测，掌握污染程度及其变化趋势。

遵循上述原则，首先，选择具有广泛代表性的、综合性较强的水质项目，如混浊度、pH、悬浮固体、化学需氧量和生化需氧量等。其次，根据具体情况选择有针对性的水质项目。例如，在进行饮用水及其水源地水质分析时，应优先考虑选择与人体健康密切相关的水质指标，包括温度、色度、混浊度、嗅味、总固体、溶解固体、氯化物、耗氧量、氨氮、亚硝酸盐氮、硝酸盐氮、pH、碱度、硬度、铁、锰等物理检验和化学分析，必要时还应增加对水中主要离子成分（如钾、钠、钙、镁、重碳酸根、硫酸根等）的测定，甚至选择进行全部矿物质、剧毒和"三致"有毒物质以及放射性物质的特殊测定，以确保人们能获得安全的生活饮用水。同时还要进行水源水体中的细菌检验和显微镜观察。根据水源水质情况和净水工艺方法，每个自来水厂的水质分析项目可以略有不同，但所有自来水厂的出水水质都必须达到卫生部颁布的《生活饮用水卫生标准》的要求。

废水排放控制的分析项目也是随不同的废水来源和分析目的而有所不同，为了评价城镇污水处理厂的处理效果，悬浮固体和生化需氧量是两个比较重要的水质监测项目。

地表水监测项目和饮用水水源地监测项目执行 GB 3838—2002 标准，污染源监测项目执行 GB 8978—1996、GB 18918—2002 以及有关行业水污染物排放标准。

三、水质监测分析方法

对于同一个监测项目，可以选择不同的分析方法。正确选用监测分析方法是获得准确测试结果的关键所在。一般而言，选择水质监测分析方法的基本原则如下：①方法灵敏度能满足定量要求；②方法比较成熟、准确；③操作简便、易于普及；④抗干扰能力强；⑤试剂无毒或毒性较小。需要指出的是，并不是分析仪器越昂贵、越先进，获得的测试结果就越理想。

水质监测分析方法有三个层次，三个层次互相补充，构成完整的监测分析方法体系。

（1）国家水质标准分析方法。我国现行的水质标准分析方法主要由生态环境部负责制定。现已编制约 300 项水质标准分析方法。一些是较经典、准确度较高的分析方法，是环境污染纠纷法定的仲裁方法，也是进行监测方法开发研究时作为比对的基准方法。还有一些是近年来新出现的标准，多为自动、便携式的快速监测方法，是新形势下环境监测工作的重要支撑。

（2）统一分析方法。有些项目的监测分析方法尚不够成熟，但这些项目又急需监测，因此经过研究作为统一方法予以推广，在使用中积累经验，不断加以完善，为上升成国家标准方法创造条件。

（3）等效方法。与（1）（2）类方法在灵敏度、准确度、精密度方面具有可比性的分析方法称为等效方法。这类方法可能是一些新方法、新技术，或是直接从发达国家引入的方法。在使用这类方法前，必须经过方法验证和对比实验，证明其与标准方法的作用是等效的。

常规分析测试方法包括化学分析法和仪器分析法。

随着色谱分离与分析仪器的普及，气相色谱法、高效液相色谱法以及质谱联用仪进入了水质分析的方法标准之列，化学分析法和仪器分析法成为水质分析的重要基础，占环境监测项目分析方法总数的 50% 以上。而生物监测和毒性检测方法也逐渐在水质监测中扮演着越来越重要的角色。物理、化学和生物同步、多方位监测，将能更科学地诠释江河湖海的水体质量，为水质安全提供技术保障。

在国家分析方法标准中，对于同一个监测项目也有几种可供选择的分析方法，如在地表水环境质量标准基本项目分析方法中提供了铜（Cu）的两种分析方法，即 2, 9—二甲基—1, 10—菲啰啉分光光度法和二乙基二硫代氨基甲酸钠分光光度法。两种方法虽均为分光光度法，但方法原理不同、灵敏度也不同，方法的检出限依次为 0.02mg/L、0.01mg/L。因此，各监测分析方法具有不同的适用范围和选择性。

不同的分析方法之间也存在互补性。如对于热不稳定性或水溶性好的有机物，通常选用液相色谱法比较适合；反之，则选择气相色谱法更为合理。因此，熟练掌握分析方法的特性和特点，就能做到扬长避短，更好地解决水质监测中的复杂问题。

我国暂无标准分析方法和全国统一分析方法的一些特殊指标，应考虑优先借鉴国际标准化组织（ISO）标准、美国 EPA 标准和日本 JIS 方法等国际公认的相应分析方法标准，并应经过方法验证，保证其方法的检出限、准确度和精度都能达到监测项目和质量控制的要求。

四、排污总量监测项目与监测方法

与世界发达国家相一致，我国不但对废水污染物排放逐年设定了更为严格的排放浓度限制，而且于 2002 年 12 月首次颁布了《水污染物排放总量监测技术规范》（HJ/T 92—2002），其中规定实施的水污染物总量控制的监测项目是 COD、石油类、氨氮、氰化物、六价铬、汞、铅、镉和砷。对于排污企业所属的不同行业，规范还明确规定了水污染物排放总量监测项目和相对应的监测方法。水污染物总量控制的监测项目以反映区域环境主要污染特征为主，同时兼顾不同类型污染源废水的特征，对废水特征污染因子进行污染物总量监测。

与一般水质监测方法相比，实施污染物总量控制时必须考虑对废水排放流量进行测量，同时建立实时在线监测系统。目前，构成在线监测系统的监测方法有：①基于库仑法或光度法原理的 CODc 自动在线监测方法；②基于燃烧氧化法（干式氧化法）和紫外光催化—过磷酸盐氧化法（湿式氧化法）原理的 TOC 在线自动分析仪；③基于红外法或荧光法原理的石油类自动在线监测方法；④基于流动注射在线分离原子吸收原理的 Cr（Ⅵ）自动在线监测方法；⑤基于荧光技术的溶解氧仪；⑥基于电极法的氨氮在线监测方法等。不同的在线方法与技术组合，构成了适用于不同水体或水质情况的自动在线监测系统。

五、水质监测方案的制订

水质监测方案是一项监测任务的总体构思和设计，制订前应该首先明确监测目的，在实地调查研究的基础上，掌握污染物的来源、性质以及污染物的变化趋势，确定监测项目，设计监测网点，合理安排采样时间和采样频率，选定采样方法和监测分析方法，并提出检测报告要求，制定质量保证程序、措施和方案的实施细则，在时间和空间上确保监测任务的顺利实施。水质监测的一般流程如下：基础资料收集→现场调查→监测方案制订→监测点优化布设→样品采集→水质分析→数据处理→综合评价。世界上许多国家对水体水质特性指标采样、测定等过程均有具体的规范化要求，这样可保证监测数据的可比性和有效性。

（一）地表水水质监测

地表水系是指地球表面的江、河、湖泊、水库水和海洋水。为了掌握水环境质量状况和水系中污染物浓度的动态变化及其变化规律，需要对全流域或部分流域的水质及向流域中排污的污染源进行水质监测。当城镇将江、河、湖泊或水库作为其饮用水水源时，应该针对水域特点进行饮用水地表水源保护区确定。

1. 水污染调查

无论是否作为饮用水水源，地表水环境调查都主要是对能引起水环境污染的因素的综合调查。引起水环境污染的因素有很多，既有自然因素，又有人为因素；既有工业污染源、农业污染源，又有生活污染源和交通污染源等。这些因素错综复杂且随着时间和空间的改变呈动态变化，这就需要进行细致的调查和综合的分析。

除了各种污染源及其各类污染因子以外，调查范围还包括水体底质和水生生物的污染

情况。因为水环境的污染既可以直接反映在水的本体中，也可以从底质层中直接或间接地反映出来。水体中同样存在种类繁多的水生生物，如底栖动物、浮游动物、鱼虾贝类和水生植物等，这些生物与水环境共同构成的生态系统是一个复杂的动态平衡体系。

通常，水污染调查分为基础资料收集和现场调查两部分。

（1）基础资料收集。监测人员在制订监测方案前，应有针对性地进行目标监测水体及其所在区域有关资料的收集，具体包括以下几个方面。

①相关的环境保护方面的法律、法规、标准和规范。

②目标水体的水文、气候、地质和地貌等自然背景资料。如水位、水量、流速及其流向的变化、支流污染情况等；全年的平均降雨量、水蒸发量及其历史上的水情；河流的宽度、深度、河床结构及其地质状况；湖泊沉积物的特性、间温层分布、等深线等。

③水体沿岸城市分布、人口分布、工业分布、污染源及其排污等情况。

④水体沿岸的资源情况和水资源的用途；饮用水水源分布和重点水源保护区；水体流域土地功能及近期使用计划等。

⑤历年水资源资料等。如目标水体的丰水期、枯水期、平水期的时间范围情况变化等。

⑥地表径流污水、雨污水分流情况，以及工业、农业用水和排水、陆地范围农药和化肥等使用情况。

（2）现场调查。在收集基础资料和文献资料的基础上，有必要进行目标水体的现场调查，以判断和确定收集到的资料数据的可靠性、可信度，更全面地了解和掌握目标水体区域诸多环境信息的动态变化情况及其变化趋势。

深入现场了解以往进行水质监测时所设置的监测断面或采样点是否需要进行增减或调整，为更科学、合理地制订监测方案提供新的依据。

现场调查工作还要针对目标水体进行周围居民健康影响的公众调查，了解沿岸居民有没有因饮用水、食用水生生物和食用目标水体所灌溉的作物而影响健康的。目标水体作为当地的饮用水水源时，应开展一定数量的公众调查，必要时还要进行流行病学的调查，并进行与历史数据和文献资料信息的综合分析。例如，周围居民中被怀疑有慢性汞中毒可能时，可对被检者做发汞、尿汞或血汞的化验检查，并与正常值进行比较。

2. 监测断面的布设原则

（1）河流监测断面的布设原则。监测断面在总体和宏观上需能反映水系或所在区域的水环境质量状况。各断面的具体位置要求能反映所在区域环境的污染特征，尽可能以最少的断面获取足够的有代表性的环境信息。同时还要兼顾实际采样时的可行性和可操作性，具体如下。

①对流域或水系应布设背景断面、控制断面（若干）和入海口断面。对行政区域可设背景断面（对水系源头）或入境断面（对国境河流）或对照断面、控制断面（若干）和入

海口断面或出境断面。在各控制断面下游，如果河流有足够的长度（>10km），还应设消减断面。

②根据水域功能区布设控制监测断面，同一水体功能区至少要设1个监测断面。断面位置应选择顺直河段、河床稳定、水流平稳、水面宽阔及无浅滩处，尽量避开死水区、回水区或排污口处。

③饮用水水源区、水资源集中的区域、主要风景游览区及重大水利设施所在地等功能区要布设监测断面。

④充分考虑水文及河道地形、植被与水土流失情况、其他影响水质及其均匀程度的因素等。如在较大的支流汇合口上游和汇合口与干流充分混合处、受潮汐影响的河段和严重水土流失区等需布设监测断面。

⑤监测断面应力求与水文测流断面一致，以便利用其水文参数，实现水质监测与水量监测的结合。

（2）河流监测断面的布设方法。在实施一个完整水系的水样采集时，布设的断面类型有背景断面、对照断面、控制断面和消减断面等。对于江、河水系或某一河段，要观测某一污染源排放所造成的影响，应分别布设入境断面（对照断面）、控制断面和削减断面。

当需要调查某一完整水系的受污染程度时，应该布设背景断面，以反映水系未受污染时的背景值，即该断面附近水质基本上不受人类活动的影响，远离城市居民区、工业区、农药化肥施放区及主要交通干线。原则上应设在水系源头处或未受污染的上游河段，如选定断面处于地球化学异常区，则要在异常区的上、下游分别设置。如有较严重的水土流失情况，则设在水土流失区的上游。

此外，水系流经的行政区交界处应分别布设入境断面或出境断面；国际河流出、入国境的交界处应设置出境断面和入境断面；水系的较大支流汇入前的河口处，以及湖泊、水库和主要河流的出、入口应布设监测断面。

要求设置：供水水源保护区上游500~1000m处应布设对照断面；一级保护区、二级保护区和准保护区的交界面处应分别布设控制断面；供水水源取水口处应设置扇形或弧形控制断面；供水水源保护区下游500~1000m处应布设削减断面；水源型地方病发病区应设置控制断面。

（3）湖泊、水库监测断面的布设原则。湖泊、水库通常只设监测垂线，遇有如下情况可参照河流的有关原则设置监测断面。

①湖（库）区的不同水域，如进水区、出水区、深水区、浅水区、湖心区、岸边区，按水体类别设置监测断面。

②受污染影响较大的重要湖泊、水库，应在污染物扩散途径上设置控制断面。

③在渔业作业区、水生生物经济区等布设监测断面。

④以湖（库）的各功能区为中心，如饮用水水源、排污口、风景游览区等，在其辐射线上布设弧形监测断面。

当以湖泊（水库）为饮用水水源时，湖泊（水库）的控制断面应与断面附近水流方向垂直。控制断面具体设置要求如下：在湖泊（水库）主要出入口应分别设置对照断面、消减断面；一级保护区、二级保护区和准保护区的交界面处应分别布设控制断面；供水水源取水口处应设置扇形或弧形控制断面。

3. 采样点位布设

江、河水系水面宽度不尽相同。当布设了监测断面后，还应根据各水面的宽度合理布设监测断面上的采样垂线，以此进一步确定采样点位置和数量。河流水源保护区、供水取水口处扇形断面垂线密度视其水质情况而定。

对于水量大、水深流急和河面宽度 >100m 的较大河流来说，至少应设三条采样垂线。中线应布设在除去河流两岸浅滩部分后的中间位置，左、右两垂线应布设于由中线至岸边的中间部分。

根据经验，采样时应尽量避免在水体和河床的交界处采样，如在紧靠河岸、河底、渠壁等 25cm 以内的位置采集水样，因为在这里采集的水样往往没有水的本体代表性。

因湖泊、水库的水体可能存在分层现象，水质有不均匀性，应先对不同深度处的水温和溶解氧等参数进行测定，以掌握水质随湖泊深度、温度而变化的规律。有温度分层现象时，可根据温度分布层与采样点位的关系，确定采样垂线上采样点的数量及位置。

若有充分证据说明水体水质上下均匀，可酌情减少垂线上的采样点数量。

4. 采样时间和采样频次确定

依据不同的水体功能、水文要素和污染源、污染物排放等实际情况，要求采集的水样能够反映水质在时间和空间上的变化规律，力求以最少的采样频次，取得最有时间代表性的样品。确定合理的采样时间和采样频次的基本原则如下。

（1）国家一般水质站应在丰、平、枯水期各采样 2 次，或按单数或双数月采样 1 次，全年不少于 6 次。国家重点水质站应每月采样 1 次，全年不少于 12 次，遇特大水旱灾害期应增加采样频次。为保证水质监测资料的可比性，国家基本水质站的采样时间统一规定在当月 20 日前完成，同一河段或水域的采样时间宜安排在同一时间段进行。

（2）河流水系背景监测断面应每年采样 6 次，丰、平、枯水期各 2 次。出入国境河段或水域、重要省际河流等水环境敏感水域，应每月采样 1 次，全年不少于 12 次。发生水事纠纷或水污染严重时，应增加采样频次。流经城市或工业聚集区等污染严重的河段、湖泊、水库或其他敏感水域，应每月采样 1 次，全年不少于 12 次。

（3）长江、黄河干流采样频次每年不得少于 12 次，每月中旬采样。一般中小河流采样频次每年不得少于 6 次，丰、平、枯水期各 2 次。

（4）水污染有季节差异时，采样频次可按污染和非污染季节适当调整，污染季节应增加采样频次，非污染季节可按月采样，全年采样不少于 12 次。河流、湖泊、水库的洪水期、最枯水位、封冻期、流域性大型调水期以及大型水库泄洪、排沙运行期，应适当增加采样频次。受水工程控制或影响的水域采样频次应依据水工程调度与运行办法确定。

（5）水功能一级区中的保护区（自然保护区、源头水保护区）、保留区应每年采样 6 次，丰、平、枯水期各 2 次。水功能一级区中的缓冲区、跨流域等大型调水工程水源地保护区，应每月采样 1 次，全年不少于 12 次；发生水事纠纷或水污染严重时，应增加采样频次。水功能二级区中的重要饮用水水源区应按旬采样，每月 3 次，全年 36 次。一般饮用水水源区每月采样 2 次，全年 24 次。其他水功能二级区每月采样 1 次，全年不少于 12 次。相邻水功能区区间水质有相互影响的或有水事纠纷的，应增加采样频次。

（6）潮汐河段和河口采样频次每年不少于 3 次，按丰、平、枯水期进行，每次采样应在当月大汛或小汛日采高平潮与低平潮水样各 1 次；全潮分析的水样采集时间可从第一个落憩到出现涨憩，每隔 1~2h 采 1 次水样，周而复始直到全潮结束。

（7）地处人烟稀少的高原、高寒地区及偏远山区等交通不便的水质站，采样频次原则上可按每年的丰、平、枯水期或按汛期、非汛期各采样 1 次。除饮用水水源区外，其他水质良好且常年稳定无变化的河流、湖泊、水库，可酌情减少采样频次。

（8）饮用水水源地（含河流、湖泊、水库）各级保护区及其水域采样、断面采样频次每年不得少于 12 次，采样时间根据具体要求确定。

（9）专用水质站的采样频次与时间，视监测目的和要求参照以上采样频次与时间确定。

（二）水污染源水质监测方案的制订

水污染源是指工业废水源、生活污水源等。工业废水包括生产工艺用水、机械设备用水、设备与场地洗涤水、烟气洗涤水、工艺冷却水等；生活污水则指人类生活过程中产生的污水，包括住宅、商业、机关、学校和医院等场所排放的生活和卫生清洁等污水。在制订水污染源监测方案时，同样需要进行资料收集和现场调查研究，了解各污染源排放部门或企业的用水量、产生废水和污水的类型（化学污染废水、生物和生物化学污染废水等）、主要污染物及其排水去向（江、河、湖等水体）和排放总量，调查相应的排污口位置和数量、废水处理情况。对于工业废水，应事先了解工厂性质、产品和原材料、工艺流程、物料衡算、下水管道的布局、排水规律以及废水中污染物的时间、空间和数量变化等。对于生活污水，应调查该区域范围内的人口数量及其分布情况、排污单位的性质、用水来源、排污水量及排污去向等。

1.采样点位的布设原则

（1）污染物排放监测点位

①在污染物排放（控制）标准规定的监控位置设置监测点位。第一类污染物的采样点

设在车间或车间处理设施排放口；第二类污染物的采样点则设在单位的总排放口。

②对于环境中难以降解或能在动植物体内蓄积，对人体健康和生态环境产生长远不良影响，具有致癌、致畸、致突变作用的，根据环境管理要求确定的应在车间或生产设施排放口监控的水污染物，在含有此类水污染物的污水与其他污水混合前的车间或车间预处理设施的出水口设置监测点位。如果需要对含此类水污染物的同种污水实行集中预处理，则车间预处理设施排放口是指集中预处理设施的出水口。如环境管理有要求，还可同时在排污单位的总排放口设置监测点位。

③对于其他水污染物（如生活污水），监测点位设在排污单位的总排放口。如环境管理有要求，还可同时在污水集中处理设施的排放口设置监测点位。对医院产生的污水在排放前还要求进行必要的预处理，达标后方可排放。

④在接纳废水入口后的排水管道或渠道中，采样点应布设在离废水（或支管）入口20~30倍管径的下游处，以保证两股水流充分混合。

（2）污水处理设施处理效率

监测点位监测污水处理设施的整体处理效率时，在各污水进入污水处理设施的进水口和污水处理设施的出水口设置监测点位；监测各污水处理单元的处理效率时，在各污水进入污水处理单元的进水口和污水处理单元的出水口设置监测点位。如为了解处理厂的总处理效果，则应分别采集总进水和总出水的水样。

（3）雨水排放监测点位

排污单位应雨污分流，雨水经收集后由雨水管道排放，监测点位设在雨水排放口。如环境管理要求雨水经处理后排放，监测点位按（1）设置。

2. 采样时间和采样频次确定

不同类型的废水或污水的性质和排放特点各不相同，无论是工业废水还是生活污水的水质都会随着时间的变化而不停地发生改变。因此，废水或污水的采样时间和频次应能反映污染物排放的变化特征且具有较好的代表性。一般情况下，采样时间和采样频次由其生产工艺特点或生产周期所决定。行业不同，生产周期就不同；即使行业相同，但采用的生产工艺不同，生产周期仍不同。由此可见，确定采样时间和频次是比较复杂的事情。在我国的《污水综合排放标准》（GB 8978—2002）和《污水监测技术规范》（HJ 91.1—2019）中，对排放废水或污水的采样时间和频次提出了明确的要求。

（1）排污单位的排污许可证、相关污染物排放（控制）标准、环境影响评价文件及其审批意见、其他相关环境管理规定等对采样频次有规定的，按规定执行。

（2）如未明确采样频次的，按照生产周期确定采样频次。生产周期在8h以内的，采样时间间隔应不小于2h；生产周期大于8h的，采样时间间隔应不小于4h；每个生产周期内采样频次应不少于3次。如无明显生产周期、稳定、连续生产，采样时间间隔应不小于4h，每个生产日内采样频次应不少于3次。最高允许排放浓度按日平均值计算。排污单位间歇排放或排放污水的流量、浓度、污染物种类有明显变化的，应在排放周期内增加采样频次。雨水排放口有明显水流动时，可采集一个或多个瞬时水样。

（3）为确认自行监测的采样频次，排污单位也可以在正常生产条件下的一个生产周期内进行加密监测：周期在 8h 以内的，每小时采样 1 次；周期大于 8h 的，每 2h 采样 1 次；但每个生产周期采样频次应不少于 3 次。

（4）废水污染物浓度和废水流量应同步监测，并尽可能实现同步连续在线监测。不能实现连续监测的排污单位，采样及检测时间、频次应视生产周期和排污规律而定。在实施监测前，增加监测频次（如每个生产周期采集 20 个以上的水样），进行采样时间和最佳采样频次的确定。

（5）总量监测使用的自动在线监测仪，应由生态环境主管部门确认的、具有相应资质的环境监测仪器检测机构认可后方可使用，但必须对监测系统进行现场适应性检测。

（6）对重点污染源（日排水量 100t 以上的企业）每年至少进行 4 次总量控制监督性监测（一般每个季度一次）；一般污染源（日排水量 100t 以下的企业）每年进行 2~4 次（上、下半年各 1 ~ 2 次）监督性监测。

六、水样采集和保存

水样采集和保存是水质分析的重要环节。欲获得准确、可靠的水质分析数据，水样采集和保存方法必须规范、统一，并要求各个环节都不能疏漏。水样采集和保存的主要原则是：①水样必须具有足够的代表性；②水样必须不受任何意外的污染。水样的代表性是指水样中各种组分的含量都能符合被测水体的真实情况。为了得到具有真实代表性的水样，必须选择合理的采样位置、采样时间和科学的采样技术。

（一）水样类型

对于天然水体，为了采集具有代表性的水样，要根据分析目的和现场实际情况选定采集样品的类型和采样方法；对于工业废水和生活污水，应根据生产工艺、排污规律和监测目的，针对其流量和浓度都随时间变化的非稳态流体特性，科学、合理地设计水样采集的种类和采样方法。归纳起来，水样类型有以下几种。

1. 瞬时水样

瞬时水样是指在某一时间和地点从水体中（天然水体或废水排水口）随机采集的分散水样。其特点是监测水体的水质比较稳定，具有很好的代表性。

2. 连续水样

可在固定流速下采集连续样品，也可在可变流速下采集连续样品，以反映某一时间段内的整体水质情况。

3. 混合水样

混合水样是指在同一采样点上以流量、时间、体积或是以流量为基础，按照已知比例

混合在一起的样品。该类型水样可手动采集，也可自动采集。此采样方式适用于需要测定平均浓度时，计算单位时间的质量负荷以及为评价特殊的、变化的或不规则的排放和生产运转的影响。

4. 综合水样

综合水样是指在不同采样点同时采集的各个瞬时水样经混合后所得到的水样。该类型水样包括两种情况：纵断面样品，即在特定位置采集一系列不同深度的水样后混合；横截面样品，即在特定深度采集一系列不同位置的水样后混合。

5. 大体积水样

有些污染物，如 POPs、农残等物质在水体中的含量较低，目前的分析手段无法直接获得浓度结果，往往需要采集大体积样品，通过特定方法浓缩富集才能进行含量分析。根据分析要求，采集水样体积范围从 50L 到几立方米。

6. 平均污水样

企业污水排放规律往往取决于企业的生产周期。不同的工厂、车间生产周期不同，排污的周期性差别也很大。一般可在一个或几个生产或排放周期内，按一定的时间间隔分别采样；也可根据实际情况，采集混合水样、流量比例混合水样、连续比例混合水样、间隔比例混合水样等类型的混合水样。

7. 单独水样

有些天然水体和废水中，某些成分的分布很不均匀，如油类或悬浮固体；某些成分在放置过程中很容易发生变化，如溶解氧或硫化物；某些成分的现场固定方式相互影响，如氰化物或 COD 等综合指标。如果从采样大瓶中取出部分水样来进行这些项目的分析，其结果往往不具代表性，这时必须采集单独水样，分别进行现场固定和后续分析。

（二）水样及其相关样品采集

1. 采样前准备

进行地表水、地下水、废水和污水采样前，首先，要根据监测内容和监测项目的具体要求，选择适合的采样器和盛水器，比如，采样器具的材质化学性质稳定、容易清洗、瓶口易密封。其次，需确定采样总量（分析用量和备份用量）。

（1）采样器

采样器一般是比较简单的，只要将容器（如水桶、瓶子等）沉入要取样的河水或废水中，取出后将水样倒进合适的盛水器（储样容器）中即可。

欲从一定深度的水中采样时，需要用专门的采样器。这种采样器是将一定容积的细口瓶套入金属框内，附于框底的铅、铁或石块等重物用来增加自重。瓶塞与一根带有标尺的细绳相连。当采样器沉入水中预定的深度时，将细绳提起，瓶塞开启，水即注入瓶中。一般不宜将水注满瓶，以防温度升高而将瓶塞挤出。

对于水流湍急的河段，宜用急流采样器。采样前塞紧橡胶塞，然后垂直沉入要求的水深处，打开上部橡胶塞夹，水即沿长玻璃管通至采样瓶中，瓶内空气由短玻璃管沿橡胶管排出。采集的水样因与空气隔绝，可用于对水中溶解性气体的测定。

采集水样量大时，可用采样泵抽取水样。一般要求在泵的吸水口包几层尼龙纱网以防止泥沙、碎片等杂物进入瓶中。测定痕量金属时，则宜选用塑料泵。另外，也可用虹吸管采集水样。

上述介绍的多是定点瞬时手工采样器。为了提高采样的代表性、可靠性和效率，也可采用自动采样设备，如自动水质采样器和无电源自动水质采样器，包括手摇泵采水器、直立式采水器和电动采水泵等，具体根据实际需要选择使用。自动采样设备对于制备等时混合水样或连续比例混合水样，研究水质的动态变化以及一些地势特殊地区的采样具有十分明显的优势。

（2）盛水器

盛水器（水样瓶）一般由聚四氟乙烯、聚乙烯、石英玻璃和硼硅玻璃等材质制成。一般，塑料容器（Plastic containers）常用作测定金属、放射性元素和其他无机物的水样容器；玻璃容器（Glass container）常用作测定有机物和生物类等的水样容器。光敏物质如藻类等，多采用不透明材料或有色玻璃容器，并避光保存。若采集和分析的样品中含溶解性气体，常采用细口磨口生化需氧量瓶，能使气体变化降到最低限度。其在运送过程中要求采取特别的密封措施。每个监测指标对水样容器的要求不尽相同。

对于有些监测项目，如油类项目，盛水器往往作为采样容器。因此，采样器和盛水器的材质要视监测项目统一考虑。使用容器应避免以下问题的发生：①水样中的某些成分与容器材料发生反应；②容器材料可能造成对水样的某种污染；③某些被测物可能会被吸附在容器内壁上。

保持容器的清洁也是十分重要的。使用前，必须对容器进行充分、仔细的清洗。一般来说，测定有机物质时宜用硬质玻璃瓶，而被测物是痕量金属或是玻璃的主要成分，如钠、钾、硼、硅等时，应该选用塑料盛水器。已有资料报道，玻璃中也可溶出铁、锰、锌和铅，聚乙烯中则可溶出锂和铜。

（3）采样量

采样量应满足分析的需要，并应考虑重复测试所需的水样用量和留作备份测试的水样用量。如果被测物的浓度很低而需要预先浓缩时，就应增加采样量。

每种分析方法一般都会对相应的监测项目的用水体积提出明确要求，但有些监测项目对采样或分样过程也有特殊要求，需要特别指出。

①当水样应避免与空气接触时（如测定含溶解性气体或游离 CO_2 水样的 pH 或电导率），采样器和盛水器都应完全充满，不留气泡空间。

②当水样在分析前需要振荡均匀时（如测定油类或不溶解物质），则盛水器不应充满，装瓶时应使容器留有 1/10 顶空，保证水样不外溢。

③当被测物的浓度很低而且是以不连续的物质形态存在时（如不溶解物质、细菌、藻类等），应从统计学的角度考虑单位体积可能的质点数目而确定最小采样量。假如水中所含的某种质点为 10 个 /L，但每 100mL 水样里所含的却不一定都是 1 个，有的可能含有 2 个、3 个，而有的可能 1 个也没有。采样量越大，所含质点数目的变率就越小。

④将采集的水样总体积分装于几个盛水器内时，应考虑各盛水器水样之间的均匀性和稳定性。水样采集后，应立即在盛水器（水样瓶）上贴上标签，填写好水样采样记录，包括水样采样地点、日期、时间、水样类型、水体外观、水位情况和气象条件等。

2. 地表水采样方法

地表水表层水的采集，可用适当的容器如水桶等。在湖泊、水库等处采集一定深度的水样，可用直立式或有机玻璃采样器，并借助船只、桥梁、索道或涉水等方式完成。

（1）船只采样

按照监测计划预定的采样时间、采样地点，将船只停在采样点下游方向，逆流采样，避免船体搅动起沉积物而污染水样。

（2）桥梁采样

确定采样断面时，应考虑尽量利用现有的桥梁采样。在桥上采样安全、方便，不受天气和洪水等气候条件的影响，适于频繁采样，并能在空间上准确控制采样点的位置。

（3）索道采样

索道采样适用于地形复杂、险要、地处偏僻的小河流的水样采样。

（4）涉水采样

涉水采样适用于较浅的小河流和靠近岸边浅水的水样采样。采样时，采样人应站在下游，向上游方向采集水样，以避免涉水时搅动水下沉积物而污染水样。采样时，应注意避免水面上的漂浮物混入采样器；正式采样前，要用水样冲洗采样器 2 ~ 3 次，洗涤废水不能直接回倒入水体中，以避免搅起水中的悬浮物；对具有一定深度的河流等水体采样时，使用深水采样器，慢慢放入水中采样，并严格控制采样深度。对需测定油类指标的水样采样时，要避开水面上的浮油，在水面下 5~100m 处采集水样。

3. 废水 / 污水采样方法

工业废水和生活污水的采样种类和采样方法取决于生产工艺、排污规律和监测目的，采样涉及采样时间、地点和频次。由于工业废水大多是流量和浓度都随时间变化的非稳态流体，可根据能反映其变化并具有代表性的采样要求，采集合适的水样（瞬时水样、连续水样、混合水样、综合水样、平均污水样等）。

对于生产工艺连续、稳定的企业，所排放废水中的污染物浓度及排放流量变化不大时，仅采集瞬时水样就具有较好的代表性。对于排放废水中污染物浓度及排放流量随时间变化无规律的情况，可采集混合水样、综合水样或连续水样等，以保证采集的水样的代表性。

废水和污水的采样方法介绍如下。

（1）浅水采样

当废水以水渠形式排放到公共水域时，应设适当的堰，可用容器或长柄采水勺从堰溢流中直接采样。从排污管道或渠道中采样时，应在液体流动的部位采集水样。

（2）深层水采样

适用于废水或污水处理池中的水样采集，可使用专用的深层采样器采样。

（3）自动采样

利用自动采样器或连续自动定时采样器采样，可在一个生产周期内，按时间程序将一定量的水样分别采集到不同的容器中；自动混合采样时，采样器可定时连续地将一定量的水样或按流量比采集的水样汇集于一个容器中。自动采样对于制备混合水样（尤其是连续比例混合水样）、研究水质的连续动态变化以及在一些难以抵达的地区采样等都是十分有用且有效的。

（三）水样的运输和保存

各种水质的水样，从采集地到分析实验室都有一定距离，在运送的时间里，由于物理、化学和生物的作用会发生各种变化。为将这些变化降到最低程度，需要采取必要的保护性措施（如添加保护性试剂或制冷剂等措施），并尽可能地缩短运输时间（如采用专门的汽车、卡车甚至直升机运送）。

1. 水样的运输

水样运送过程中，特别需要注意以下几点。

（1）盛水器应当妥善包装，以免其外部受到污染，特别是水样瓶颈部和瓶塞破损或丢失。

（2）为避免水样容器在运输过程中因震动、碰撞而破损，最好将样品瓶装箱，并采用泡沫塑料减震或避免碰撞。

（3）需要冷藏、冷冻的样品，须配备专用的冷藏、冷冻箱或车运送；条件不允许时，可采用隔热容器，并加入足量制冷剂以达到冷藏、冷冻的要求。

（4）冬季水样可能结冰。如果盛水器用的是玻璃瓶，则应采取保温措施以免破裂。水样的运输时间一般以 24h 为最大允许时间。

2. 水样的保存

水样采集后，应尽快进行分析测定。能在现场做的监测项目要求在现场测定，如水中的溶解氧、温度、电导率、pH 等。但由于各种条件所限（如仪器、场地等），往往只有少数监测项目可在现场测定，大多数项目仍需送往实验室进行测定。有时因人力、时间不

足，还需在实验室内存放一段时间后才能分析。因此，从采样到分析的这段时间里，水样的保存技术就显得至关重要。

有些监测项目的水样在采样现场采取一些简单的保护性措施后，能够保存一段时间。水样允许保存的时间与水样的性质、分析指标、溶液的酸碱度、保存容器和存放温度等多种因素有关。

不同水样允许的存放时间也有所不同。一般认为，水样的最大存放时间为：清洁水样72h、轻污染水样48h、重污染水样12h。

采取适当的保护措施虽然能够降低待测成分的变化程度或减缓变化的速度，但并不能完全抑制这种变化。水样保存的基本要求只能是尽量减少其中各种待测组分的变化，具体应做到：①减缓水样的生物化学作用；②减缓化合物或络合物的氧化还原作用；③减少被测组分的挥发损失；④避免沉淀、吸附或结晶物析出所引起的组分变化。

水样的保护性措施主要有以下几种。

（1）选择合适的保存容器

不同材质的容器对水样的影响不同，一般可能存在吸附待测组分或自身杂质溶出污染水样的情况，因此应该选择性质稳定、杂质含量低的容器。一般的常规监测中，常使用聚乙烯和硼硅玻璃材质的容器。

（2）冷藏或冷冻

水样在低温下保存，能抑制微生物的活动，减缓物理作用和化学反应速率。如将水样保存在—22℃～—18℃的冷冻条件下，会显著提高水样中磷、氮、硅化合物以及生化需氧量等监测项目的稳定性，而且这类保存方法对后续的分析测定无影响。

（3）加入保存药剂

在水样中加入合适的保存药剂（试剂），能够抑制微生物活动，减缓氧化还原反应发生。可以在采样后立即加入，也可以在水样分样时根据需要分瓶分别加入。

不同的水样、同一水样的不同监测项目要求使用的保存药剂不同。保存药剂主要有生物抑制剂、pH调节剂、氧化剂或还原剂等类型，具体的作用如下。

①生物抑制剂。在水样中加入适量的生物抑制剂可以阻止生物发生作用。常用的试剂有氯化汞（$HgCl_2$），加入量为每升水样20~60mg；对于需要测汞的水样，可加入苯或三氯甲烷，每升水样加0.1~1.0mL；对于测定苯酚的水样，用H_3PO_4调节水样的pH为4时，加入Cu_2SO_4，可抑制苯酚菌的分解活动。

②pH调节剂。加入酸或碱调节水样的pH，可以使一些处于不稳定态的待测组分转变成稳定态。例如，测定水样中的金属离子，常加酸调节水样使pH<2，达到防止金属离子水解沉淀或被容器壁吸附的目的；测定氰化物或挥发酚的水样，需要加入NaOH调节其pH>12，使两者分别生成稳定的钠盐或酚盐。

③氧化剂或还原剂。在水样中加入氧化剂或还原剂可以阻止或减缓某些组分发生还原、氧化反应。例如，在水样中加入抗坏血酸，可以防止硫化物被氧化；测定溶解氧的水样则需要加入少量硫酸锰和碱性碘化钾—叠氮化钠试剂将溶解氧固定在水中。

对保存药剂的一般要求是有效、方便、经济，而且加入的任何试剂都不应给后续的分析测试工作带来影响。对于地表水和地下水，加入的保存试剂应该使用高纯品或分析纯试剂，最好用优级纯试剂。当添加试剂的作用相互干扰时，建议采用分瓶采样、分别加入的方法保存水样。

（4）过滤和离心分离

水样混浊也会影响分析结果。用适当孔径的滤器可以有效地除去藻类和细菌，使滤后的样品稳定性提高。一般而言，可采用澄清、离心、过滤等措施分离水样中的悬浮物。

国际上通常将孔径为 0.451 μm 的滤膜作为分离可滤态与不可滤态的介质，将孔径为 0.2 μm 的滤膜作为除去细菌的介质。采用澄清后取上清液，或用滤膜、中速定量滤纸、砂芯漏斗或离心等方式处理水样时，其阻留悬浮性颗粒物的能力大体为滤膜 > 离心 > 滤纸 > 砂芯漏斗。

欲测定可滤态组分，应在采样后立即用 0.45 μm 的滤膜过滤；暂时无 0.45 μm 的滤膜时，含泥沙较多的水样可用离心方法分离；含有机物多的水样可用滤纸过滤；采用自然沉降取上清液测定可滤态物质是不妥当的。如果要测定全组分含量，则应在采样后立即加入保存药剂，分析测定时充分摇匀后再取样。

《水和废水监测分析方法》及相关国家标准中均推荐有详细的保存技术。实际应用时，具体分析指标的保存条件应该和分析方法的要求一致，相关国家标准中有规定保存条件的应该严格执行国家标准。

第三节　水质自动监测技术在水环境保护中的应用

随着环境保护工作的全面开展，为更好地满足水环境保护要求，监测人员要结合环保规范采取适当的技术方案，建构可控化数据分析和汇总机制，以保证及时了解水环境保护存在的问题并制定相应措施，共同推动水环境保护工作的开展。

一、水质自动监测系统概述

（一）内涵

水质自动监测技术指的是借助处理系统完成水质自动监测处理，利用在线自动分析仪器，配合自动化测量和自动化控制、传感器、计算机信息应用技术建立综合评估系统，打造自动化处理效果符合标准的应用平台。

（二）组成

水质自动监测系统包括水源地水质监测、入河排污口位置监测等工作，设置相应的监测站，能对各个城区工业与部分居民生活污水情况进行有效跟踪监督。

水质自动监测站内，主要包括配水与预处理单元模块、采水单元模块、监测仪器单元模块、数据采集与控制单元模块以及数据传输单元模块等，以确保能对实时性数据进行汇总，满足统筹管理分析的需求。值得一提的是，在水质自动监测系统中，能对电导率、水温、浊度、pH以及总氮量/总磷量/氨氮量等指数予以分析，从而更好地维持监测效果。

（三）功能

第一，设备自动在线监测功能。结合用户的实际需求制定完整的分析机制，有效实现水样定时测定、自动采集分析等工作，以便于获取连续性在线监测水质数据，更好地满足阶段性作业的基本要求，维持整体监测控制的合理性。

第二，远程控制功能。借助远程跟踪管理模块，实现实时性远程控制管理，配合管路配水分析、采水分析以及反吹洗等操作处理方案，建构更加合理的远程分析模式，保证远程调控工作顺利展开。

第三，数据自动传输功能。结合监测站实际应用要求完成信息的提取和扫描，并配合相应的控制模式，建立更加完整的数据管理体系，按照固定格式完成数据库中数据存储管理，实现数据向控制中心的合理化传输。

第四，数据自动处理分析和自动传输。在数据自动汇总的基础上，对内容予以整理、统计和汇总，按照相应标准分类相关数据，结合固定标准完成水质评价工作。

第五，自动报警和留样功能。结合监测的实际情况进行数据变化情况的分析，着重对较大变化及异常现象进行评估，并配合自动中心数据评估分析的方式，更好地落实评价机制，以便于更好地维持环境管理效果。

综上所述，水质自动监测平台具备多元化应用功能，能结合实际情况选取适当的功能模块，共同建构科学合理的系统监管体系，及时发现问题并进行纠正，确保自动监测的质量效果符合预期。

（四）水质监测常规项目

在进行水质监测的过程中，一般监测的项目包括以下五个方面。

1. 水温

水质监测工作中比较重要的就是水温监测。水温通常情况下可以比较直接地反映出水环境中的一些物理性质，水温的变化会对水环境造成很大的影响。所以，监测人员在进行这项工作的时候，通过一些仪器设备可以直接测出水域的温度。

2.pH

通常对水质的酸碱性的监测也是必要的，水质的酸碱度能够反映出水环境的污染情况和化学成分，当然 pH 的大小也代表了水环境中生物的生存条件，一般采用电极法进行 pH 的监测。

3. 溶解氧

一般情况下，通过紫外线可见吸收光谱对分子态氧进行监测，就可以了解水环境中溶解氧的含量。

4. 浊度

在进行浊度监测的时候，一般用到的方法就是光学电子法。通常光线通过悬浮物时会受到不同程度的阻挡，利用这种现象就可以体现出水环境的浊度情况。

5. 污染物的总量

利用对水环境中污染物总量的监测可以在很大程度上掌握水环境的基本情况，同时也可以反映出目前水质的污染情况，污染程度都是可以监测的，而且对以后环境的治理有着很大的作用。

二、水质自动监测技术的内容

水质自动监测技术基于自动分析仪器利用对应技术方案，就能更好地实现综合化水质在线监测平台，保证相应作业环节的合理性和规范性，最大限度地获取相应数据的关联性，进一步提高水质自动监测控制管理水平。在实际作业中，可应用水质自动监测系统连续监测和远程监控的功能特性，更好地获取具体参数，从而确保生态补偿顺利落实。①利用温度传感器完成对水温的测定；②利用玻璃电极法完成对 pH 的测定；③利用膜电极法测量溶解氧；④利用光透射法、光散射法测量浊度；⑤利用酸性高锰酸盐氧化法测定高锰酸盐指数；⑥利用荧光法测定叶绿素 a、蓝绿藻、硅藻等含量；⑦利用碱性过硫酸钾消解—紫外分光光度法、燃烧氧化—化学发光法等进行总氮量的测试；⑧利用钼酸铵分光光度法测量总磷量。

除此之外，水质自动监测技术应用的前提是自动站点规划的合理性。目前，在水质自动站点位选择处理环节中，要确保省界出入断面、国界出入断面、主要湖泊 / 水库体断面、主要入海（河）口断面以及饮用水源地等相关数据的及时性和动态性，在充分发挥技术优势的同时，确保作业环境和技术处理效果最优化。

三、自动监测技术对于水环境保护的意义

将水质自动监测技术应用到水环境保护的工作中，能够在很大程度上提高对水质的分析效率，同时也能给水污染环境保护提供有力的保障，并在加大水环境监测力度的同时，减少对水资源的浪费。

（一）保障水质监测效率

水质监测是一个比较复杂的过程，不仅要考虑各个因素对其影响程度，也要对采集到

的数据进行全面分析。如果仅仅是通过人工进行操作，不但效率低，而且也会浪费很多资源，但是如果将水质自动监测技术应用在水质监测的过程中，就会在最大限度上避免资源的浪费。

（二）保证水质采样的安全性

水质监测过程中最简单也最重要的部分就是对水样的采集和分析。尤其是进行水质监测的水环境都是比较复杂的，利用人工采样不仅难度大，而且具有很大的危险性，采用水质自动监测技术可以避免这些问题，保证工作的顺利开展。

（三）降低水质监测管理成本

水环境保护最重要的一步就是水质监测，在这期间需要花费大量人力和物力，利用水质自动监测技术，不但可以降低人力和物力方面的成本费用，所用的时间成本也相对较低。

四、水环境保护中水质自动监测技术的应用

水环境保护中应用水质自动监测技术可极大提高监测质量，不仅能节约水质监测管理成本，还能优化工作效益，建立健全更加可控的应用管理模式，满足水质自动监测处理具体要求，实现经济效益和环保效益并行的管理目标。

（一）地表水监测

为更好地维持水环境保护质量，要结合水环境保护应用管理规范开展相关工作，建构完整且科学的控制模式，发挥水质自动监测技术系统的应用优势，从而满足多元管理的目标。地表水自动监测环节主要是利用远程监控和实时性监测并行的方式，尤其是对断面水体、流域水质等进行监测，从而汇总相关信息数据，确保能进一步准确预测区域内可能存在的水体污染问题，减少跨区域水体污染造成的不良影响。另外，借助水质自动监测技术还能对地表水予以实时性监控处理，从整体分析的层面把控水质管理规划，更好地结合水资源保护要求完善工程项目。

（二）水源地水质实时性监测

为了进一步提升水环境保护质量，要依据水质自动监测技术处理方案的相关要求落实具体作业内容，确保相关评估分析结果满足监测要求，从而建立源头化水质管理模式。利用水质实时性监测处理单元就能对区域性供水水源予以水质连续性监测，配合每 8h 一次的监测内容，打造 24h 循环监测管理体系，充分优化监测数据的代表性和科学性。

第一，利用水质自动监测系统有助于管理部门及时掌握和了解水源地的水质状态，以保证当地管理部门能依据获取的相关数据参数落实更加科学的保护措施，维持统筹管理控制的合理性。

第二，水质自动监测系统在建立实时性监测体系后，就能辅助工作人员获取动态数据对比结果，提前采取治理措施，更好地维持综合化管理水平。

第三，要落实水质周报管理原则，以"周"为单位完成数据的汇总和上报，并且在媒体上公开发布水源地的水质情况，建立规范化、制度化管理模式，同时在中国环保网、中国环境监测网等实现数据共享，共同建构和谐统一的管理平台。

本节以某地区水质自动监测系统试点项目为例，利用系统对水源地的总磷、总氮指标参数进行对比分析，完成1—6月相应参数的汇总处理，并分类存储和管理。在完成数据汇总后，发现水库6月出现了总磷最高值；对总氮量的变化趋势予以对比，发现最高值同样出现在6月。依据获取的数据对该地区进行总磷量、总氮量超标原因调查，了解到当地6月水塘中出现了有害物质，破坏了整体生态系统的平衡，依据汇总的数据向政府部门提交报告并及时落实了防治措施，避免了问题的蔓延。

（三）水库监测

对于地区水资源管理控制工作而言，水库常态化管理也非常关键，只有从根本上践行水库动态管理控制工序，才能更好地维持整体监测模式的平衡，满足综合管理要求。在水库水质自动监测系统中，能完成COD、氨氮、TN、总磷量、硬度、pH等参数的评估，并配合远程分析模块建立对应的实时性调控方案，更好地防止水质污染问题发生，打造完整可控的水质管理约束平台，满足阶段性水环境保护工作的基本需求。

第一，在对水库进行自动监控的过程中，要将水质安全性作为核心，远程传输相关数据，建立自动化水质监督模式，以保证工作人员能随时获取水质动态数据。一旦发现水库水质参数和国际既定控制要求存在较大差异，就要采取对应处理措施，保证水库水质安全系数符合标准。

第二，要结合工程施工项目管理部门，确保水质自动监测技术模块运行管理的可控性；针对阶段性施工作业内容予以管理，保证水库信息数据监督管理的可行性；强调自动化测试和控制等环节，减少水库水质不达标造成的安全隐患。

（四）报警模块

在应用水质自动监测技术过程中，要充分关注自动的意义，结合综合远程监督管理模式，建构科学化分析机制，确保相应评估内容和控制体系更加合理。并且要全面分析水源分布情况等内容，确保能对重大水污染问题予以及时性报警，减少经济损失和安全隐患。

以某地区水质自动监测系统试点项目为例，当地水库不仅是下属县城供水的主要来源，也是地区阶段性引水工程项目的关键。为此，每年下游城市都要进行引水作业，从而保证相关工作顺利展开。此时一旦出现较为严重的水环境污染问题，必然造成城镇安全用水受

限等情况。

基于此，监测人员要利用自动在线监测平台和系统对异常情况展开系统化评估，并依据数据参数完成报警工作，以便相关部门依据报警内容第一时间开展防治处理。该地区在2021年年末水库监测站中发现水体中挥发酚严重超标，管理部门依据管理要求完成了自动化采集水样到实验室化验处理的工作，化验结果显示挥发酚有严重的超标问题。当地政府要结合获取的数据内容和要求，在水库上游排污口予以封存，并排查重金属矿业是否存在相关问题，一旦发现挥发酚超标现象，就要对排污口予以关停处理，借助规范化整顿和治理机制，维持水源水质安全防护工作的整体水平。

（五）排污口监测

在水环境保护工作中，为更好地建立可控化环境污染控制模式，也要对污染排放等环节进行控制，打造完整且系统的管理体系，避免常态化管理效果不足造成的影响。对于相关企业而言，排污口是最后将处理结束的污水排入管网或者是河流的设施，要实现全过程水质自动监测，保证监督处理的规范性和可控性。

自动化监测系统在运行过程中对企业排放口污水水质和实际的排放总量予以动态监测，就是建立完整的分析评估体系，确保企业污水得到有效处理。值得一提的是，目前多数企业会定期缴纳相应的排污费用，自动检测系统会支持远程控制电动阀门的操作，保证合格后的处理水才能得到排放。除此之外，在排污口监测环节中，自动检测系统会对COD排放数据等关键参数予以控制，并将其限定在指定参数范围内，一旦存在超标现象，就能及时关闭阀门，避免污水排入水源。

总而言之，水质自动监测技术在水环境保护中具有重要的应用价值，要结合具体控制工作要求和规范，落实更加合理的技术方案，及时完成水源地、水库、排污口等区域的实时性监测，配合报警模块，构建更加科学的监测分析平台，实现行业可持续健康发展的目标。

第四节 水质监测质量控制

一、水质监测中质量控制的意义

水质监测是环境保护工作中重要的工作内容之一，同时也是监测水环境的重要手段之一。因此在环境水质监测的过程中必须对相关的质量控制进行强化，提升整体的水质监测工作的质量和效率。

除此之外，当前由于水质监测工作涵盖的内容比较多，因此在正式工作之前必须对质

环境监测与环保技术应用

量控制体系进行完善，对水质监测质量进行提升。

（一）质量控制是环境水质监测工作的基本要求

环境水质监测工作的专业性比较高，在实际工作中其对质量控制能力也有着非常高的要求，只有强化质量控制能力才能更好地提高整体监测结果的准确性和真实性，对水质环境状况进行准确的判断。在水质监测工作中，质量控制是其基本要求之一，通过开展相关的采样工作和分析工作，可以提升水质监测过程的质量，为水质评估工作的顺利开展提供数据信息支撑。但是在实际工作中，由于外界多种因素对水质监测的影响，因此必须对其中的影响因素进行强化和控制，以提升水质监测的质量。除此之外，在进行水质监测的过程中还应提高对水环境质量影响要素的控制，使用合理的分析方法，强化质量控制技术保障，落实相关的水质监测质量控制工作。

（二）质量控制是水质监测建设的基础内容之一

在水质监测工作中，通过强化质量控制工作可以有效地提升监测质量。因此在进行水质监测的过程中，必须对水质监测工作进行落实，从采样到后续的分析和实验等多阶段都必须加大对水质监测质量的控制力度，以提升水质监测水平。第一，在进行水质监测的过程中很容易受到外界多个因素的影响。在监测水质过程中，必须对监测质量控制建设进行落实，使用合理的控制方法提升水质监测的有效性。第二，在水质监测工作中，应提升工作人员的专业素质，这也是水质监测工作顺利开展的前提。第三，当前水质监测工作对数据处理分析工作有着非常高的要求和标准，因此在监测水质的过程中必须提升工作人员的数据处理能力，强化整体的水质监测质量管理。

二、影响水质监测质量控制的因素

在开展水质监测中，质量控制工作很容易受到其他因素的影响，尤其是水样的采集和保存、仪器设备等都可能会对水质监测质量产生严重的影响。当前，对水质监测中质量控制的影响主要表现在以下几个方面。

（一）水样的采集和保存

水样的采集和保存是水质监测中重要的工作内容之一，而水样的采集和相关的保存工作对水质监测的质量有着直接的影响。因此，在水质监测工作中，相关的工作人员首先需要做好水样的采集和保存等多样工作。在采集水样过程中，应注意对采集样本是否规范、保存是否合理进行观察，避免在进行水质监测工作之前使水样受到严重的影响，导致水质监测工作失效。这也是发生频率最高的质量控制问题之一。除此之外，在运输水样的过程中，如果没有对水样进行合理的保存，在后续的存放过程中水样可能会出现变质的问题，水样实验数据结果也会因此受到影响。总的来说，在采集、保存和运输水样的过程中都可能会受到外界因素的影响，使得数据结果等发生变化，这就要求对水样进行监测的过程中，

必须做好水样的采集和保存等工作。

（二）仪器设备

水质监测工作是一项专业性较强的工作，仪器设备的合理应用也与监测质量有着紧密的联系。但是如果实际工作中存在仪器设备使用不当的问题，也会对水质监测工作的顺利开展产生一定的负面影响。其主要表现在以下几个方面：第一，仪器设备的精密度比较低，因此在后期的使用过程中监测数据的准确性无法得到有效的保障；第二，相关工作人员没有对仪器设备进行良好的管理和维护，最终导致仪器设备在使用过程中出现严重的误差；第三，相关工作人员没有按照规定进行正确的操作，使监测质量结果受到影响。因此，在水质监测工作中，要想强化质量控制就必须加大对仪器设备的管理力度，对水质监测的质量进行提升。

三、水质监测的质量控制措施

环境水质监测的质量控制很容易受到外界多种因素的影响。而在提升质量控制效率的过程中，可以结合实际情况采取合理的应对措施，做好相关的水质监测工作。

（一）对水质采样质量进行提升

在水质监测工作中，水质采样是重要的工作内容之一，对水质监测质量有着直接的影响。因此，在水质采样的工作中：第一，做好水样采集的准备工作，对采样工作人员的操作进行规范。与此同时，采样工作人员也应对各项采样技术进行了解和熟悉，在严格遵守相关操作流程的情况下进行各项采样工作，避免由于违规操作导致水样被污染。第二，在选择采样器材过程中，应结合不同的监测项目，使用不同的采集设备。一般情况下，在采集水样作有机物的过程中可以使用玻璃容器，而在测定水样作金属等元素的过程中则可以选择塑料容器。第三，在采集水样之前，应首先清洁采集容器，尽可能地减少其中的残留物，降低对水样的污染，避免对监测结果产生影响。在洗涤容器过程中，相关工作人员必须在严格遵守有关规定的情况下进行各项工作。第四，做好采样容器的密闭工作，避免外界因素对水样质量产生严重的负面影响。第五，在完成水样采集工作之后，需要对其进行存储，并实时地进行记录，提高整体的工作效率。第六，开展相关的教育培训工作，对采样工作人员的责任心和工作意识进行强化，提高整体的监测质量。

（二）做好水样的保存和运输工作

第一，做好水样的保存工作。在保存水样过程中，应对水样环境进行严格的管控，避免外部环境因素对水样产生影响。除此之外，如果样品保存的时间较长，那么外部环境因素、细菌、温度以及湿度等都可能会导致水样变质，进而影响水样中的监测指标。除此之外，在保存水样过程中，还需要保证水样送检的时效性，减少细菌对水样的影响。在保存水样过程中，要加大对环境酸碱度的控制力度。

第二，做好水样的运输工作。在运输水样过程中，应结合实际情况建立合适的水样冷藏环境，对水样的运输质量进行提升。首先，在运输的过程中，需要做好容器的密封工作，提高对有冷藏条件要求的重视，做好相关的冷藏条件处理工作。其次，在运输水样的过程中，应尽可能地避免在高温环境中运输。再次，在运输水样的过程中，相关工作人员也应做好监管工作，对容器的存储状态进行严格的监督和管理。例如，冬天在采集水样的过程中，应尽可能地减少对玻璃容器的使用，因为玻璃很容易出现破裂的现象。因此，必须做好运输存储工作，保证运输中水样的质量。最后，在将水样运输到实验室之后，还要做好交接登记工作，避免出现丢落等多种问题。

综上所述，环境水质监测工作涵盖的工作流程和工作内容非常多，在监测水质的过程中很容易受到外界因素的影响。因此，必须强化质量控制工作，做好水样的保存运输工作、提高水样的监测质量等，从而提高整体的水质监测质量。

第五节　水环境监测信息化新技术

一、水环境监测信息化新技术的应用

（一）遥感技术（RS）

遥感技术（RS）具有可快速开展大范围与立体化水环境监测、可开展动态环境监测、环境适应性强、监测信息采集效率高等优势。在水质遥感监测项目中，遥感技术持续提供具有更高空间、时间维度与光谱分辨率的新型卫星遥感数据。

1. 水环境监测环节遥感技术的作用以及优势

（1）信息收集较为全面

在实际发展过程中，水环境监测涉及面较广，要想保证监测水平，需要相关人员尽可能大范围地进行信息收集。传统监测手段往往只是单一环节的监测，要满足整体监测需要进行多次监测，流程较多且程序烦琐，在很大程度上影响监测作业的进行。将遥感技术应用到水环境监测中，由于遥感技术探测范围较大，航摄飞机高度可达 10 km 左右，借助卫星进行的遥感监测更是能够覆盖 3 万多 km^2 的地面范围，所以进行水环境监测时能够在很大程度上契合水环境的监测需要。在实际作业过程中，借助遥感技术，相关人员能够在短时间内对水深、水面宽的江河湖泊等水环境进行快速检测，在保障信息收集质量的基础上扩大信息收集的范围并提高信息收集的效率，相较于传统的信息收集方式来说具有很强的优势性。此外，遥感技术作为建立在电磁波技术理论上的技术手段，也可以与现代信息技术实现整合，通过计算机对遥感设备收集到的信息进行整理。

（2）适用范围较广

水环境监测作为对水域环境进行监测的作业，涉及面十分广泛，包括河道、湖泊、海洋以及地下水等多种样式的流域环境，再加上我国地质地形十分复杂，所以在进行水环境监测的过程中需要面对多样化的复杂环境，具有一定的难度。在实际的发展过程中，由于传统的监测技术很难大范围适用，所以监测人员在进行作业的过程中往往需要准备多台设备以及方案，才能够满足现阶段社会的发展需要，这在一定程度上增加了作业流程以及成本。而且在现阶段社会的发展过程中，随着水环境监测需要监测的类型越来越多，监测作业的难度进一步增加。在此背景下，相关人员就需要实现监测技术的更新。将遥感技术运用到水环境监测中，由于遥感技术可以借助多样化的设备进行监测作业，所以就可以针对各种环境进行监测方案的选择，以适应环境监测的需要。而且遥感技术穿透力强，无论是液体还是固体以及气体都逃脱不了遥感技术的感应和监测，即便是处于原始森林或者是山地中的流域也能够通过遥感技术实现水环境监测。所以在实际的发展过程中，遥感技术可以满足不同地区的水环境监测需要。

（3）整体性较强

相较于传统的监测手段来说，水环境监测还具有整体性的特征。水环境监测需要针对水域的污染状况、动植物状况，以及流经面积等状况进行全面收集，这样才能够保证后续作业的顺利进行。但是传统的环境监测手段一般覆盖面积较小，而且缺乏连续性，所以无法直观地展现出水域的总体情况，在一定程度上制约着水环境监测作业的进行。将遥感技术运用到水环境监测中，遥感设备就能够进行立体动态监测，并且将监测结果以直观的航空影像呈现出来。监测过程保持了连续性，使水环境监测不会局限于片面范围，而是以整体形式呈现在公众面前，实现了对水环境的全面整体监测与辨识。一方面，直观化的成像展示能够简化作业程序，方便后续的信息收集。另一方面，能够实现对水环境的动态化监测，持续地对水环境情况进行收集。这样一来，水环境监测就能实现自身的作业目标，并且及时地对水域变动状况进行了解，方便后续的治理作业。

（4）手段丰富，效率较高

传统针对水环境进行监测的手段一般较为单一，难以满足水环境监测的需要。遥感技术作为利用电磁波进行信息收集的作业，可根据不同水域的特点对波段和相关设备进行调整。在作业过程中，相关人员可利用紫外线、红外线和微波波段等多样化的方法针对水环境进行信息收集，不仅能够对地表水的流域状况进行监测，还能实现对地下水的信息收集。此外，还能实现全天候的作业，长时间地进行信息获取，获取资料的速度快、周期短，在很大程度上推动了水环境监测效率的提升。

2. 水环境监测中遥感技术的作用及应用策略

（1）应用在油污染监测中

在水环境监测中，油污染作为水环境的常见污染类型很大程度上影响着水环境的生态，需要相关人员加强重视。现阶段的水环境污染主要分为两种类型：一是日常的生产生活环节没有将食用油进行处理就排放到河流中造成水域污染；二是原油泄漏导致的大范围海洋污染。前者范围较小，可以实现控制；后者范围较大，采用普通技术手段难以实现对其监测。遥感技术就可以应用在油污染监测中。首先，由于其能够对大面积的水环境进行实时监测，所以可以借助其对油污染的面积以及程度进行监测。其次，由于遥感技术较为全面，所以其还能够对污染区域的污染情况进行全面、高效的监测，并且针对油的类型以及特点进行分析。再次，遥感技术可以借助计算机实现对信息的整理，进而建立起相关模型，科学合理地对污染源进行查找。最后，遥感技术还能够使用可见光遥感技术、红外遥感技术、紫外遥感技术等针对水域进行分析，进一步确定油污染的状态。

（2）应用在水体富营养化监测中

随着现阶段社会的发展，工业化水平以及农业化水平都实现了长足的进步。在实际作业过程中，工业废水以及农作物化肥残留就可能随着地表径流流入河流中，造成水域某种营养成分不断地增长，由此引发水体的富营养化。富营养化导致水生植物的大量生长，这些植物在产生叶绿素的同时大量地吸收水体中的氧气，造成水生生物大量死亡。植物的增长还会覆盖水面，遮挡阳光，进一步影响水域的生态。相关人员可以利用遥感技术对水中的叶绿素含量进行监测，并利用可见光、红外光等进行光学监测，通过光谱分析计算水中叶绿素的占比，由此推断出水体富营养化的程度，方便后续的治理作业。

（3）应用在悬浮物的监测环节

在实际水环境监测中，水质的混浊程度也是监测作业的重要一环，需要相关人员加强重视。在实际监测环节，由于水中的悬浮物会在很大程度上影响水质的光学特征，遥感技术可以对目标水域中悬浮固体物的含量进行监测以判断水质状况。作业环节，相关人员需要通过红外遥感技术对水中的悬浮固体物质进行监测，结合实际的水质特点选择合适的波段进行监测，然后对相关数据进行收集并建立起相关模型，从而得出水域的污染状况以及治理方法。

（4）热污染的监测

在实际发展过程中，随着工业化进程的加快，现代社会工业用水所排放出的未经冷却处理的废弃热水也对水环境造成很大的影响，同样需要对其进行监测。这些未经过处理的工业热水排放到水域中会使自然水体的温度上升，引起水体物理、化学和生物过程的变化，严重影响水生植被以及水生生物的生存。在此背景下，相关人员就需要借助遥感技术对其进行监测。遥感技术能够对水体的热量进行监测，观察水体的热污染情况，利用多时相的热红外图像，并结合地面进行观测，水体温度明显升高的地方会在遥感图像中十分明显，其图像可显示出热污染排放、流向和温度分布的情形，这样就实现了热污染的监测。

在社会发展过程中，水环境污染已经成为制约社会发展的关键一环，需要相关人员

加强对水环境的监测，为水环境污染治理提供信息。现阶段相关人员一般利用遥感技术实现对水环境的监测，但是由于实际发展过程中水环境十分复杂，加上遥感技术的技术性较强，相关人员对其运用还存在一些问题，一定程度上制约着监测事业的发展。在此基础上，相关人员需要将其运用在富营养化监测、热污染监测以及油污染监测方面，充分发挥其功能。

（二）生物毒性监测技术

目前，突发性污染事故及水质突变现象时有发生，且呈现出明显的增加趋势。水质突发性污染事故直接危害生活饮水和城市集中供水的安全，并对水生态系统造成很大冲击。常规的物理、化学监测能定量分析污染物中主要成分的含量，不足以直接、全面地反映水污染状况及各种有毒物质对环境的综合影响。而生物监测可以综合多种有毒物质的相互作用，判定有毒物质的质量浓度和生物效应之间的直接关系，为水质的监测和综合评价提供科学依据，因而得到了迅速发展。

该技术利用活体生物在水质变化或污染时的行为生态学改变，对多种有毒物质响应并做出综合评价，可作为先导进行预警，反映水质毒性变化。生物毒性监测和化学监测二者互为补充，不可相互替代。

（三）微生物监测技术

1. 微生物监测技术概述

在水环境监测中，主要的监测内容为水体的物理性质、化学物质含量以及微生物含量，进而对水质环境进行评价。微生物监测技术是水质监测技术中的一种，通过微生物对水体做出的反应，利用环境分析学、物理和化学监测学、生物监测学等原理，对水体的污染程度进行监测和判断。虽然在技术的实际应用过程中，微生物监测技术无法对水体污染程度进行具体、量化的分析，仅作为化学监测技术的辅助性手段，但是其在水污染处理中占有重要地位。

2. 水环境监测中常见的微生物监测技术

（1）微生物传感器技术

微生物传感器技术是将生物技术与传感器技术相融合的技术，利用微生物会对水体循环污染物质活动情况做出一定的反应、利用传感器获取微生物变化的过程，通过两者结合，进而获取、监测水体的污染物信息。该技术无须进行监测物质的培养工作，一般在水样中加入标准大肠杆菌溶液，并将监测设备的传感采集探头放入水样之中，设备于8~10 min内会自动输出水质监测结果。该技术节省了多道监测工序，提高了监测的效率与质量。

（2）PCR技术

聚合酶链式反应（Polymerase chain reaction，PCR）技术原理是在DNA半保留复制、碱基互补配对基础上，在微生物体外进行DNA复制，通过改变模块DNA、脱氧核糖等条件，

提高 DNA 聚集速度和倾向，确保 DNA 与酶在高温环境下的编译反应和在低温环境下的裂变反应，从而实现对水体污染程度的监测与判断。

例如，在高温（＞70℃）环境下，聚合酶较为活跃，DNA 聚合反应较为明显，出现向多方向延伸的 DNA 聚合酶链。PCR 技术的准确性较高、监测速度较快，能够保证水环境监测的水质监测效果，明确水体中的具体污染物。

（3）酶免疫技术

酶免疫技术原理是利用酶对抗体进行标记，根据对酶的监测筛选水体中的污染物，根据不同抗原、抗体反应特异性监测水体的污染情况，监测时利用对已知抗体免疫的生物酶，能够准确识别水体中的污染物类型、浓度等信息。在此基础上，添加有效抗体稳定免疫酶特征，能够实现对抗原的精准识别，进而保证良好的水质监测效果。酶免疫技术在应用时一般采用流动注射法，利用特定膜作为抗体的载体，利用荧光监测法进行监测，获取水质的监测结果，通过更换载体膜实现连续监测。

（4）微生物电池燃料方法

微生物燃料电池是一种以微生物为阳极催化剂，将化学能直接转化成电能的装置，利用产电微生物将水中的有机物氧化分解，产生的电子沿着电极转移而产生电流。当毒性物质流入时，产电微生物活性降低，导致产电量下降；当营养物质流入时，产电微生物活性增加，导致产电量上升。我们可以通过电流（电压）急剧下降与增强，以此来判断是有毒物质还是营养有机物流入，实现对水体毒性物以及负荷有机物的实时监测分析，从而达到预警。目前，水质综合毒性在线监测技术微生物燃料电池法已在我国部分地区得到应用。

（5）发光细菌监测方法

该方法将特定品种细菌的发光特征作为主要判定依据，发光细菌在正常生理条件下发射可见荧光。在一定试验条件下，其发光强度是恒定的。向所采集水体样品中投入发光细菌，细菌在与外来受试物接触后，若水体样品存在毒性，细胞活性下降，ATP（三磷酸腺苷）含量水平下降，导致发光细菌的发光强度降低。研究表明，毒性浓度与发光细菌的发光强度呈线性负相关关系。使用发光光度计对发光强度变化情况进行监测，即可准确评估样品、有毒物质浓度，费时较少，操作简单。

3. 微生物监测技术在水环境监测中应用的质量控制要点分析

（1）样品采集质量控制要点

第一，水样的采集。在进行水环境监测时，监测的水体的水质情况会随着时间的变化发生一定的改变。因此，为了保证监测水样的代表性、水质监测的准确性，在采样前应结合现场勘察等工作，制订合理、详尽的采样计划，采样时要根据计划的规定，定时、定点地采集样品。在进行采样时，要提前准备好收纳水样的监测容器，并根据水样的采样位置采取不同的采样方式：①采集地表水水样（河流水、湖水）时：要握住采样瓶容器的下方，

将采样瓶插入水中，在距离水面上方 12~15cm 的高度时，拔掉采样瓶容器的瓶塞，并且需要注意将瓶口方向朝向水流的方向，让水样灌入容器之中，采样时需调整瓶身角度控制水样灌入的速度，使采集的水样达到容器的 80% 容积即可，随后盖上瓶塞，取出采样瓶，做好标记。②采集自来水水样时：若涉及污染源追踪，在采样前需用棉拭子对水龙头内、外部擦拭取样，监测水龙头自身污染的可能性。在取水样前，需注意对水龙头进行灭菌处理，灭菌方式一般采用酒精灯灼烧法，灼烧后使水龙头最大化流水 5~8min，减少采集不具代表性的残留水降低监测质量的风险，关小水龙头进行采样，做好采样瓶标记工作。

第二，水样的保存。保存水样需根据水样的类型不同，选取冷藏/冻或加入保存剂的方法，通过化学保存剂和低温抑制生物活动、减缓挥发作用和化学反应。携带水样的容器应放置在 4℃ 低温冷藏箱中，并在 2h 之内送到水质监测实验室。

（2）实验室监测质量控制要点

第一，实验室环境的控制。实验室具备足够的通风换气设备，保证实验室内的空气新鲜洁净，减少空气中的杂菌在监测时对监测精度的影响。对水样进行监测时应根据监测要求对环境的温度和湿度进行控制，一般温度控制在（23±2）℃、湿度控制在（65±15）%RH；实验室要设置不同的功能分区，并在水样监测区设置醒目的警示标识用以提醒人员，防止人员流动的外来干扰和实验室内的交叉污染。利用微生物技术对水样进行监测实验前，要做好区域内的消毒工作，避免监测设备、设施对水样产生污染。

第二，培养基的质量控制。对于培养基应做好详尽信息记录，包括但不限于培养基的配置人员、时间、批次、名称、编号以及 pH、灭菌温度、主要成分、不稳定成本、注意事项等，并在使用培养基时，对其进行无菌检验，完成阳性和阴性对照检查工作，进而保证微生物监测技术在水环境监测中的应用效果。

（3）监测结果评价和质量控制要点

第一，水质样品监测质量控制。在利用培养基接种之前，由于水样中可能存在易于沉降的物质，为保证水样中的物质能均匀分布在水中，需利用设备或者手动对水样进行摇匀；在对水样稀释和转移过程中，应利用清洁灭菌后的玻璃棒沿着试管容器的内壁加入水样，需注意操作时避免接触容器内部的壁和其中的稀释液，避免因污染降低水质监测精度，影响水质监测质量；在将稀释液加入培养皿中时，需要注意不要将培养皿的密封盖完全打开，降低环境中的杂菌对培养皿的污染，注入后及时关闭密封盖，在培养皿中还需加入相应的营养物质，根据微生物技术选用的微生物决定。

第二，样品监测结果评价质量控制。在利用微生物监测技术对水质进行监测时，对于水质样品监测结果和对质量的控制需要从对操作精密度进行度量和评价，以及无菌环境检验两方面出发。①操作精密度度量和评价：开展操作精密度度量时，需要在特定的水样中选取阳性水样，一般选取 15 个保证度量精度，计算每个阳性水样数据的对数，若在计算的过程中出现样品数值为 0 的情况，需对数据进行拓宽，在数值最后加 1 进行计算。计算之后，在样品中选取 10% 比例作为开展双样分析所使用的样品，经双样计算、分析后，当差值＞ 3.72 R，则可判定在检测过程中，化验人员的操作精密度不足，出现失衡的问题，此时水质检测效果较差，不能代表水质检测结果，需采取相应的措施后重新对水质进行检测。②无菌检验：在水质检测中，涉及的灭菌工作较多，在每次试验操作开展前均需要对使用的设备、容器、样品实施必要的灭菌处理。

第三，PCR 技术。在进行水污染治理时，PCR 是应用较广泛的微生物检测技术之一。PCR 技术作为一种聚合酶链式反应，属于分子生物学技术，原理主要是 DNA 双链复制，将 DNA 片段添加在体外，模板 DNA 虽然很少，但却能大量复制。PCR 技术不仅可检测水生环境，还广泛应用于刑事取证和生物医学研究中。PCR 技术的原理是在假设互补碱基配对和 DNA 半保留复制原理下实现 DNA 体外复制，应用该技术不但能克隆基因工程菌和微生物基因，还能监测病原微生物。应用 PCR 技术，能有效打破传统培养模式的局限性，弥补常规检测技术的缺点，让检测效率及监测效果得到有效提高。

第四，生物传感器技术。生物传感器技术利用生物体内具有多种功能的气管，将生物体变成灵敏的传感器。在实际应用过程中，主要包括乙醇和甲烷生物传感器，可以为监测人员提供客观、准确的监测数据。应用生物传感器技术，能对水污染的监测程序进行简化，让监测效率及质量得到显著提高。生物传感器技术能为水污染的自动化处理创造便利条件，让水污染处理的科学性及技术性得到显著提高。

微生物检测技术的应用，能对水环境的污染程度进行准确判断，对水环境中的有害物质、危害超标菌群进行有效监测，不但能让水环境污染判断的实际需求得以充分满足，而且也能为水环境的治理提供客观和准确的数据。微生物检测技术的合理应用，能促进水环境监测、治理的稳定、长久发展。

（四）物联网技术

物联网技术在实施的过程中主要借助的是射频识别技术、追踪技术以及通信网络新技术等，并且取得了较为明显的效果。物联网技术在水环境监测工作中最具代表意义的应用是由 IBM 开发的智慧水管理系列项目，其中效果最为良好的要数智慧河流项目研究。例如，美国哈德逊河在进行水环境监测工作时，在被监测水域中采用分布式传感器网络，并对水域中的河流断面水量、水质以及气象等参数进行全方位监测，有效提升了监测工作的质量和水平。通过在线对被检测水域全要素进行分析和监测，能够有效分析河流生态系统的变化情况以及对人们生产生活的影响作用。其他国家也分别将监测工作与无线通信以及嵌入式系统技术进行有机结合，能够对被监测水域中的磷酸盐浓度等数据进行收集和分析，同时对水域的水位以及水温等参数进行采集和分析，最大限度地保证水环境监测工作的真实性和有效性，在最短时间内发现被监测水域中存在的问题，并及时制定有效

的应对措施，全面提升水环境质量。未来，随着科学技术的进步和发展，水环境监测工作可能实现人机互动，让水域监测信息实现在线收集与分析，提升物联网技术的智能化和现代化。

（五）发光细菌监测技术

现阶段，发光细菌监测技术主要借助的是以生物界细胞的发光特征，以及污染物遗传毒性特征作为监测的主要指标，并充分利用先进水质毒性测定仪对被监测水域的水质进行监测，利用此种技术在 3h 左右便可获得准确监测结果，具有准确性高、速度快的优势。在科学技术的推动下，将发光细菌监测技术与荧光等分度法进行有机结合，能够有效推动水环境监测工作的发展与进步，为我国水环境治理创造更为广阔的发展空间。

（六）生物行为反应监测法

生物行为反应监测法在水环境监测工作的实施过程中能够对被监测水域中的微生物自我保护行为进行细致的观察与分析，并从微生物的行为中判定被监测水域的污染程度。随着时代的发展，相关领域的专家和学者越来越重视和推崇生物行为反应监测法的应用。通常来说，生物行为反应监测法所选取的监测对象主要是被监测水域中的软体动物以及鱼类等，其中对于水域变化最为敏感的要数斑马鱼，一旦水域水质发生污染，斑马鱼便会出现异常行为，能够及时被工作人员所发现。除此之外，大量实践证明，斑马鱼与人类有相似之处，工作人员可以从斑马鱼对水质的反应情况推及人类，并确定水质的污染会给人们的生活和生产带来的影响。

（七）底栖动物和两栖动物监测技术

底栖动物和两栖动物是自然生态环境中产生的较为特殊的生物，因此在水环境监测工作的开展过程中可以将此种生物的特殊性作为监测指标，并通过指标生物数量的变化情况了解被监测水域水质的污染情况。现阶段，底栖动物和两栖动物监测技术主要应用于重金属污染工作中。举例来说，两栖动物在被污染的水域中，其生理和行为模式均会出现不同程度的变化，人们可以通过这种变化分析水域水质的污染情况。

（八）无人机技术

针对当前很多海洋、湖泊等地水污染和水破坏现象日益严重这一情况，人类在对这些地方的水质进行水环境监测时存在两大问题：①受环境地势等因素的影响，人类在进入这些地方进行监测时存在很大的困难；②这些地方的生态环境系统比较脆弱，容易受到破坏，人类足迹踏入这些地方，一旦出现问题就容易造成二次污染。无人机是无人驾驶飞机的简称。与传统遥感相比，无人机通过和红外（IR）、可见光（EO）和合成孔径雷达（SAR）等有机结合，具备高时效、高分辨率、高灵活性的特点，此外还具有低成本、低损耗、可重复使用且风险小等诸多优势，可有效解决对深海和湖泊的水环境监测问题。

二、水环境监测信息化技术应用中的几点建议

为充分发挥信息化新技术优势，推动水环境监测技术体系革新，各机构单位需要从多个层面着手，持续提升水环境监测信息化新技术的应用水平。

（一）加大资金投入与扶持力度

水环境监测事业具有公益属性，监测质量与我国生态环境治理效果有着密切联系，是有效处理各类水环境污染问题、保障人民群众用水安全的关键所在。

一方面，政府有必要向各环境监测机构提供一定的资金补贴，对资金使用流向进行监督，将补贴资金用于研发信息化新技术或配置各类新型仪器设备。

另一方面，水环境监测的相关公司应该同时，加强信息化监测技术的研发，不断完善和创新水环境监测技术。加大对水环境监测事业的资金投入和扶持力度，致力于构建起健全、完善的水环境监测网络体系。

（二）加强管理，保障运行

为充分发挥信息化新技术优势，最大限度减少外部因素对水环境监测质量造成的影响，监测机构必须做好项目管理工作，保证水环境监测活动的顺利开展，具体措施如下。

（1）综合分析各项信息化新技术的应用原理与技术特征，结合国内外技术应用实例，对技术应用标准进行完善补充，如操作流程步骤、技术参数指标要求等。

（2）构建职责机制，对各部门人员的职责范围、部门间从属关系进行明确划分。如此，既可以消除水环境监测与管理盲区，还可以简化组织结构，为各部门专业协作监测活动的开展提供基础条件。

（3）完善设备维护保养管理机制，明确规定各类仪器设备的维护保养工作内容、间隔周期、流程步骤、故障设备检修流程、设备调试运行要求。

（三）加强信息化新技术团队建设

信息化新技术对监测人员的综合素养提出较高要求，需要监测人员具有良好的专业工作能力与信息化素养，这样才可以灵活操作各类新型仪器设备与配套软件产品。因此，环境监测机构应加大信息化专业人员队伍建设力度，将各项信息化新技术原理特征、新型仪器设备操作步骤与注意事项、信息化软件平台操作流程等作为主要培训内容。同时，转变传统用人机制，加快引进高新技术人才，建设一支现代化、多元化与专业化的水环境监测团队。

（四）加强技术人员的综合能力

目前，我国信息化技术正处于飞速发展的阶段，水环境监测工作逐渐向着智能化和科学化的方向发展。在此背景下，国家对于技术人员的专业能力和综合素质提出了更为严格

的要求。我国相关单位应当加强对技术人员的管理与培训，通过专业性的培训提升技术人员的综合能力，以此适应不断发展的社会。作为用人单位，还应当对原有的用人机制进行调整和优化，吸引社会中更多优秀的人才加入其中，有效提升水环境监测工作的质量和水平，更好地为人民群众服务。

（五）加强管理，确保运行的科学性

在水环境监测工作中应用信息化新技术，不仅能够有效提升水环境监测工作的质量和水平，还能进一步促进我国生态环境的保护工作。基于此种情况，环境监测机构应当结合时代的发展和变化，不断吸收和借鉴先进的管理理念，加强对水环境监测信息化技术的管理，保证水环境监测工作的有序运行。在此过程中，各个部门管理人员应当充分认识到信息化监测新技术的重要性，并投入大量的时间和精力构建完善的管理机制，确保信息化技术的平稳发展。

综上所述，我国水环境监测工作涉及诸多领域，监测难度较大，面临多项工作难题。因此，环境监测机构需要持续对水环境监测技术体系进行创新优化，灵活应用各项信息化新技术，落实上述技术应用建议，全面提高水环境监测质量与效率，为生态环境治理工作的开展提供信息支持。

第三章　水体监测方案的制订

第一节　地表水监测方案的制订

一、基础资料的收集

在制订监测方案之前，应尽可能完备地收集欲监测水体及所在区域的有关资料。

其包括水体的水文、气候、地质和地貌资料。如水位、水量、流速及流向的变化，降雨量、蒸发量及历史上的水情，河流的宽度、深度、河床结构及地质状况，湖泊沉积物的特性、间温层分布、等深线等。

（1）水体沿岸城市分布、工业布局、污染源及其排污情况、城市给排水情况等。

（2）水体沿岸的资源现状和水资源的用途、饮用水源分布和重点水源保护区、水体流域土地功能及近期使用计划等。

（3）历年的水质资料等。

（4）水资源的用途、饮用水源分布和重点水源保护区。

（5）现场的交通情况、河宽、河床结构、岸边标志等。对于湖泊，还需了解生物特点、沉积物特点、间温层分布、容积、平均深度、等深线和水更新时间等。

（6）原有的水质分析资料或在需要设置断面的河段上设置若干调查断面进行采样分析。

二、监测断面和采集点的设置

在对调查研究结果和有关资料进行综合分析的基础上，根据监测目的和监测项目，考虑人力、物力等因素确定监测断面和采样点。同时，还要考虑实际采样时的可行性和方便性。

（一）监测断面的设置原则

监测断面的设置原则的确定，主要考虑水质变化较为明显、特定功能水域或有较大的参考意义的水体，可概述为六个方面。

（1）有大量废水排入河流的主要居民区、工业区的上游和下游。

（2）湖泊、水库、河口的主要入口和出口。

（3）较大支流汇合口上游和汇合后与干流充分混合处，入海河流的河口处；受潮汐影响的河段和严重水土流失区。

（4）国际河流出、入国境线的出、入口处。

（5）饮用水源区、水资源集中的水域、主要风景游览区、水上娱乐区及重大水利设施所在地等功能区。

（6）应尽可能与水文测量断面重合，并要求交通方便，有明显的岸边标志。

监测断面的设置数量，应根据掌握水环境质量状况的实际需要，在对污染物时空分布和变化规律的了解、优化的基础上，以最少的断面、垂线和测点取得代表性最好的监测数据。

（二）河流监测断面的设置

对于江、河水系或某一河段，要求设置对照断面、控制断面和削减断面。

（1）对照断面。为了解流入监测河段前的水体水质状况而设置。这种断面应设在河流进入城市或工业区以前的地方，避开各种污废水流入或回流处。一个河段一般只设一个对照断面，有主要支流时可酌情增加。

（2）控制断面。为评价、监测河段两岸污染源对水体水质影响而设置。控制断面的数目应根据城市的工业布局和排污口分布情况而定，断面的位置与废水排放口的距离应根据主要污染物的迁移、转化规律及河水流量和河道水力学特征确定，一般设在排污口下游500~1000m处。因为在排污口下游500m横断面上的1/2宽度处重金属浓度一般会出现高峰值。对有特殊要求的地区，如水产资源区、风景游览区、自然保护区、与水源有关的地方病发病区、严重水土流失区及地球化学异常区等的河段上也应设置控制断面。

（3）削减断面。这种断面是指河流收纳废水和污水后，经稀释扩散和自净作用，使污染物浓度显著下降。其左、中、右三点浓度差异较小的断面，通常设在城市或工业区最后一个排污口下游1500m以外的河段上。水量小的河流应视具体情况而定。

（4）背景断面。有时为了取得水系和河流的背景监测值，还应设置背景断面。这种断面上的水质要求基本上未受人类活动的影响，应设在清洁河段上。

（三）河流采样点位的确定

设置监测断面后，应根据水面的宽度确定断面上的采样垂线，再根据采样垂线的深度确定采样点的位置和数目。

（四）湖泊、水库监测垂线的布设

湖泊、水库通常只设监测垂线，如有特殊情况可参照河流的有关规定设置监测断面。

（1）污染物影响较大的重要湖泊、水库，应在污染物的主要输送路线上设置控制断面。

（2）湖（库）区的不同水域，如进水区、出水区、深水区、浅水区、湖心区、岸边区，按水体类别设置监测垂线。

（3）湖（库）区若无明显功能区别，可用网格法均匀设置监测垂线。

垂线上采样点位置和数目的确定方法与河流相同。如果存在间温层，应先测定不同水深处的水温、溶解氧等参数，确定成层情况后，再确定垂线上采样点的位置。

监测断面和采样点的位置确定后，其所在位置应该固定明显的岸边天然标志物。如果没有天然标志物，则应设置人工标志物，如竖石柱、打木桩等。每次采样要严格以标志物为准，使采集的样品取自同一位置上，以保证样品的代表性和可比性。

（五）采样时间和采样频率的确定

为使采集的水样具有代表性，能够反映水质在时间和空间上的变化规律，必须确定合理的采样时间和采样频率，力求以最低的采样频次，取得最有时间代表性的样品，既要满足能反映水质状况的要求，又要切实可行。其原则如下。

（1）饮用水源地、省（自治区、直辖市）交界断面中需要重点控制的监测断面每月至少采样1次。

（2）国控水系、河流、湖、库上的监测断面，逢单月采样1次，全年6次。

（3）水系的背景断面每年采样1次。

（4）受潮汐影响的监测断面采样，分别在大潮期和小潮期进行。每次采集的涨、退潮水样应分别测定。涨潮水样应在断面处水面涨平时采样，退潮水样应在水面退平时采样。

（5）如某必测项目连续三年均未检出，且在断面附近确定无新增排放源，而现有污染源排污量未增的情况下，每年可采样1次进行测定。一旦检出，或在断面附近有新的排放源或现有污染源有新增排污量时，即恢复正常采样。

（6）国控监测断面（或垂线）每月采样1次。

（7）遇有特殊自然情况或发生污染事故时，要随时增加采样频次。

三、地面水监测方案的制订案例

（一）工程概况

某水库工程项目为新建一座解决城镇供水、农业灌溉及农村饮水的中型水利工程，由枢纽工程、供水工程及灌区工程三部分组成，占地面积约104万 m³。水库建成后多年平均总供水量约1351万 m³，其中县城供水量约1266万 m³，农村人畜供水量约15万 m³，灌溉供水量约70万 m³。

拟建水库的枢纽工程包括主坝、副坝、连通隧洞、半沟借水工程，主坝位于小井溪荆竹园下游，副坝位于宋家溪中游河段，主坝与副坝间通过连通隧洞成为水库。水库正常蓄水位 926.80m，总库容量 1066 万 m³。供水工程包括供水隧洞、供水隧洞沿线借水工程、小坝供水工程。供水隧洞设计引用流量 0.49m³/s，含 5 段隧洞、4 处渡槽、1 处倒虹吸管，线路总长约 8.5km，供水隧洞出口分别接在建关槽隧洞进口和小坝供水工程，供水至西阳县城规划水厂和小坝水厂。小坝供水工程含提水泵站一座、高位水池一座。灌区工程包括大泉村和平地坝村农业灌溉和农村人畜供水管道，灌区工程管线总长约 6.6km。

（二）监测断面的设置

根据水质监测与评价的相关规范和拟建项目的实际情况，共设 7 个水质监测断面。其中断面 1—1、4—4、5—5、6—6 分别设于半沟借水坝处、洞子沟借水坝处、五方溪借水坝处、下鹿井沟借水坝处，断面 2—2、3—3 分别设于水库副坝处、水库主坝处，断面 7—7 设置在项目段余河。

第二节　水污染源监测方案的制订

水污染源包括工业废水源、生活污水源、医院污水源等。工业生产过程中排出的水称为废水。废水包括工艺过程用水、机器设备冷却水、烟气洗涤水、漂白水、设备和场地清洗水等。由居民区生活过程中排出物形成的含公共污物的水称为污水。污水中主要含有洗涤剂、粪便、细菌、病毒等，进入水体后，会大量消耗水中的溶解氧，使水体缺氧，自净能力降低，其分解产物具有营养价值，可能引起水体富营养化，细菌病毒还可能引发疾病。

废水和污水采样是污染源调查和监测的主要工作之一，而污染源调查和监测是监测工作的一个重要方面，是环境管理和治理的基础。

一、采样前的调查研究

要保证采样地点、采样方法可靠并使水样有代表性，监测人员必须在采样前进行调查研究工作，具体包括以下几个方面的内容。

（1）调查工业用水情况。工业用水一般分为生产用水和管理用水。生产用水主要包括工艺用水、冷却用水、漂白用水等。管理用水主要包括地面与车间冲洗用水、洗浴用水、生活用水等。

需要调查清楚工业用水量、循环用水量、废水排放量、设备蒸发量和渗漏损失量。可用水平衡计算法和现场测量法估算各种用水量。

（2）调查工业废水类型。工业废水可分为物理污染废水、化学污染废水、生物及生物化学污染废水三种主要类型以及混合污染废水。

通过生产工艺的调查，计算出排放水量并确定需要监测的项目。

（3）调查工业废水的排污去向。调查内容有：①车间、工厂或地区的排污口数量和位置；②直接排入还是通过渠道排入江、河、湖、库、海中，是否有排放渗坑。

二、采样点的设置

水污染源一般经管道或沟、渠排放，水的截面面积比较小，不需设置断面，可直接确定采样点位。

（一）工业废水

（1）在车间或车间设备出口处应布点采样测定第一类污染物。所谓第一类污染物即毒性大、对人体健康产生长远不良影响的污染物，这些污染物主要包括汞、镉、砷、铅和它们的无机化合物、六价铬的无机化合物、有机氯和强致癌物质等。

（2）在工厂总排污口处应布点采样测定第二类污染物。所谓第二类污染物即除第一类污染物之外的所有污染物，这些污染物包括悬浮物、硫化物、挥发酚、氰化物、有机磷、石油类、铜、锌、氟及它们的无机化合物、硝基苯类、苯胺类等。

（3）有处理设施的工厂应在处理设施的排出口处布点。为了提高对废水的处理效果，可在进水口和出水口同时布点采样。

（4）在排污渠道上，采样点应设在渠道较直、水量稳定、上游没有污水汇入处。

（5）某些二类污染物的监测方法尚不成熟，在总排污口处布点采样监测因干扰物质多会影响监测结果。这时，应将采样点移至车间排污口，按废水排放量的比例折算成总排污口废水中的浓度。

（二）生活污水和医院污水

生活污水和医院污水采样点设在污水总排放口。对污水处理厂，应在进口、出口分别设置采样点采样监测。

三、采样时间和频率的确定

（一）监督性监测

地方环境监测站对污染源的监督性监测每年不少于1次。被国家或地方环境保护行政主管部门列为年度监测的重点排污单位，应增加到2~4次。因管理或执法的需要所进行的抽查性监测或企业的加密监测由各级环境保护行政主管部门确定。

生活污水每年采样监测2次，春、夏季各1次；医院污水每年采样监测4次，每季度1次。

（二）企业自我监测

工业废水按生产周期和生产特点确定监测频率。一般每个生产日至少3次。排污单位为了确认自行监测的采样频次，应在正常生产条件下的一个生产周期内进行加密监测。周期在 8h 以内的，每小时采样 1 次；周期大于 8h 的，每 2h 采样 1 次，但每个生产周期采样不少于 3 次。采样的同时测定流量，根据加密监测结果，绘制污水污染物排放曲线（浓度—时间，流量—时间，总量—时间），并与所掌握资料对照，如基本一致，即可据此确定企业自行监测的采样频次。根据管理需要进行污染源调查性监测时，也按此频次采样。

排污单位如有污水处理设施并能正常运转使污水可稳定排放，则污染物排放曲线比较平稳，监督监测可以采瞬时样；对于排放曲线有明显变化的不稳定排放污水，要根据曲线情况分时间单元采样，再组成混合样品。正常情况下，混合样品的单元采样不得少于 2 次。如排放污水的流量、浓度甚至组分都有明显变化，则在各单元采样时的采样量应与当时的污水流量成比例，以使混合样品更有代表性。

（三）其他事项的确定

对于污染治理、环境科研、污染源调查和评价等工作中的污水监测，其采样频次可以根据工作方案的要求另行确定。

第三节　地下水水质监测方案的制订

储存在土壤和岩石空隙（孔隙、裂隙、溶隙）中的水统称地下水。地下水埋藏在地层的不同深度，相对于地面水而言，其流动性和水质参数的变化比较缓慢。地下水水质监测方案的制订过程与地面水基本相同。

一、调查研究和收集资料

（1）收集、汇总监测区域的水文、地质、气象等方面的有关资料和以往的监测资料。例如，地质图、剖面图、测绘图、水井的成套参数、含水层、地下水补给、径流和流向，以及温度、湿度、降水量等。

（2）调查监测区域内城市发展、工业分布、资源开发和土地利用情况，尤其是地下工程规模、应用等；了解化肥和农药的施用面积和施用量；查清污水灌溉、排污、纳污和地面水污染现状。

（3）测量或查知水位、水深，以确定采水器和泵的类型；所需费用和采样程序。

（4）在完成以上调查的基础上，确定主要污染源和污染物，并根据地区特点与地下水的主要类型把地下水分成若干个水文地质单元。

二、采样点的设置

由于地质结构复杂，地下水采样点的设置也变得复杂，监测井采集的水样只代表含水层平行和垂直的一小部分，所以必须合理地选择采样点。

（一）地下水采样井布设原则

（1）全面掌握地下水资源质量状况，对地下水污染进行监视、控制。

（2）根据地下水类型与开采强度分区，以主要开采层为主布设采样井，兼顾深层和自流地下水。

（3）尽量与现有地下水水位观测井网相结合。

（4）采样井布设密度为主要供水区密，一般地区稀；城区密，农村稀；污染严重区密，非污染区稀。

（5）不同水质特征的地下水区域应分别布设采样井。

（6）专用站按监测目的与要求布设。

（二）地下水采样井布设方法与要求

在下列地区应布设采样井：①以地下水为主要供水水源的地区；②饮水型地方病（如高氟病）高发地区；③污水灌溉区、垃圾堆积处理场地区及地下水回灌区；④污染严重区域。

（三）平原（含盆地）地区地下水采样井布设

密度一般为 1 眼 /200km²，重要水源地或污染严重地区可适当加密；沙漠区、山丘区、岩溶山区等可根据需要，选择典型代表区布设采样井。

（四）一般水资源质量监测及污染控制井

根据区域水文地质单元状况，视地下水主要补给来源，可在地下水流的垂直上方，设置一个至数个背景值监测井。或者根据本地区地下水流向、污染源分布状况及活动类型与分布特征，采用网格法或放射法布设监测井。

（五）多级深度井

应沿不同深度布设数个采样点。

三、采样时间与频率的确定

（1）背景井点每年采样 1 次。

（2）全国重点基本站每年采样 2 次，丰、枯水期各 1 次。

（3）地下水污染严重的控制井，每季度采样 1 次。

（4）在以地下水作为生活饮用水源的地区每月采样 1 次。

（5）专用监测井按设置目的与要求确定。

第四节　水体监测项目

监测项目依据水体功能和污染源的类型不同而异，其数量繁多，但受人力、物力、经费等各种条件的限制，不可能也没有必要一一监测，应根据实际情况，选择环境标准中要求控制的危害大、影响范围广，并已建立可靠分析测定方法的项目。根据该原则，发达国家相继提出优先监测污染物。例如，美国环境保护局（EPA）在"清洁水法"（CWA）中规定了 129 种优先监测污染物；苏联卫生部公布了 561 种有机污染物在水中的极限允许浓度；我国环境监测总站提出了 68 种水环境优先监测污染物名单。

下面，介绍我国《环境监测技术规范》中对地面水和废水规定的监测项目。

一、地面水监测项目

地面水监测项目见表 3—1。

表3—1 地面水监测项目

地面水类型	必测项目	选测项目
河流	水温、pH、电导率、溶解氧、化学需氧量、五日生化需氧量、氨氮、总磷、总氮、氟化物、挥发酚、氰化物、砷、硒、汞、六价铬、铜、锌、铅、镉、硫化物、阴离子表面活性剂、石油类、粪大肠菌群等	氯化物，有机氯农药、有机磷农药、总铬、大肠菌群、总 α、总 β、铀、镭、钍、总硬度、亚硝酸盐氮
饮用水源地	水温、pH、电导率、溶解氧、化学需氧量、五日生化需氧量、氨氮、总磷、总氮、氟化物、挥发酚、氰化物、砷、硒、汞、六价铬、铜、锌、铅、镉、硫化物、阴离子表面活性剂、石油类、粪大肠菌群氯化物、硝酸盐、硫酸盐、铁、锰等	锰、铜、锌、阴离子洗涤剂、硒、石油类、有机氯农药、有机磷农药、硫酸盐、碳酸盐等
湖泊、水库	水温、pH、电导率、溶解氧、化学需氧量、五日生化需氧量、氨氮、总磷、总氮、氟化物、挥发酚、氰化物、砷、硒、汞、六价铬、铜、锌、铅、镉、硫化物、阴离子表面活性剂、石油类、粪大肠菌群、透明度、叶绿素a等	钾、钠、藻类（优势种）、浮游藻、可溶性固体总量、铜、大肠菌群等
排污河（渠）	根据纳污情况确定	根据纳污情况确定
底泥	砷、汞、铬、铅、镉、铜等	硫化物、有机氯农药、有机磷农药等

饮用水保护区或饮用水源的江河除监测常规项目外，必须注意对剧毒和"三致"有毒化学品的监测。

二、工业废水监测项目

工业废水监测项目见表3—2。

表3—2　工业废水监测项目

类别		监测项目
黑色金属矿山（包括磁铁矿、赤铁矿、锰矿等）		pH、悬浮物、硫化物、铜、铅、锌、镉、汞、六价铬等
黑色冶金（包括选矿、烧结、炼焦、炼铁、炼钢、轧钢等）		pH、悬浮物、化学需氧量、硫化物、氟化物、挥发酚、氰化物、石油类、铜、铅、锌、砷、镉、汞等
有色金属矿山及冶炼		pH、悬浮物、化学需氧量、硫化物、氟化物、挥发酚、铜、铅、锌、砷、镉、汞、六价铬等
石油开采		pH、化学需氧量、生化需氧量、悬浮物、硫化物、挥发酚、石油类等
焦化		化学需氧量、生化需氧量、悬浮物、硫化物、挥发酚、氰化物、石油类、氨氮、苯类、多环芳烃、水温等
选矿药剂		化学需氧量、生化需氧量、悬浮物、硫化物、挥发酚等
石油炼制		pH、化学需氧量、生化需氧量、悬浮物、硫化物、挥发酚、氰化物、石油类、苯类、多环芳烃等
煤矿（包括洗煤）		pH、悬浮物、砷、硫化物等
火力发电、热电		pH、水温、悬浮物、硫化物、砷、铅、镉、酚、石油类等
化学矿开采	硫铁矿	pH、悬浮物、硫化物、铜、铅、锌、镉、汞、砷、六价铬等
	磷矿	pH、悬评物、氟化物、硫化物、砷、铅、磷等
	雄黄矿	pH、悬浮物、硫化物、砷等
	汞矿	pH、悬浮物、硫化物、砷、汞等
	萤石矿	pH、悬浮物、氟化物等
无机原料	硫酸	pH、悬浮物、硫化物、氟化物、铜、铅、锌、镉、砷等
	氯碱	pH（或酸度、碱度）、化学需氧量、悬浮物、汞等
	铬盐	pH（或酸度）、总铬、六价铬等

类别		监测项目
有机原料		pH（或酸度、碱度）、化学需氧量、生化需氧量、悬浮物、挥发酚、酚化物、苯类、硝基苯类、有机氯等
化肥	氮肥	化学需氧量、生化需氧量、挥发酚、氰化物、硫化物、砷等
	磷肥	pH（或酸度）、化学需氧量、悬浮物、氟化物、砷、磷等
橡胶	合成橡胶	pH（或酸度、碱度）、化学需氧量、生化需氧量、石油类、铜、锌、六价铬、多环芳烃等
	橡胶加工	化学需氧量、生化需氧量、硫化物、六价铬、石油类、苯、多环芳烃等
染料		pH（或酸度、碱度）、化学需氧量、生化需氧量、悬浮物、挥发酚、硫化物、苯胺类、硝基苯类等
化纤		pH、化学需氧量、生化需氧量、悬浮物、铜、锌、石油类等
制药		pH（或酸度、碱度）、化学需氧量、生化需氧量、石油类、硝基苯类、硝基酚类、苯胺类等
农药		pH、化学需氧量、生化需氧量、悬浮物、硫化物、挥发酚、砷、有机氯、有机磷等
塑料		化学需氧量、生化需氧量、硫化物、氰化物、铅、砷、汞、石油类、有机氯、苯类、多环芳烃等

三、生活污水监测项目

化学需氧量、生化需氧量、悬浮物、氨氮、总氮、总磷、阴离子洗涤剂、细菌总数、大肠菌群等。

四、医院污水监测项目

pH、色度、浊度、悬浮物、余氯、化学需氧量、生化需氧量、致病菌、细菌总数、大肠菌群等。

五、地下水监测项目

地下水监测项目主要根据地下水在本地区的天然污染、工业与生活污染状况和环境管理的需要确定。地下水水质监测项目要求如下。

（1）全国重点基本站应符合表3—3中必测项目的要求，并根据地下水用途选测有关监测项目。

（2）生物源性地方病源流行地区应另加测碘、钼等项目。

（3）工业用水应另加测侵蚀性二氧化碳、总可溶性固体、磷酸盐等项目。

（4）沿海地区应另加测碘等项目。

（5）矿泉水应加测硒、锶、偏硅酸等项目。

（6）农村地下水可选测有机氯、有机磷农药及凯氏氮等项目；有机污染严重区域应选测苯系物、烃类、挥发性有机碳和可溶性有机碳等项目。

表3—3　地下水监测项目

必测项目	选测项目
pH、溶解性总固体、总硬度、氯化物、氟化物、硫酸盐、氨氮、硝酸盐氮、亚硝酸盐氮、高锰酸钾指数、挥发性酚、氰化物、砷、汞、六价铬、铅、铁、锰、大肠菌群	色、臭和味、浊度、肉眼可见物、铜、锌、钼、钴、阴离子合成洗涤剂、碘化物、硒、铍、钡、镍、六六六、滴滴涕、细菌总数、总α放射性、总β放射性

第四章 大气环境监测

第一节 大气环境保护标准与环境空气质量

一、大气环境保护标准

（一）大气环境质量标准

环境空气质量是指由污染程度指示出的环境空气状态。为了给人民生活和生产创造清洁适宜的环境，防治生态破坏，切实保障人民群众身体健康，法律通常规定某一段时间内空气污染物浓度平均值的限值范围，即常说的环境空气质量标准。我国现行的大气环境质量标准主要有《环境空气质量标准》（GB 3095—2012）、《乘用车内空气质量评价指南》（GB/T 27630—2011）和《室内空气质量标准》（GB/T 18883—2022）。

1.《环境空气质量标准》（GB 3095—2012）

随着我国环境空气污染特征的显著变化，我国于 2012 年开始分三个阶段实施了《环境空气质量标准》（GB 3095—2012），于 2016 年 1 月 1 日全面实施。该标准规定了环境空气功能区分类、标准分级、污染物项目、平均时间及浓度限值、监测方法、数据统计的有效性及实施与监督等内容，适用于全国范围的环境空气质量评价与管理。2018 年生态环境部发布了《环境空气质量标准》及配套环境监测标准修改单，重点修改了标准中关于监测状态的规定，实现了与国际接轨。

环境空气功能区分为以下两类。

一类区：自然保护区、风景名胜区和其他需要特殊保护的区域。

二类区：居住区、商业交通居民混合区、文化区、工业区和农村地区。

根据环境空气功能区的质量要求，一类区适用一级浓度限值，二类区适用二级浓度限值。该标准规定了各项污染物不允许超过的浓度限值。其中，污染物浓度均为参比状态（大气温度为 298.15K，大气压力为 1013.25hPa 时的状态）下的浓度。其中，二氧化硫、二氧化氮、一氧化碳、臭氧、氮氧化物等气态污染物浓度为参比状态下的浓度；颗粒物（PM_{10}和$PM_{2.5}$）、总悬浮颗粒物（TSP）及其组分铅、苯并芘等浓度为监测时大气温度和压力下的浓度。

环境空气污染物监测点位的设置，应按照《环境空气质量监测规范（试行）》中的要求执行；采样环境、采样高度及采样频率，应按 HJ193 或 HJ194 的具体要求执行。为保证各项污染物数据统计的有效性，《环境空气质量标准》还提出了具体要求。

2.《室内空气质量标准》（GB/T 18883—2022）

在人们对居住质量要求普遍提高的今天，居室的环保问题日益受到关注。《室内空气质量标准》（GB/T 18883—2022）是我国第一部室内空气质量标准，于 2003 年 3 月 1 日正式实施。该标准的颁布对于不断增强人们的室内环保意识，促进与室内环境有关的行业和企业从室内环境方面规范自己的行为，保障人民的身体健康，具有十分重要的意义。2022 年对该标准被进行了第一次修订，主要内容包括修订了 4 项术语和定义，增加了细颗粒物、三氯乙烯和四氯乙烯 3 项指标，更改了二氧化碳、二氧化氮、甲醛、苯、可吸入颗粒物、细颗粒物、细菌总数和氡等指标的标准限值，并对相关 10 项指标颁布了标准检验方法，更新了方法来源，详细规范和要求可参见《室内空气质量标准》（GB/T 18883—2022）的附录 B ～附录 H。

《室内空气质量标准》规定了室内空气质量物理性、化学性、生物性和放射性指标与要求以及指标检验方法，适用于住宅和办公建筑物，其他室内环境也可参照该标准执行。

《室内空气质量标准》规定的控制项目不仅有化学性污染，还有物理性、生物性和放射性污染。对影响室内空气质量的物理因素（温度、湿度和空气流速）视季节性规定了达标限值。化学性污染物质中不仅有人们熟悉的甲醛、苯、氨等污染物质，还有可吸入颗粒物、细颗粒物、二氧化碳、二氧化硫等共 16 项化学性污染物质。对生物性和放射性指标也分别规定了达标限值，充分考虑了室内空气的特殊性。

3.《乘用车内空气质量评价指南》（GB/T 2763—2011）

2012 年 3 月 1 日我国正式实施了《乘用车内空气质量评价指南》（GB/T 27630—2011），规定了车内空气中苯、甲苯、二甲苯、乙苯、苯乙烯、甲醛、乙醛、丙烯醛的浓度要求。《乘用车内空气质量评价指南》填补了我国车内空气质量标准的空白，使得车内空气质量是否达标有了明确的参考标准依据，车内空气检测有据可依。同时对检测技术、仪器、环境等提出了严格要求，可以更加客观公正地评判品牌汽车的车内空气质量。该指南在评价乘用车内空气质量时，主要适用于所销售的新生产汽车，使用中的车辆也可参照使用，但对行驶过程中车内空气质量的评价仅具有参考作用。

（二）大气污染物排放标准

大气污染物排放标准是指为改善环境质量，结合技术、经济条件和环境特点，对排入

环境中的大气污染物种类、浓度和数量等限值以及对环境造成危害的其他因素等做出的限制性规定。

我国大气污染物排放标准主要由大气固定源污染物排放标准和大气移动源污染物排放标准两部分组成。

1. 大气固定源污染物排放标准

排放大气污染物的各类行业企业、场所、生产设施、固定设备等，简称固定源。固定源国家大气污染物排放标准体系由行业型、通用型和综合型大气污染物排放标准构成。行业型大气污染物排放标准适用于某一特定行业的固定源大气污染物排放，如《水泥工业大气污染物排放标准》（GB 4915—2013）、《石油化学工业污染物排放标准》（GB 31571—2015）、《制药工业大气污染物排放标准》（GB 37823—2019）等；通用型大气污染物排放标准适用于多个行业的通用生产工艺、设备、操作过程等的固定源大气污染物排放，例如《锅炉大气污染物排放标准》（GB 13271—2014）、《挥发性有机物无组织排放控制标准》（GB 37822—2019）和《恶臭污染物排放标准》（GB 14554—1993）等。综合型大气污染物排放标准适用于行业型和通用型大气污染物排放标准适用范围以外的固定源大气污染物排放，如《大气污染物综合排放标准》（GB 16297—1996）。

行业型和通用型大气污染物排放标准均应完整控制所排放的大气污染物。对于有行业型排放标准控制的污染源，通常由行业型标准与通用型标准共同控制；对于无行业型排放标准控制的污染源，通常由综合型排放标准与通用型排放标准共同控制。

《大气污染物综合排放标准》（GB 16297—1996）规定了33种大气污染物的排放限值，其指标体系为最高允许浓度、最高允许排放速率和无组织排放监控浓度限值，适用于现有污染源大气污染物排放管理，以及建设项目的环境影响评价、设计和环境保护设施竣工验收及其投产后的大气污染物排放管理。该标准设置了三个指标体系：①通过排气筒排放的污染物最高允许排放浓度；②通过排气筒排放的污染物，按排气筒高度规定的最高允许排放速率；③以无组织方式排放的污染物，规定无组织排放的监控点及相应的监控浓度限值。任何一个排气筒必须同时遵守上述①和②两项指标，超过其中任何一项均为超标排放。

2. 大气移动源污染物排放标准

移动源主要分为道路机动车和非道路发动机，其中道路机动车包括汽车、摩托车、三轮汽车和低速货车，非道路发动机包括所有道路机动车之外的移动机械、船舶、火车和飞机等。

我国的移动源大气污染物排放标准体系大致经历了五个发展阶段。第一阶段为1983年至1998年，移动源排放标准体系初步创立。1983年首次发布《汽油车怠速污染物排放标准》（GB 3842—1983）等6项机动车污染物排放标准，随后发布了摩托车排放标准，以及汽车燃油蒸发、曲轴箱的排放控制要求。第二阶段为1999年至2004年，移动源排放标准体系与国际接轨。制定了相当于欧盟 Euro Ⅰ、Euro Ⅱ 阶段排放法规的我国第一、第二阶段轻型汽车和重型柴油车排放标准。第三阶段为 2005 年至 2012 年，移动源排放标准体系快速发展。2005 年发布了我国第三、第四阶段轻型汽车排放标准和第三、第四、第五阶段重型柴油车排放标准，大幅提高了机动车排放控制要求，提出了车载诊断（OBD）系统要求；2007 年我国发布了第一项非道路移动机械排放标准，开始将非道路移动机械纳入移动源环保监管范围；2008 年发布了我国第三、第四阶段重型汽油车排放标准。2013 年至 2015 年为第四阶段。2013 年正式发布了我国第五阶段轻型车排放标准，进一步严格了标准限值，增加了污染控制新指标即颗粒物粒子数量（PN），大力推进了非道路柴油机械第三、四阶段，以及船舶发动机第一阶段排放标准的制定工作。第五阶段由 2016 年开始，我国引领世界标准制定。2016 年我国发布了《轻型汽车污染物排放限值及测量方法（中国第六阶段）》（GB 18352.6—2016），自 2020 年 7 月 1 日起替代第五阶段，改变了以往等效转化欧洲排放标准的方式，首次实现了引领世界标准制定；2018 年我国发布了《重型柴油车污染物排放限值及测量方法（中国第六阶段）》（GB 17691—2018），自 2019 年 7 月 1 日起实施。

（三）大气监测规范和方法标准

我国的大气环境保护标准还包括大气环境监测规范和一系列方法标准。如《环境空气质量监测点位布设技术规范（试行）》（HJ 664—2013）规定了环境空气质量监测点位布设原则和要求、环境空气质量监测点位布设数量、在环境空气质量监测点位开展的监测项目等内容。《环境空气颗粒物（$PM_{2.5}$）手工监测方法（重量法）技术规范》（HJ 656—2013）等方法标准规定了污染物的监测方法。《环境空气颗粒物（PM_{10} 和 $PM_{2.5}$）连续自动监测系统技术要求及检测方法》（HJ 653—2013）、《环境空气气态污染物（SO_2、NO_2、O_3、CO）连续自动监测系统技术要求及检测方法》（HJ 654—2013）、《环境空气颗粒物（PM_{10} 和 $PM_{2.5}$）连续自动监测系统安装和验收技术规范》（HJ 655—2013）、《环境空气气态污染物（SO_2、NO_2、O_3、CO）连续自动监测系统安装验收技术规范》（HJ 193—2013）、《环境空气气态污染物（SO_2、NO_2、O_3、CO）连续自动监测系统运行和质控技术规范》（HJ 818—2018）和《环境空气颗粒物（PM_{10} 和 $PM_{2.5}$）连续自动监测系统运行和质控技术规范》（HJ 817—2018）等标准，明确了我国空气污染物自动连续监测技术要求和检测方法。《环境空气质量评价技术规范（试行）》（HJ 663—2013）规定了环境空气质量的评价范围、评价时段、评价项目、评价方法及数据统计方法等内容。

二、环境空气质量指数

环境空气质量指数是一种定量、客观地反映和评价空气质量状况的指标，可以直观、简明、定量地描述和比较环境污染的程度。它以数字的形式量化描述空气质量状况，使公

众能清楚地了解所在城市空气质量的优劣，并可用来进行大气环境质量现状评价、回顾性评价和趋势评价，因此在国内外得到普遍应用。

我国的空气质量指数是定量描述空气质量状况的无量纲指数，针对单项污染物还规定了空气质量分指数。参与空气质量评价的主要污染物为细颗粒物、可吸入颗粒物、二氧化硫、二氧化氮、臭氧、一氧化碳6项。

空气质量指数的相关定义如下：

（1）空气质量指数（air quality index，AQI）：定量描述空气质量状况的无量纲指数。

（2）空气质量分指数（individual air quality index，IAQI）：单项污染物的空气质量指数。

（3）首要污染物（primary pollutant）：AQI 大于 50 时 IAQI 最大的空气污染物。

（4）超标污染物（non—attainment pollutant）：浓度超过国家环境空气质量二级标准的污染物，即 IAQI 大于 100 的污染物。

空气质量指数（AQI）的评价方法如下。

（1）对照各项污染物的分级浓度限值，以细颗粒物（$PM_{2.5}$）、可吸入颗粒物（PM_{10}）、二氧化硫（SO_2）、二氧化氮（NO_2）、臭氧（O_3）、一氧化碳（CO）等各项污染物的实测浓度值（其中 $PM_{2.5}$、PM_{10} 为 24h 平均浓度）分别计算得出空气质量分指数（IAQI）。

（2）从各项污染物的 IAQI 中选择最大值确定为 AQI，当 AQI 大于 50 时将 IAQI 最大的污染物确定为首要污染物。

（3）对照 AQI 分级标准，确定空气质量指数级别、类别及表示颜色、健康影响与建议采取的措施。简言之，AQI 就是各项污染物的空气质量分指数（IAQI）中的最大值，当 AQI 大于 50 时对应的污染物即为首要污染物。

第二节　大气环境监测方法

一、大气环境监测点位布设和样品采集

（一）环境空气质量监测点位布设

我国于 2013 年颁布了《环境空气质量监测点位布设技术规范（试行）》（HJ 664—2013），该标准规定了环境空气质量监测点位布设原则和要求、布设数量、开展的监测项目等内容。

环境空气质量监测点主要分为环境空气质量评价城市点、环境空气质量评价区域点、环境空气质量背景点、污染监控点和路边交通点五类。总体上，点位布设原则如下。

（1）代表性。具有较好的代表性，能客观反映一定空间范围内的环境空气质量水平

和变化规律，客观评价城市、区域环境空气状况，污染源对环境空气质量的影响，满足为公众提供环境空气状况健康指引的需求。

（2）可比性。同类型监测点设置条件尽可能一致，使各个监测点获取的数据具有可比性。

（3）整体性。环境空气质量评价城市点应考虑城市自然地理、气象等综合环境因素，以及工业布局、人口分布等社会经济特点，在布局上应反映城市主要功能区和主要大气污染源的空气质量现状及变化趋势，从整体出发合理布局，监测点之间相互协调。

（4）前瞻性。应结合城乡建设规划考虑监测点的布设，使确定的监测点能兼顾未来城乡空间格局变化趋势。

（5）稳定性。监测点位置一经确定，原则上不应变更，以保证监测资料的连续性和可比性。

（二）各种类型监测点的布设要求及数量

各种类型监测点的布设要求及数量如下。

1. 环境空气质量评价城市点的布设要求

（1）位于各城市的建成区，并均匀分布，覆盖全部建成区。

（2）采用城市加密网格点实测或模式模拟计算的方法，估计所在城市建成区污染物浓度的总体平均值。全部城市点的污染物浓度的算术平均值应代表所在城市建成区污染物浓度的总体平均值。城市加密网格点实测是指将城市建成区均匀划分为若干加密网格点，单个网格不大于 2km×2km（面积大于 200km² 的城市也可适当加大网格密度），在每个网格中心或网格线的交点上设置监测点，了解所在城市建成区的污染物整体浓度水平和分布规律。模式模拟计算是通过污染物扩散、迁移及转化规律，预测污染分布状况，进而寻找合理的监测点位的方法。

（3）拟新建城市点的污染物浓度的平均值与同一时期用城市加密网格点实测，或模式模拟计算的城市总体平均值估计值相对误差应在 10% 以内。

（4）用城市加密网格点实测或模式模拟计算的城市总体平均值计算出 30、50、80 和 90 百分位数的估计值，拟新建城市点的污染物浓度平均值计算出的 30、50、80 和 90 百分位数与同一时期城市总体估计值计算的各百分位数的相对误差在 15% 以内。

（5）监测点周围环境和采样口设置也应符合一定要求。

2. 环境空气质量评价区域点和背景点的布设要求

（1）区域点和背景点应远离城市建成区和主要污染源，区域点原则上应离开城市建成区和主要污染源 20km 以上，背景点原则上应离开城市建成区和主要污染源 50km 以上。

（2）区域点应根据我国大气环流特征设置在区域大气环流路径上，反映区域大气本地状况，并反映区域间和区域内污染物输送的相互影响。

（3）背景点应设置在不受人为活动影响的清洁地区，反映国家尺度空气质量本底水平。

（4）区域点和背景点的海拔高度应合适：在山区应低于局部高点，避免受到局地空气污染物的干扰和近地面逆温层等局地气象条件的影响；在平缓地区应保持在开阔地点的相对高地，避免空气沉积的凹地。

（5）监测点周围环境和采样口的设计应符合一定的要求。

3. 污染监控点的设置要求

（1）污染监控点原则上应设置在可能对人体健康造成影响的污染物高浓度区，以及主要固定污染源对环境空气质量产生明显影响的地区。

（2）污染监控点依据排放源的强度和主要污染项目布设，应设置在污染源的主导风向和第二主导风向（一般采用污染最重季节的主导风向）的下风向的最大落地浓度区内，以捕捉到最大污染特征为原则进行布设。

（3）对于固定污染源较多且比较集中的工业园区等，污染监控点原则上应设置在主导风向和第二主导风向（一般采用污染最重季节的主导风向）的下风向的工业园区边界，兼顾排放强度最大的污染源及污染项目的最大落地浓度。

（4）地方生态环境行政主管部门可根据监测目的确定点位布设原则，增设污染监控点，并实时发布监测信息。

4. 路边交通点的布设要求

（1）对于路边交通点，一般应在行车道的下风侧，根据车流量大小、车道两侧的地形、建筑物的分布情况等确定路边交通点的位置，采样口与道路边缘距离不得超过 20m；

（2）由地方生态环境行政主管部门根据监测目的确定点位布设原则，设置路边交通点，并实时发布监测信息；

（3）监测点周围环境和采样口的设计应符合一定的要求。路边交通点的数量由地方生态环境行政主管部门组织各地环境监测机构根据本地区环境管理的需要设置。

环境空气质量监测点周围环境应符合下列要求：①采取措施保证监测点附近 1km 内的土地使用状况相对稳定；②点式监测仪器采样口周围，监测光束附近或开放光程监测仪器发射光源到监测光束接收端之间不能有阻碍环境空气流通的高大建筑物、树木或其他障碍物，从采样口或监测光束到附近最高障碍物之间的水平距离，应为该障碍物与采样口或监测光束高度差的两倍以上，或从采样口至障碍物顶部与地平线的夹角应小于 30°；③采样口周围水平面应保证 270° 以上的捕集空间，如果采样口一边靠近建筑物，采样口周围水平面应有 180° 以上的自由空间；④监测点周围环境状况相对稳定，所在地质条件需长期稳定和足够坚实，所在地点应避免受山洪、雪崩、山林火灾和泥石流等局地灾害影响，安全和防护措施有保障；⑤监测点附近无强大的电磁干扰，周围有稳定可靠的电力供应和避雷设备，通信线路容易安装和检修；⑥区域点和背景点周边向外的大视野需 360° 开阔，方圆 1 ～ 10km 距离内应没有明显的视野阻断；⑦监测点位设置在机关单位及其他公共场所时，应保证通畅、便利的出入通道及条件，在出现突发状况时，相关人员可及时赶到现场进行处理。

采样口位置应符合下列要求：①对于手工采样，其采样口离地面的高度应在 1.5 ～ 5m。②对于自动监测，其采样口或监测光束离地面的高度应在 3~20m。③对于路边交通点，其采样口离地面的高度应在 2~5m。④在保证监测点具有空间代表性的前提下，若所选监测点位周围半径 300~500m 建筑物平均高度在 25m 以上，无法按满足①、②条的高度要求设置时，其采样口高度可以在 20~30m 选取。⑤在建筑物上安装监测仪器时，监测仪器的采样口与建筑物墙壁、屋顶等支撑物表面的距离应大于 1m。⑥使用开放光程监测仪器进行空气质量监测时，在监测光束能完全通过的情况下，允许监测光束从日平均机动车流量少于 10000 辆的道路上空、对监测结果影响不大的小污染源和少量未达到间隔距离要求的树木或建筑物上空穿过，穿过的合计距离不能超过监测光束总光程长度的 10%。⑦当某个监测点需设置多个采样口时，为防止其他采样口干扰颗粒物样品的采集，颗粒物采样口与其他采样口之间的直线距离应大于 1m。若使用大流量总悬浮颗粒物（TSP）采样装置进行并行监测，其他采样口与颗粒物采样口的直线距离应大于 2m。⑧对于环境空气质量评价城市点，采样口周围至少 50m 范围内无明显固定污染源，以避免车辆尾气等直接对监测结果产生干扰。⑨开放光程监测仪器的监测光程长度的测绘误差应在 3m 内（当监测光程长度小于 200m 时，光程长度的测绘误差应小于实际光程的 ±15%）。⑩开放光程监测仪器发射端到接收端之间的监测光束仰角不应超过 15°。

（三）污染源烟气采样位置与采样点

污染源有害物质的测定，通常是用采样管从污染源的烟道中抽取一定体积的烟气，通过捕集装置将有害物质捕集下来，然后根据捕集的有害物质的量和抽取的烟气量计算得出烟气中有害物质的浓度，最后根据有害物质的浓度和烟气的流量计算其排放量。这种测试方法的准确性在很大程度上取决于抽取烟气样品的代表性，这就要求测试人员正确地选择采样位置和采样点。

1. 采样位置

采样位置应避开对测试人员操作有危险的场所，优先选择垂直管段，避开烟道弯头和断面急剧变化的部位。采样位置应设在距弯头、阀门和变径管下游方向不小于 6 倍直径处和距上述部件上游方向不小于 3 倍直径处。对矩形烟道，其当量直径 D=2AB（A+B），其中 A、B 为边长，采样断面的气体流速最好在 5m/s 以上。若测试现场空间位置有限，很难满足上述要求，则选择比较适宜的管段采样，但采样断面与弯头等部件的距离至少是烟道直径的 1.5 倍，并应适当增加测点的数量和采样频次。对于气态污染物，由于混合比较均匀，其采样位置可以不受上述规定限制，但应避开涡流区。另外，还应考虑采样地点的方便、

安全，必要时应设置工作平台。

2. 采样孔和采样点

烟道内同一断面各点的气流速度和烟尘浓度分布通常是不均匀的。因此，必须按照一定原则在同一断面内进行多点测量，才能取得较为准确的数据。在选定的测定位置开设采样孔，采样孔的内径应不小于 80mm，采样孔的管长应不大于 50mm。不使用时应用盖板、管堵或管帽封闭。当采样孔仅用于采集气态污染物时，其内径应不小于 40mm。对于正压下输送高温或有毒气体的烟道，应采用带有闸板阀的密封采样孔。断面内采样点的位置和数目，主要根据烟道断面的形状、尺寸大小和流速分布均匀情况而定。

（1）圆形烟道

对于圆形烟道，采样孔应设在包括各测点在内的互相垂直的直径线上。采样点的位置是将烟道分成一定数量的等面积同心环，各测点选在各环等面积中心线与垂直相交的两条直径线的交点上，其中一条直径线应在预期浓度变化最大的平面内，如测点位于弯头后，该直径线应位于弯头所在的平面上。当烟道直径小于 0.3m，流速比较均匀、对称时，可取烟道中心作为采样点。原则上测点不超过 20 个。

（2）矩形烟道

对于矩形烟道，采样孔应设在包括各测点在内的延长线上。采样点的确定是将烟道断面分成适当数量的等面积小块，各块中心即为测点。原则上测点不超过 20 个。当管道断面面积小于 $0.1m^2$，且流速分布比较均匀、对称时，可取断面中心作为采样点。现场烟气参数主要包括温度、水分含量、CO、CO_2、O_2 等气体成分以及流速和流量等，详见《固定源废气监测技术规范》（HJ/T 397—2007）。

（四）样品采集和保存

采样时间也称为采样时段，即每次采样从开始到结束所持续的时间。采样频次是指在一定时间范围内的采样次数。采样时间和采样频次要根据监测目的、污染物分布特征、分析方法及人力、物力等因素决定。我国监测技术规范是根据《环境空气质量标准》（GB 3095—2012）中各项污染物数据统计的有效性规定，确定相应污染物采样频次及采样时间的。

气体采样方法的选择与污染物在气体中存在的状态密切相关。气体中的污染物从形态上分为气态和颗粒态两种。推荐的采样方法有 24h 连续采样、间断采样和无动力采样。以气态或气溶胶态两种形态存在的半挥发性有机物（SVOCs）通常采用主动采样。24h 连续采样是指 24h 连续采集一个空气样品，监测污染物日平均浓度的采样方式，适用于环境空气中 SO_2、NO_2、PM_{10}、$PM_{2.5}$、TSP、苯并芘、氟化物和铅等的采样。间断采样是指在某一时段或一小时内采集一个环境空气样品，监测该时段或该小时环境空气中污染物的平均浓度所采用的采样方法。无动力采样是指将采样装置或气样捕集介质暴露于环境空气中，不需要抽气动力，依靠环境空气中待测污染物分子的自然扩散、迁移、沉降等作用而直接采集污染物的采样方式。其监测结果可代表一段时间内待测环境空气污染物的时间加权平均浓度或浓度变化趋势。

1. 气态污染物的采样

气态污染物的采样方法有化学法采样和仪器直接测试法采样。

（1）化学法采样

化学法采样是通过采样管将样品抽入装有吸收液的吸收瓶或装有固体吸附剂的吸附管、真空瓶、注射器或气袋中，样品溶液或气态样品经化学分析或仪器分析得出污染物含量。根据环境空气中气态污染物的理化特性及其监测分析方法的检出限，可采用相应的气样捕集装置，通常采用的气样捕集装置包括装有吸收液的多孔玻璃筛板吸收瓶（管）、气泡式吸收瓶（管）、冲击式吸收瓶、装有吸附剂的采样支管、聚乙烯或铝箔袋、采气瓶、低温冷缩管及注射器等。当多孔玻璃筛板吸收瓶装有 10mL 吸收液，采样流量为 0.5L/min 时，阻力应为（4.7±0.7）kPa，且采样时多孔玻璃筛板上的气泡应分布均匀。采样系统有吸收瓶或吸附管采样系统、真空瓶采样系统和注射器采样系统。

采样前应根据所监测项目及采样时间，准备待用的气样捕集装置或采样器。按要求连接采样系统，并检查连接是否正确。检查采样系统是否有漏气现象，若有，应及时排除或更换新的装置。启动抽气泵，将采样器流量计的指示流量调节至所需采样流量。用经检定合格的标准流量计对采样器流量计进行校准。

采样程序为：将气样捕集装置串联到采样系统中，核对样品编号，并将采样流量调至所需的采样流量，开始采样。记录采样流量、开始采样时间、气样温度和压力等参数。气样温度和压力可分别用温度计和气压表进行同步现场测量。

采样结束后，取下样品，将气体捕集装置进、出气口密封，记录采样流量、采样结束时间、气样温度和压力等参数。按相应项目的标准监测分析方法要求运送和保存待测样品。

（2）仪器直接测试法采样

仪器直接测试法采样是通过采样管、颗粒物过滤器和除湿器，用抽气泵将样气送入分析仪器中，直接指示被测气体污染物的含量。

气态污染物自动连续采样设备一般需要设立采样亭，便于安放采样系统各组件。采样亭面积及空间大小应视合理安放采样装置、便于采样操作而定。一般面积应不小于 5m²，采样亭墙体应具有良好的保温和防火性能，室内温度应维持在（25±5）℃。

2. 颗粒物采样

颗粒物监测的采样系统由颗粒物切割器、滤膜、滤膜夹和颗粒物采样器组成，或者由滤膜、滤膜夹和符合切割特性要求的采样器组成。采样前对采样器要进行流量校准。

采样过程为：打开采样头顶盖，取出滤膜夹，用清洁干布擦掉采样头内滤膜夹及滤膜

支持网表面上的灰尘，将采样滤膜毛面向上，平放在滤膜支持网上。同时核查滤膜编号，放上滤膜夹，拧紧螺丝，以不漏气为宜，安好采样头顶盖，启动采样器进行采样。记录采样流量、开始采样时间、温度和压力等参数。

采样结束后，取下滤膜夹，用镊子轻轻夹住滤膜边缘，取下样品滤膜，并检查在采样过程中滤膜是否有破裂现象，或滤膜上灰尘的边缘轮廓是否有不清晰的现象。若有，则该样品膜作废，需重新采样。确认无破裂后，将滤膜的采样面向里对折两次放入与样品膜编号相同的滤膜袋（盒）中。记录采样结束时间、采样流量、温度和压力等参数。

烟尘颗粒物采样中应遵循等速采样原则，等速采样即气体进入采样嘴的速度应与采样点的烟气速度相等，其相对误差应在 10% 以内。其原理是在选定的采样点上，通过采样管从烟道中按等速采样原则抽取一定量的含尘烟气，用捕集装置收集尘粒，根据捕集的烟尘量和抽取的烟气量，计算得出烟气中的烟尘浓度。

维持颗粒物等速采样的方法有普通型采样管法、皮托管平行测速采样法、动压平衡型采样管法和静压平衡型采样管法四种，可以根据不同的测量对象状况选用其中的一种方法。有条件的，应尽可能采用自动调节流量烟尘采样仪，以减小采样误差，提高工作效率。

3. 无动力采样

监测结果可代表一段时间内待测环境空气污染物的时间加权平均浓度或浓度变化趋势。

污染物无动力采样时间及采样频次，应根据监测点位环境空气中污染物的浓度水平、分析方法的检出限及不同监测目的确定。通常，硫酸盐化速率及氟化物采样时间为 7~30d。但要获得月平均浓度值，样品的采样时间应不少于 15d。具体采样过程可参见具体污染物的采样分析方法标准。

4. 采样系统气体状态参数观测

气体状态参数是指采样气路中气样的状态参数，用以计算标准状况下的采样体积。主要有温度观测，观测采样系统中的温度计量仪表的指示值，其精度为 ±0.5℃。压力观测，观测采样系统中压力计量仪表的指示值，其精度为 ±0.1kPa。

5. 采样点气象参数观测

在采样过程中，采样人员应观测采样点位环境大气的温度、压力，有条件时还可观测相对湿度、风向、风速等气象参数。气温观测，所用温度计测量范围一般为—40℃ ~45℃，精度为 ±0.5℃；大气压观测，所用气压计测量范围一般为 50~107kPa，精度为 ±0.1kPa。相对湿度观测，所用湿度计测量范围一般为 10% ~ 100%，精度为 ±5%。风向观测，所用风向仪测量范围一般为 0° ~ 360°，精度为 ±5°。风速观测，所用风速仪测量范围一般为 1~60m/s，精度为 ±0.5m/s。

二、大气环境监测分析方法

大气中的有害物质是多种多样的，不同地区的污染类型和排放污染物种类也不尽相同。因此，监测人员在进行大气质量评价时，应根据各地的实际情况确定需要监测的大气环境指标。监测分析方法首先选择国家颁布的标准分析方法。环境空气质量监测的基本项目有 PM_{10}、$PM_{2.5}$、氧化硫、二氧化氮、一氧化碳和臭氧六种，其他监测项目有总悬浮颗粒物、氮氧化物、铅和苯并芘四种。下面结合相应的国家标准分类介绍常见大气污染物的监测方法。

（一）颗粒物（PM_{10}、$PM_{2.5}$ 和 TSP）测定

环境空气颗粒物是通过采样装置采集在滤膜上的空气颗粒物，或通过集尘缸等收集装置采集的环境空气降尘。根据其粒径大小，空气颗粒物分为总悬浮颗粒物 TSP（空气动力学当量直径小于或等于 $100\,\mu m$、可吸入颗粒物 PM_{10}）空气动力学当量直径小于或等于 $2.51\,\mu m$。一般可将颗粒物排放源分为固定燃烧源、生物质开放燃烧源、工业工艺过程源和移动源。颗粒物是大气污染物中数量最大、成分复杂、性质多样、危害较大的常规监测项目，它本身可以是有毒物质，还可以是其他有毒有害物质在大气中的运载体、催化剂或反应床。在某些情况下，颗粒物质与其所吸附的气态或蒸气态物质结合，会产生比单个组分更大的协同毒性作用。

大气中颗粒物质的监测项目主要有可吸入颗粒物（PM_{10}）、细颗粒物（$PM_{2.5}$）和总悬浮颗粒物（TSP）及颗粒物的化学成分分析。

测定环境空气 TSP、PM_{10} 和 $PM_{2.5}$ 的手工方法主要为重量法（依据的标准：GB/T 15432—1995、HJ 618—2011 和 HJ 656—2013），固定污染源废气低浓度颗粒物的测定也可采用重量法（依据的标准：HJ 836—2017）。PM_{10} 和 $PM_{2.5}$ 连续监测系统所配置监测仪器的测量方法一般为微量振荡天平法和 β 射线法（依据的标准：HJ 655—2013 和 HJ 1100—2020）。

1.PM_{10} 和 $PM_{2.5}$ 测定

（1）重量法

PM_{10} 和 $PM_{2.5}$ 重量法的原理：分别通过具有一定切割特性的采样器，以恒定采样流量抽取定量体积的空气，使环境空气中的 PM_{10} 和 $PM_{2.5}$ 被截留在已知质量的滤膜上，根据采样前后滤膜的质量差和采样体积，计算出 PM_{10} 和 $PM_{2.5}$ 的浓度。

PM_{10} 或 $PM_{2.5}$ 采样器由采样入口、PM_{10} 或 $PM_{2.5}$ 切割器、滤膜夹、连接杆、流量测量及控制装置、抽气泵等组成。采样器通过流量测量及控制装置控制抽气泵以恒定流量（工作点流量）抽取环境空气，环境空气样品以恒定的流量依次经过采样入口、PM_{10} 或 $PM_{2.5}$ 切割器，颗粒物被捕集在滤膜上，气体经流量计、抽气泵由排气口排出。采样器实时测量流量计计前压力、计前温度、环境大气压、环境温度等参数对采样流量进行控制。

工作点流量是指采样器在工作环境条件下，采样流量保持定值，并能保证切割器切割特性的流量。对 PM_{10} 或 $PM_{2.5}$ 采样器的工作点流量不做强制要求，一般大、中、小流量采样器的工作点流量分别为 $1.05m^3/min$、$100L/min$、$1667L/min$。

切割器应定期清洗，一般累计采样 168h 应清洗一次，如遇扬尘、沙尘暴等恶劣天气，应及时清洗。

（2）β 射线法

β 射线法主要用于自动测定环境空气中的颗粒物（PM_{10} 和 $PM_{2.5}$）。其方法原理为：样品空气通过切割器以恒定的流量经过进样管，颗粒物截留在滤带上。β 射线通过滤带时，能量发生衰减，通过对衰减量的测定计算出颗粒物的质量。

（3）微量振荡天平法

微量振荡天平法是在质量传感器内使用一个振荡空心锥形管，在其振荡端安装可更换的滤膜，振荡频率取决于锥形管特征和质量。当采样气流通过滤膜，其中的颗粒物沉积在滤膜上，滤膜的质量变化导致振荡频率的变化，通过振荡频率变化计算出沉积在滤膜上颗粒物的质量，再根据流量、现场环境温度和气压计算出该时段 PM_{10} 和 $PM_{2.5}$ 颗粒物的浓度。

2. 总悬浮颗粒物的测定

总悬浮颗粒物（Total Suspended Particules，TSP）可分为一次颗粒物和二次颗粒物。一次颗粒物是由天然污染源和人为污染源释放到大气中直接造成污染的物质，如风扬起的灰尘、燃烧和工业烟尘；二次颗粒物则是通过某些大气化学过程所产生的微粒，如二氧化硫转化生成的硫酸盐。使用具有切割特性的采样器，以恒定流量抽取定量体积的空气，空气中悬浮颗粒物被截留在已经恒重的滤膜上。根据采样前、后滤膜质量之差及采样体积，计算总悬浮颗粒物的浓度。

该方法适用于大流量或中流量总悬浮颗粒物采样器（简称采样器）对空气中总悬浮颗粒物的测定，但不适用于总悬浮颗粒物含量过高或雾天采样使滤膜阻力大于 10kPa 时的情况。该方法的检测下限为 $0.001mg/m^3$。当对滤膜进行选择性预处理后，可进行相关组分分析。

当两台总悬浮颗粒物采样器安放位置相距不大于 4m、不小于 2m 时，同时采样测定总悬浮颗粒物的含量，相对偏差应不大于 15%。

3. 环境空气颗粒物中铅的测定

大气中铅的来源有天然因素和非天然因素。天然因素包括地壳侵蚀、火山爆发、海啸等将地壳中的铅释放到大气中；非天然因素主要指来自工业、交通方面的铅排放。研究认为，非自然性排放是铅污染的主要来源，并以含铅汽油燃烧的排铅量为最高，是全球环境铅污染的主要因素。

大气中的铅大部分颗粒物直径为 $0.5\mu m$ 甚至更小，因此可以长时间地飘浮在空气中。如果接触高浓度的含铅气体，就会引起严重的急性中毒症状，但这种状况比较少见。常见的是长期吸入低浓度的含铅气体，引起慢性中毒症状，如头昏、头痛、全身无力、失眠、记忆力减退等神经系统综合征。铅还有高度的潜在致癌性，其潜伏期长达 20~30 年。

测定大气颗粒物中铅的方法有火焰原子吸收分光光度法（依据的标准：GB/T 15264—1994）、电感耦合等离子体质谱法（依据的标准：HJ 657—2013）、石墨炉原子吸收分光光度法（依据的标准：HJ 539—2015）、能量色散 X 射线荧光光谱法（依据的标准：HJ 829—2017）和波长色散 X 射线荧光光谱法（依据的标准：HJ 830—2017）。

4. 大气颗粒物中苯并芘的测定

《环境空气苯并芘的测定高效液相色谱法》（依据的标准：HJ 956—2018）规定了环境空气和无组织排放监控点空气颗粒物（$PM_{2.5}$、PM_{10} 或 TSP 等）中苯并芘的测定。

方法原理：用超细玻璃（或石英）纤维滤膜采集环境空气中的苯并芘，用二氯甲烷或乙腈提取，提取液浓缩、净化后，采用高效液相色谱分离，荧光检测器检测，根据保留时间定性，外标法定量。

采样时，用无锯齿镊子将滤膜（对 0.3μm 标准粒子的截留效率不低于 99%）放入洁净滤膜夹内，滤膜毛面朝向进气方向，将滤膜牢固压紧。将滤膜夹放入采样器中，设置采样时间等参数，启动采样器开始采样。采样结束后，用镊子取出滤膜，滤膜尘面向内对折，避免尘面接触无尘边缘，放入保存盒中。当样品基质复杂干扰测定时，可采用硅胶固相萃取柱去除或减少干扰。

用二氯甲烷提取，定容体积为 1.0mL 时，方法检出量为 0.008μg，方法测定量下限为 0.032μg；用 5.0mL 乙腈提取时，方法检出量为 0.04μg，方法测定量下限为 0.160μg。

当采样体积为 144m³（标准状态下），用二氯甲烷提取，定容体积为 1.0mL 时，方法的检出限为 0.1ug/m³，测定下限为 0.4ug/m³；当采样体积为 6m³（标准状态下），用二氯甲烷提取，定容体积为 1.0mL 时，方法的检出限为 1.3ug/m³，测定下限为 5.2ug/m³。

当采样体积为 1512m³（标准状态下），取十分之一滤膜，用二氯甲烷提取，定容体积为 1.0mL 时，方法的检出限为 0.1ug/m³，测定下限为 0.4ug/m³；用 5.0mL 乙腈提取时，方法的检出限为 0.3ug/m³，测定下限为 1.2ug/m³。

（二）大气中 VOCs 的测定

挥发性有机物（VOCs）即参与大气光化学反应的有机化合物，或者根据有关规定确定的有机化合物。在表征 VOCs 总体排放情况时，根据行业特征和环境管理要求，可采用总挥发性有机物（以 TVOC 表示）、非甲烷总烃（以 NMHC 表示）作为污染物控制项目。

总挥发性有机物（TVOC）：采用规定的监测方法，对废气中的单项 VOCs 物质进行测量，加和得到 VOCs 物质的总量，以单项 VOCs 物质的质量浓度之和计。在实际工作中，应按预期分析结果，对占总量 90% 以上的单项 VOCs 物质进行测量，加和得出。

非甲烷总烃（NMHC）：采用规定的监测方法，将对氢火焰离子化检测器有响应的除

甲烷外的气态有机化合物加和，以碳的质量浓度计。

1. 固相吸附—热脱附 / 气相色谱—质谱法

《固定污染源废气挥发性有机物的测定固相吸附—热脱附 / 气相色谱—质谱法》（HJ 734—2014）适用于固定污染源废气中 24 种挥发性有机物的测定。

方法原理：使用填充了合适吸附剂的吸附管直接采集固定污染源废气中的挥发性有机物（或先用气袋采集，再将气袋中的气体采集到固体吸附管中），将吸附管置于热脱附仪中进行二级热脱附，脱附气体经气相色谱分离后用质谱检测，根据保留时间、质谱图或特征离子定性，内标法或外标法定量。

当采样体积为 300mL 时，本标准的方法检出限为 0.001~0.01mg/m³，测定下限为 0.004 ~ 0.04mg/m³。

2. 罐采样 / 气相色谱—质谱法

《环境空气挥发性有机物的测定 罐采样 / 气相色谱—质谱法》（HJ 759—2015）规定了环境空气中丙烯等 67 种挥发性有机物的测定。

方法原理：用内壁惰性化处理的不锈钢罐采集环境空气样品，样品采集可采用瞬时采样和恒定流量采样两种方式。经冷阱浓缩、热解吸后，进入气相色谱分离，用质谱检测器进行检测。通过与标准物质质谱图和保留时间比较定性，内标法定量。

当取样量为 400mL 时，全扫描模式下，方法的检出限为 0.2 ~ 2μg/m³，测定下限为 0.8 ~ 8.0μg/m³。

此外，《环境空气挥发性有机物气相色谱连续监测系统技术要求及检测方法》（HJ 1010—2018）规定了环境空气中挥发性有机物测定的气相色谱连续监测系统的组成结构、技术要求、性能指标和检测方法，适用于环境空气中挥发性有机物测定的气相色谱连续监测系统的设计、生产和检测；《环境空气和废气挥发性有机物组分便携式傅里叶红外监测仪技术要求及检测方法》（HJ 1011—2018）规定了环境空气和固定污染源废气挥发性有机物组分便携式傅里叶红外监测仪的组成结构、技术要求、性能指标和检测方法，适用于环境空气和固定污染源废气挥发性有机物组分便携式傅里叶红外监测仪的设计、生产和检测。

针对含有 VOCs 的生产物料的集输、储存设备的敞开液面及生产工艺废水、废液的集输、储存以及净化处理装置的敞开液面的无组织排放源，可使用便携式检测仪器检测，使用前应核查或实验，确保其检测器对待测排放源所排放的主要 VOCs 组分有响应。仪器检测器类型包括火焰离子化检测器、光离子化检测器和红外吸收检测器等，也可以是其他类型的检测器。仪器的量程应能满足相关控制标准中的标准浓度限值的测定要求，且分辨率应保证在排放标准中泄漏控制浓度或标准浓度限值的 ±2.5% 范围内可读。配置能提供持续流量的电动采样泵。在安装用于保护仪器的玻璃棉塞或过滤器的采样探头的顶端测得的采样流量应在 0.10~3.0L/min。配置采样探头，采样探头前端的外径应保证能进入各类设备狭小缝隙进行检测，一般不超过7mm。详见《泄漏和敞开液面排放的挥发性有机物检测技术导则》（HJ 733—2014）。

（三）恶臭污染监测

恶臭指一切刺激嗅觉器官引起人们不愉快感觉及损害生活环境的异味气体。《恶臭污染环境监测技术规范》（HJ 905—2017）规定了环境空气及各类恶臭污染源（包括水域）以不同形式排放的恶臭污染的监测点位布设、样品采集与处理、实验室分析方法、数据处理、质量保证等内容。

有组织排放源用真空瓶采集恶臭气体样品时，采样位置应选择在排气压力为正压或常压的点位处。

在进行无组织排放源恶臭监测采样时，应对风向和风速进行监测，应在下风向周界布设监测点位。一般情况下，点位设立在周界主导风向的下风向轴线及风向变化标准偏差±5°范围内或在有臭气方位的边界线上。计算测量方法参考 HJ/T 55—2000，每分钟测量一次风向角度，连续测量 10 次，取其平均值并计算标准偏差范围值。

被测周界无条件设置监测点位时，可在周界内设置监测点位，原则上距离周界不超过10m。当排放源紧靠围墙（单位周界），且风速小于 1.0m/s 时，在该处围墙外增设监测点。当两个或两个以上无组织排放源的单位相毗邻时，应选择被测无组织排放源处于上风向时进行臭气浓度监测，其布点方法同前。雨、雪天气下，因污染物会被吸收，影响监测数据的代表性，不宜进行恶臭无组织排放监测。

恶臭敏感点的监测采用现场踏勘、调查（污染发生的时段、地点等）的方式，确定采样点。对于水域恶臭监测，若被污染水域靠近岸边，选择该侧岸边为下风向时进行监测，以岸边为周界。

当有组织排放源样品浓度过高时，可对样品进行预稀释。所有的样品均应在 17~25℃条件下保存，进行臭气浓度分析的样品应在采样后 24h 内测定。

三、大气移动源采样及监测分析方法

排气污染物指排气管排放的气体污染物，通常指 CO、NOx、总烃（THC）、非甲烷总烃（NMHC）和 N_2O。NOx 质量用 NO_2 当量表示。烃浓度以碳（C）当量表示，假定碳氢比如下：汽油 $C_1H_{1.85}$，柴油 $C_1H_{1.86}$，液化石油气（LPG）$C_1H_{2.525}$，天然气（NG）CH_4。颗粒物是指在最高温度为 52℃ 的稀释排气中，由规定的滤纸上收集到的所有排气成分。

汽油车排气污染物的含量与其运转工况有关。汽油车的运转工况包括怠速、加速、匀速和减速，不同工况下，污染物的排放量和浓度变化很大。

《汽油车污染物排放限值及测量方法（双怠速法及简易工况法）》（GB 18285—

2018）规定了汽油车双怠速法、稳态工况法、瞬态工况法和简易瞬态工况法排气污染物排放限值及测量方法。《非道路移动柴油机械排气烟度限值及测量方法》（GB 36886—2018）规定了非道路移动柴油机械排气烟度限值及测量方法，适用于在用非道路移动柴油机械和车载柴油机设备的排气烟度检验。《柴油车污染物排放限值及测量方法（自由加速法及加载减速法）》（GB 3847—2018）规定了柴油车自由加速法和加载减速法排气污染物排放限值及测量方法，以及柴油车外观检验、OBD 检查的方法和判定依据。《在用柴油车排气污染物测量方法及技术要求（遥感检测法）》（HJ 845—2017）规定了利用遥感检测法实时检测在实际道路上行驶的柴油车排气污染物排放测量方法、仪器安装要求、结果判定原则和排放限值。

（一）双怠速法和工况法（GB 18285—2018）

怠速工况是指汽车发动机最低稳定转速工况。即离合器处于接合位置、变速器处于空挡位置（自动变速箱的车应处于"停车"或"P"挡位），油门踏板处于完全松开的位置。高怠速工况是指满足上述（除最后一项）条件，用油门踏板将发动机转速稳定控制在本标准规定的高怠速转速下。本标准中将轻型汽车的高怠速转速规定为（2500±200）r/min，重型车的高怠速转速规定为（1800±200）r/min；如不适用的，按照制造厂技术文件中规定的高怠速转速。

双怠速法排放测试仪器至少能测量汽车排气中的 CO、CO_2、HC（用正己烷当量表示）和 O_2 四种成分的体积分数（或浓度），并能根据上述参数的测量结果计算过量空气系数值。CO、CO_2、HC 的测量应采用不分光红外线法（NDIR），O_2 可采用电化学电池法或其他等效方法。

在机动车保有量大、污染严重的地区，排气污染物的检测建议采用工况法，主要有稳态工况法、瞬态工况法和简易瞬态工况法三种。汽油车稳态工况法排气污染物测量的主要设备有底盘测功机、五气分析仪和污染物排放检测计算机控制软件。点燃式发动机汽车瞬态工况法和简易瞬态工况法污染物排放测试设备，包括一台至少能模拟加速惯量和匀速负荷的底盘测功机、一台五气分析仪和一台气体流量分析仪组成的采样分析系统，可以实时地分析车辆在负荷工况下排气污染物的排放质量。

（二）遥感检测法（HJ 845—2017）

遥感检测是一种不影响道路正常通行的排放测试方法，适用于在用车排放监督抽测，即用光学原理远距离感应测量行驶中汽车排气污染物的方法。其主要有以下几种方法。

1. 固定式遥感检测

固定安装，可无人值守连续运行，检测结果数据将直接被发送至生态环境主管部门或其委托机构。按照安装方式，固定式遥感检测可以分为垂直式遥感检测和水平式遥感检测

两大类。

（1）垂直式遥感检测。沿垂直方向布置检测仪器光路，可获取被测试车道上行驶车辆及其排放的污染物等相关信息，以实现对汽车排气污染物的快速测量。

（2）水平式遥感检测。沿水平方向布置检测仪器光路，可获取被测试车道上行驶车辆及其排放的污染物等相关信息，以实现对汽车排气污染物的快速测量。

2. 移动式遥感检测

用专用车装载，可以根据需要随机选择测量地点，使用时将设备按照使用规定安放调试，工作结束后将设备收回，检测结果数据将直接被发送至生态环境主管部门或其委托机构。

测量地点应为视野良好且路面平整的长上坡道路。测量路段可以是单车道路段或多车道路段，每辆车通过的间隔时间不小于 1.0s，前后两辆车通过的间隔时间小于 1.0s 的测量结果无效。

四、室内空气质量监测

人的一生中有 70% 左右的时间是在室内度过的，尤其是对于居住在城镇的人们来说，平均有 80% 以上的时间是在室内度过的。随着人们生活水平的提高，各种有机化合物在日常生活中广泛使用，致使室内空气污染不断加剧。

在空气质量较差的环境中生活，对人体健康的危害很大。许多室内空气污染物都是刺激性气体，如二氧化硫、甲醛等，这些物质会刺激眼、鼻、咽喉以及皮肤，引起流泪、咳嗽、打喷嚏等症状；长期暴露，还会引起呼吸功能下降、呼吸道症状加重，导致肺癌、鼻咽癌等疾病。另外，在室内环境中，特别是在通风不良的环境中，一些致病微生物容易通过空气传播，使易感人群发生感染。室内空气污染与健康已经成为公众关注的主要问题之一。

室内环境是指人们工作、生活、社交及其他活动所处的相对封闭空间，包括住宅、办公室、学校、教室、医院、候车（机）室、交通工具及体育、娱乐等室内活动场所。我国现行颁布有《室内空气质量标准》（GB/T 18883—2022）、《民用建筑工程室内环境污染控制标准》（GB 50325—2020）和《乘用车内空气质量评价指南》（GB/T 2763—2011）等，为控制室内环境污染提供了科学依据。

（一）室内空气质量采样和分析方法

《室内空气质量指标检测技术导则》（GB/T 18883—2022，附录 A）中，对室内空气质量监测的布点与采样、监测项目与相应的分析方法、监测数据的处理、质量保证及报告等内容进行了规定。下面结合该规范，介绍室内空气质量的监测方法。

1. 采样点布设

（1）布点原则

采样点位的数量根据室内面积大小和现场情况确定，要能正确反映室内空气污染物的

污染水平。原则上，对于单间小于25m²的房间应设1个采样点，25～50m²的房间应设2～3个点；50~100m²的房间应设3~5个点；100m²以上的房间至少设5个点。

（2）布点方式

单点采样在房屋的中心位置布点，多点采样时应按对角线或梅花式均匀布点，且应避开通风口，离墙壁距离应大于0.5m，离门窗距离应大于1m。

（3）采样点高度

原则上与人的呼吸带高度一致，相对高度在0.5～1.5m。同时，也可根据房间的使用功能、人群的高低以及在房间立、坐或卧时间的长短来选择采样高度。考虑坐卧状态的呼吸高度和儿童身高，需增加0.3～0.6m相对高度采样。

（4）采样时间及频次

年平均浓度（如氡）应至少采样3个月（包含冬季），日平均浓度（如苯并芘、$PM_{2.5}$、PM_{10}等）应至少采样20h；8h平均浓度应至少采样6h；1h平均浓度应至少采45min。根据检测方法的不同可连续或间隔采样。

（5）封闭时间

应在对外门窗关闭12h后进行采样；对于采用集中空调的室内环境，空调应正常运转。有特殊要求的可根据现场情况及要求而定。

2.样品采集方法

室内样品采集应按各污染物检验方法中的相关规定方法和操作步骤进行。要求年平均、日平均、8h平均值的参数，可以先做筛选采样检验。采用筛选法采样时应关闭门窗，一般至少采样45min；采用瞬时采样法时，一般采样间隔时间为10～15min，每个点位应至少采集3次样品，每次的采样量大致相同，其监测结果的平均值作为该点位的小时平均值。若检验结果符合标准值要求，为达标；若筛选采样检验结果不符合标准值要求，必须按年平均、日平均、8h平均值的要求，用累积采样检验结果进行评价。

室内样品的采样装置主要有以下几种。

（1）玻璃注射器

使用100mL注射器直接采集室内空气样品，注射器要有良好的气密性。选择方法如下：将注射器吸入100mL空气，内芯与外筒间滑动自如，用细橡胶管或眼药瓶的小胶帽封好进气口，垂直放置24h，剩余空气应不少于60mL。用注射器采样时，注射器内应保持干燥，以减少样品储存过程中的损失。采样时，先用现场空气抽洗3次，再抽取一定体积的现场空气样品。样品运送和保存时要垂直放置，且应在12h内进行分析。

（2）空气采样袋

用空气采样袋也可直接采集现场空气，适用于采集化学性质稳定、不与采样袋起化学反应的气态污染物，如一氧化碳。采样时，袋内应该保持干燥，且现场空气充足，放3次后再正式采样。取样后将进气口密封，袋内空气样品的压力以略呈正压为宜。用带金属衬里的采样袋可以延长样品的保存时间，如聚氯乙烯袋对一氧化碳可保存 10 ~ 15h，而铝膜衬里的聚酯袋可保存 100h。

（3）气泡吸收管

适用于采集气态污染物。采样时，吸收管要垂直放置，不能有泡沫溢出。使用前应检查吸收管玻璃磨口的气密性，保证严密不漏气。

（4）U 形多孔玻板吸收管

适用于采集气态或气态与气溶胶共存的污染物。使用前应检查玻璃砂芯的质量，方法如下：将吸收管装 5mL 水，以 0.5L/min 的流量抽气，气泡路径（泡沫高度）为（50 ± 5）m，阻力为（4.666+0.6666）kPa，气泡均匀，无特大气泡。采样时，吸收管要垂直放置，不能有泡沫溢出。使用后，必须用抽气唧筒抽水洗涤砂芯板，单纯用水不能冲洗砂芯板内残留的污染物。一般要用蒸馏水冲洗，而不用自来水冲洗。

（5）固体吸附管

为内径 3.5~4.0mm、长 80~180mm 的玻璃吸附管，或内径 5mm、长 90mm（或 180mm）内壁抛光的不锈钢管，吸附管的采样入口一端有标记。内装 20~60 目的硅胶或活性炭、GDX（高分子多孔微球）担体、TenaX（聚 2，6—二苯基对苯醚）、Porapak（多孔聚合物）等固体吸附剂颗粒，管的两端用不锈钢网或玻璃纤维封住。固体吸附剂用量视污染物种类和浓度而定。要求吸附剂粒度应均匀，在装管前应进行烘干等预处理，以去除其所带的污染物。采样后将两端密封，带回实验室进行分析。样品解吸可以采用溶剂洗脱，使其成为液态样品，也可以采用加热解吸，用惰性气体吹出气态样品进行分析。

（6）滤膜

滤膜适用于采集挥发性低的气溶胶，如可吸入颗粒物等。常用的滤膜有玻璃纤维滤膜、聚氯乙烯纤维滤膜、微孔滤膜等。

玻璃纤维滤膜吸湿性小、耐高温、阻力小，但机械强度不高。除作为可吸入颗粒物的质量法分析外，样品可以用酸或有机溶剂提取，以满足特定污染物的分析要求。

聚氯乙烯纤维滤膜吸湿性小、阻力小、有静电现象、采样效率高、不亲水、能溶于乙酸丁酯，适用于重量法分析，消解后可做元素分析。

微孔滤膜是由醋酸纤维素或醋酸—硝酸混合纤维素制成的多孔性有机薄膜，用于空气采样的孔径有 0.3 μm、0.45 μm、0.8 μm 等。微孔滤膜阻力较大，且随孔径减小而显著增加，吸湿性强、有静电现象、机械强度好，可溶于丙酮等有机溶剂。不适于做重量法分析，消解后适于做元素分析，经丙酮蒸气使之透明后，可直接在显微镜下观察颗粒形态。

滤膜使用前应该在灯光下检查有无针孔、褶皱等可能影响过滤效率的因素。

（7）不锈钢采样罐

不锈钢采样罐的内壁需经过抛光或硅烷化处理。可根据采样要求，选用不同容积的采

样罐。使用前采样罐被抽成真空，采样时将采样罐放置在现场，采用不同的限流阀可对室内空气进行瞬时采样或编程采样，送回实验室分析。该方法可用于对室内空气中总挥发性有机物的采样。

采样时要使用墨水笔或签字笔对现场情况和采样日期、时间、地点、数量、布点方式、大气压力、气温、相对湿度、风速以及采样人员等做出详细的现场记录；每个样品也要贴上标签，标明点位编号、采样日期和时间、测定项目等，字迹应端正、清晰；采样记录随样品一同报送实验室。在计算浓度时，应按理想气体状态方程将采样体积换算成标准状态下的体积。

样品由专人运送，按采样记录清点样品，防止错漏。为防止运输过程中采样管破损，装箱时可用泡沫塑料等分隔。储存和运输过程中要避开高温、强光。样品运抵后，要与接收人员交接并登记。样品要注明保存期限，超过保存期限的样品，要按照相关规定及时处理。

3. 监测指标

室内环境空气质量监测中新装饰、装修过的室内环境应测定甲醛、苯、甲苯、二甲苯、总挥发性有机物等；人群比较密集的室内环境应测菌落总数、新风量及二氧化碳；使用臭氧消毒、净化设备及复印机等可能产生臭氧的室内环境应测臭氧含量；住宅一层、地下室、其他地下设施以及采用花岗岩、彩釉地砖等天然放射性含量较高的材料新装修的室内环境都应监测氡（^{222}Rn）含量，包括北方冬季施工的建筑物等。鼓励使用气相色谱—质谱法对室内环境空气质量进行定性和定量测定。

室内空气质量主要涉及与人体健康有关的物理、化学、生物和放射性参数，尽管大多数室内空气质量指标的分析方法采用了与环境空气质量监测相同的方法，但由于室内环境相对封闭，其空气质量的监测方法和指标与环境空气也不尽相同。以下对室内空气中几种典型有机污染物及生物指标的分析方法进行简单的介绍。

（1）甲醛

甲醛（formaldehyde），通常情况下是一种可燃、无色及有刺激性气味的气体，易溶于水、醇和醚。35% ~40%的甲醛水溶液叫作福尔马林。甲醛是一种重要的有机原料，主要用于塑料、合成纤维、皮革、医药、染料等行业。甲醛树脂用于各种建筑材料，包括胶合板、毛毯、隔热材料、木制品、烟草、装修和装饰材料等，且会缓慢持续放出甲醛，因此甲醛成为常见的室内空气污染物之一。在空气中甲醛浓度超过 0.1mg/m³，就会导致眼睛和黏膜细胞的伤害。甲醛进入人体，可能导致蛋白质不可逆地与 DNA 结合。美国国家环境保护署将甲醛归类为可能致癌物质，国际癌症研究机构（IARC）则将其归类为人类致癌物质。

空气中甲醛的测定方法很多，主要有 AHMT 分光光度法（依据标准为：GB/T 16129—1995）、高效液相色谱法（依据标准为：GB/T 18883—2022 附录 B）、酚试剂分光光度法（依据标准为：GB/T 18024.2—2014）和电化学传感器法等。

①AHMT 分光光度法。AHMT 分光光度法指甲醛与 AHMT（4—氨基—3—联氨5, 巯基—1，2，4—三氮杂茂）在碱性条件下缩合，然后经高碘酸钾氧化成紫红色化合物，最后比色定量检测甲醛含量的方法。若采样流量为 1L/min、采样体积为 20L，该方法测定浓度范围为 0.01 ～ 0.16mg/m³。该方法特异性和选择性均较好，在大量乙醛、丙醛、丁醛、苯乙醛等醛类物质共存时不干扰测定，检出限为 0.04mg/L。

但 AHMT 分光光度法在操作过程中显色随时间逐渐加深，标准溶液的显色反应和样品溶液的显色反应时间必须严格统一，重现性较差，不易操作，多用于室内空气中甲醛含量的检测。

②高效液相色谱法。高效液相色谱法（依据标准为：GB/T 18883—2022 附录 B）规范了测试室内空气中甲醛的详细步骤。

该方法采样及高效液相色谱法原理：采用填充了涂渍 2，4—二硝基苯肼（DNPH）的采样管采集一定体积的空气样品，样品中的醛酮类化合物（aldehydes and ketones）经强酸催化与涂渍于硅胶上的 DNPH 反应，生成稳定有颜色的腙类衍生物，再经乙腈洗脱后，使用高效液相色谱仪的紫外线（360nm）或二极管阵列检测器检测，以各化合物色谱峰的保留时间进行定性，若采用二极管阵列检测器，还可以根据各色谱峰的光谱特征信息进行辅助定性，并根据色谱峰的峰面积进行定量测定。其衍生反应式中的 R 和 R。是烷基或芳香基团（酮）或是氢原子（醛）。

（2）总挥发性有机物

总挥发性有机物（Total Volatile Organic Compound，TVOC）是指可以在空气中挥发的有机化合物，按其化学组成可以分为八类，造成室内空气污染的有害气体苯及甲苯、二甲苯等都属于 TVOC 范畴。室内空气中的 TVOC 主要来源于建筑材料、室内装饰材料及生活和办公用品等挥发性有机物的释放，此外家用燃气及吸烟、人体排泄物及室外工业废气、汽车尾气、光化学污染也是导致室内 TVOC 污染的主要因素。医学专家研究表明，暴露在高浓度 TVOC 污染的环境中，可导致人体中枢神经系统、肝、肾和血液中毒，个别过敏者即使在低浓度下也会有眼睛不适、眩晕、疲倦、烦躁等症状。

近年来，幼儿园、学校教室的装饰装修污染问题引起了社会广泛关注，《民用建筑工程室内环境污染控制标准》（GB 50325—2020）对 TVOC 提出了更加严格的要求。其中：Ⅰ类民用建筑工程中 TVOC ≤ 0.45mg/m³，Ⅱ类民用建筑工程中 TVOC ≤ 0.5mg/m³。

目前，空气中挥发性有机物主要采用热解吸—毛细管气相色谱法（GB/T 18883—2022 附录 D）、光离子化气相色谱法（依据标准为：HJ/T 167—2004）和 T—C 复合吸附管方法（依据标准为：T/CECS 539—2018）。

热解吸—毛细管气相色谱法基本原理：选择合适的吸附剂（Tenax GC 或 Tenax TA），用吸附管采集一定体积的空气样品，空气流中的挥发性有机化合物保留在吸附管中。采样

后，将吸附管加热，解吸挥发性有机化合物，待测样品随惰性载气进入毛细管气相色谱仪。用保留时间定性，峰高或峰面积定量。本方法检测浓度范围为 $0.5\,\mu m/m^3 \sim 100mg/m^3$。

光离子化气相色谱法基本原理：将空气样品直接注入光离子化气体分析仪，样品中的 TVOC 由色谱柱分离后进入离子化室，在真空紫外光子（VUV）的轰击下，将 TVOC 电离成正负离子，测量离子电流的大小，就可得到 TVOC 的含量，根据色谱柱的保留时间对 TVOC 定性，以苯为标准物质对 TVOC 进行定量。该方法测定浓度范围为 $5\,\mu m/m^3 \sim 350\,mg/m^3$（以苯计，进样 1mL）。

（3）苯及其同系物

苯是一种具有特殊芳香气味的无色液体，沸点为 80.1℃。甲苯、二甲苯属于苯的同系物，都是煤焦油分馏或石油的裂解产物。目前室内装饰中多用甲苯、二甲苯代替纯苯作为各种胶、涂料和防水材料的溶剂或稀释剂。苯及苯系物具有易挥发、易燃、蒸气有爆炸性的特点。人在短时间内吸入高浓度的甲苯、二甲苯时，可出现中枢神经系统麻醉现象，轻者表现为头晕、头痛、恶心、胸闷、乏力、意识模糊等症状，严重者可致昏迷、循环衰竭甚至死亡。苯及苯系物已经被世界卫生组织确定为强烈致癌物质。

目前，空气中苯及苯系物的分析方法主要有《活性炭吸附／二硫化碳解吸—气相色谱法》（HJ 584—2010）和《固体吸附／热脱附—气相色谱法》（GB/T 18883—2022 附录 C）。前者适用于大气环境中苯及其苯系物的检测，后者则适用于室内空气中苯、甲苯和二甲苯的测定。

活性炭吸附／二硫化碳解吸—气相色谱法的方法原理：用活性炭采集管富集环境空气和室内空气中的苯系物，用二硫化碳解吸，使用带有火焰离子化检测器的气相色谱仪测定分析。

固体吸附／热脱附—气相色谱法的方法原理：在常温条件下，用填充聚 2，6—二苯基对苯醚（tenax）的采样管，富集环境空气或室内空气中的苯系物，采样管连入热脱附仪，加热后将吸附成分导入带有氢火焰离子化检测器的气相色谱仪进行分析。

（4）细菌总数

室内空气生物污染是影响室内空气品质的一个重要因素，对人类的健康有着很大危害，能引起各种疾病，如各种呼吸道传染病、哮喘、建筑物综合征等。室内空气生物污染的来源有多样性特点，主要包括患有呼吸道疾病的病人、小动物（鸟、猫、狗等宠物）、空调和周围环境等。室内空气生物污染源主要是空调系统的过滤器以及风道、风口，主要包括细菌、真菌（包括真菌孢子）、花粉、病毒、生物体有机成分等。在这些生物污染因子中，有一些细菌和病毒是人类呼吸道传染病的病原体。迄今为止，已知的能引起呼吸道病毒感染的病毒就有 200 种之多，其通过空气传播，一年四季均可发生，冬春季更为多见。

目前，普遍使用撞击法检测室内空气中的细菌总数。

撞击法（Impacting Method）是采用撞击式空气微生物采样器采样，通过抽气动力作用使空气通过狭缝或小孔而产生高速气流，将悬浮在空气中的带菌粒子撞击到营养琼脂平板上，经（36±1）℃、48h培养后，计算出每立方米空气中所含的细菌菌落数的采样测定方法。

（5）氡

氡是一种化学元素，为无色、无臭、无味的惰性气体，具有放射性。流行病学研究表明，吸入高浓度氡与肺癌的发病率有密切联系，因此氡被认为是一种影响全球室内空气品质的污染物。美国环境保护署资料显示，氡会增加患肺癌的机会，由氡引发的肺癌每年在美国造成21000人死亡。室内氡污染源主要来自以下两个方面：一是源自一些特殊的地质结构和土壤、岩石中的镭、锕、钍等元素的放射衰变，如果一个地区土壤中镭、锕、钍含量相对较高，在其衰变过程中释放出来的氡气相对也多，整个大气环境中监测到的氡浓度便会相对较高。二是源自砂、土、花岗岩、片麻岩、大理石等建筑和装饰材料中镭等元素的放射衰变。

氡测量采用两步测量法，首先使用采样泵或自由扩散方法将待测空气中的氡抽入或扩散进入测量室，再通过直接测量所收集到的氡产生的子体产物或经静电吸附浓集后的子体产物的 α 放射性，推算出待测空气中的氡浓度。

为评价室内氡的浓度水平，分两步测量：第一步筛选测量，用以快速判定建筑物是否对其居住者具有产生高辐照的潜在危险。第二步跟踪测量，用以评估居住者的健康危险程度及对治理措施做出评价。

（二）乘用车内空气质量监测方法

车内空气污染指汽车内部由于不通风、车体装饰等造成的空气质量差的情况。车内空气污染源主要来自车体本身、装饰用材等，其中甲醛、二甲苯、苯等是车内典型污染物。当前，车内空气污染已成为公认的威胁人体健康的严重环境污染问题。美国环保署要求汽车制造厂所使用的材料必须申报，并必须经过环保部门审查以确保对环境和人体的危害程度达到最低点后才能使用，申报者一旦违反规定，将负担巨额的罚款，还要召回产品，清理污染，主要负责人甚至会被判刑。澳大利亚已经把车内环境列为室内环境，在制定健康标准时，把车内环境和办公室、教室等并列。

2012年3月，我国《乘用车内空气质量评价指南》（GB/T 27630—2011）正式实施。根据车内空气中挥发性有机物的种类、来源和车辆主要内饰材料的特性，确定了8种主要监测目标物质，并规定了车内空气中苯、甲苯、二甲苯、乙苯、苯乙烯、甲醛、乙醛、丙烯醛的浓度限值。2008年3月开始实施的《车内挥发性有机物和醛酮类物质采样测定方法》（HJ/T 400—2007）中，具体规范了机动车乘员舱内污染物的采样点布设、采样环境条件技术要求、采样方法和设备、相应的测量方法和设备、数据处理和质量保证等内容。

在车内污染物监测中，采样点的数量按受检车辆乘员舱内有效容积大小和受检车辆具体情况而定，应能正确反映车内空气污染状况，采样点高度与驾乘人员呼吸带高度相一致。实施采样时，受检车辆应处于静止状态，车辆的门、窗、乘员舱进风口风门、发动机和所有其他设备（如空调）均处于关闭状态。受检车辆所在的采样环境为：采样温度（25.0±1.0）℃；环境相对湿度50%±10%；环境气流速度≤0.3m/s；环境污染物背景浓度值甲苯≤0.02mg/m³，甲醛≤0.02mg/m³。

样品采集系统一般由恒流气体采样器、采样导管、填充柱采样管等组成。

车内空气质量的监测项目包括挥发性有机物（利用tenax等吸附剂采集，并用极性指数小于10的气相色谱柱分离，保留时间在正己烷和正十六烷之间的具有挥发性的化合物的总称）和醛酮类（包括甲醛、乙醛、丙酮、丙烯醛、丙醛、丁烯醛、丁醛、丁酮、甲基丙烯醛、苯甲醛、戊醛、甲基苯甲醛、环己醛、己醛等），前者的测定采用热脱附—毛细管气相色谱/质谱联用仪法，后者的测定采用固相吸附—高效液相色谱法。

需要指出的是，该方法是建立在车辆静止状态下的检测，并不包括车辆行驶过程中汽车尾气进入车内引起的车内空气污染。因此，可以说该方法仅是监控车内空气污染相关标准的第一步。

第三节　大气环境监测中大数据技术的应用

我国特别提出为确保空气质量持续改善目标，各个城市应深入实施"减排、压煤、抑尘、治车、控秸"五大工程，推进科学治污、精准治污、依法治污。各级各部门要按照我国大气污染治理方案要求，扎实推进各项工作措施落地落实，全力以赴打赢大气污染防治攻坚战。

一、大气环境治理概述

大气环境对人类生存以及生物多样性保护意义重大，在大气环境治理中应明确大气污染成因，污染是人类生活活动向自然界排出大量污染物，使其含量超过环境承载能力，并使大气环境发生恶化。大气环境发生恶化后，其恶化分为天然污染与人为污染。天然污染包括灰尘、活火山、森林火灾等自然灾害；人为污染是污染源，包括工业污染、交通污染、燃烧物污染等。

为建设现代化人与自然的和谐共处，不仅要创造出更多物质财富满足人们日益增长的需求，还应有更多生态产品满足人们对美好生活的向往。各地应积极落实好大气污染防治攻坚方案，提高监测技术，突出重点、对标对表、精准发力，扎实推进各项工作任务取得实质性进展。要进一步落实各方责任，通过严格的督导和问责，倒逼工作落实，确保大气污染防治各项工作取得实效，促进空气质量稳步改善。要把大气污染防治和各项工作结合起来，统筹推进，不断强化治理体系和治理能力，坚持经济发展和生态环境保护效能，不断夯实高质量发展基础。

二、大气环境监测中大数据技术应用意义分析

随着我国科学技术的快速发展，各种新技术、各种信息层出不穷，我国开始进入了全信息发展时代。大数据技术在有效提升人们日常生活便捷性的同时，也改变了人们的生活习惯。例如，在各种软件程序应用中，产生数量巨大的信息数据，改变了传统信息数据储存方式，使其能够更好地服务软件应用人群。为此在大气环境监测工作中，技术人员应重视对大数据技术的挖掘与利用，如无人机、数据中心、多源数据融合、空间监测站等，以有效提高数据收集统计分析效率，并以此提升大气环境监测的可靠性。

三、大数据解析技术的优势

在大气环境监测中，大数据解析技术相比于传统手段具有明显的技术优势，不仅可以提升大气环境监测的准确性，也能够满足不同环境的监测需求。一般来说，大数据解析技术包括三个方面，即环境监控、辅助环境治理以及共享监测成果。具体来说，在大气环境监测中，大数据解析技术可根据信息获取高效功能，以及多种监测采集设备协同应用，并通过监测手段体现其更为多样化的特点，在通过应用大数据解析技术迅速分析出重要的数据参数后，精准监测大气环境，并将信息数据分享给有关部门，以此有效提升大气环境监测的预警能力，确保为下一步制定出行之有效的防治对策，真正达到防止环境污染蔓延、改善大气环境的目的。

四、大数据解析技术在大气环境监测中的应用

大数据解析技术包含的内容涉及较多方面，其中包括对数据的采集、数据的识别、数据系统的建模以及网络分析等。监测人员通过对大量数据信息的分析，可对大气环境问题进行研究。研究主要是从大气环境监测的角度出发，对大气中的浓度进行计算，以此实现对大气环境的监管。在整个大气监管工作中，不但需要对研究问题进行确定，而且也需要对数据的类型和处理方式进行选择，以及对时间、空间上数据的构建计算等。本节将从以下几个方面具体地对大数据解析技术在大气环境监管工作中的应用进行研究和探讨。

（一）大数据解析技术应用目标与内容

大数据解析技术一般包含较为复杂的数据。处理重点主要是以数据分析为基础，通过灵活地对不同的数据类型进行处理，进而实现对大气环境监管工作的有效管理。首先需要对大气数据的应用目标和内容进行确定。例如，应用目标可以设定在局部地区的大气环境监测工作上，并将计算大气浓度作为具体的实施内容。通过采取单元网格的分类形式，对

大气监管工作进行分级研究。将分级工作逐步精确到位，进而计算大气环境中各物质含量的浓度情况，在此基础上对大气环境数据进行解析，以得到可靠的浓度数据。

（二）技术应用下特征量与数据类的确定

为了能够使浓度数据分析得更加精准和有效，需要对数据进行特征量和数据类的确定。在数据类选择方面，通常将"可能""需要"作为处理的原则。"可能"原则表示在有数据的情况下进行选择。而"需要"原则更加强调对大气环境数据的分类情况。从环境领域方面考虑，数据类一般以非线性关系为主，并且这种关系伴随着大数据的分析难度，因此为了能够使浓度计算更加明确，需要对环境科学等相关的知识进行应用，以此对现有的数据条件和数据类进行确定。比如，可以运用气象条件、浓度数据、历史数据以及人群活动数据等，作为对大气环境中的整体数据分析的参考。在确定数据类的基础上，需要对特征量进行选择。在进行特征量选择时，需要结合浓度数据的平均值，以此作为特征量的参考值，并通过气压、气温等客观的外在环境影响因素，以此来确定以人群活动数据为特征量和数据类的选择。由于浓度数据会随着时间变化而发生改变，因此在对相关数据进行收集时，需要将空间数据纳入考虑范围内，以此构建更加合理科学的数据信息分析表。

（三）时间分类器的选择

在对特征量进行选择时，最关键的是对时间分类器的选择。在大气环境监管过程中，大数据解析技术与线性函数的关系表现得非常明确，因此需要带入相应的气象公式，并以条件概率函数为主要的参考点，进而通过函数解析的方式，得到最终的结果。最后，大数据解析技术需要对特征值做好解析和推演的相关工作，进而保证所构建的 SC 与 TC 为最佳的参考数值。

（四）空间分类器的选择

空间分类器的标准用语也称为 SC。空间分类器所涉及的特征量不会因为时间变化而发生改变。空间分类数据所呈现的结果是处于静态的，由于空间分类器的特征量在目标函数影响方面主要表现为多节点传递形式，因此空间分类器作为一种非常重要的工具被应用在大数据解析技术中。例如，在利用网格的计算方式对大气中的空气浓度进行计算和预测时，需要构建空间分类器作为主要的构建要求，并利用监测站网格，将有污染的空气浓度用网格方式进行分类表示，通过对数据表达式整体流程的分析，从而对特征量进行数据的构建，并通过多节点的传递方式得出最终的目标值。

（五）采集、记录大气环境监测数据

采集、记录大气环境监测数据属于大气环境监测管理中的基础性工作，需要针对不同的污染问题建立完善的环境检测档案，以此保证后续大气环境监测与管理工作的顺利开展。因此，在将大数据解析技术应用于大气环境监测的过程中，应面向环境学专家、气象学专家建立起完善的数据资源库，从而为对比环境监测数据提供有力保障，从而更加全面地了

解大气环境污染现状与未来环境质量变化趋势。此外，社会活动产生的污染物十分复杂，且数量众多，充分发挥出大数据解析技术的优势与功能，可以有效降低环境监测工业人员收集信息的难度，保证工作效率、服务质量的提升，使数据在传递过程中实现信息共享，促使大气环境监测工作能够更好地结合区域地理环境、气象条件以及经济社会活动特征进行科学有效的数据分析。

（六）挖掘大气环境监测数据

不同区域、不同地段、不同时间段的大气环境污染程度存在一定的差异，为有效分析各时段大气环境的发展情况，摸索污染变化规律，保证大气环境污染治理方案的科学合理性，需要利用大数据解析技术深层次挖掘大气环境监测数据，从而提高数据的真实性与代表性。利用大数据解析技术能够建立起共享交流的环境监测信息，构建出的大数据模型能够向工作人员直观地展示出污染变化情况，并利用大数据解析技术分析结果提高环境治理的可行性，使人们通过网络平台、手机 App 等就可随时了解大气环境污染治理的实时情况，充分调动社会成员参与大气环境保护的积极性与主动性，实现大气环境监测数据利用效率提升的目标。

（七）分析大气环境监测数据

1. 空气质量指数

空气质量指数是反映大气环境污染情况的重要指数，空气质量指数越大，说明大气污染情况越严重。大气环境中的污染物浓度决定了空气质量指数的变化情况，并且变化情况呈现较大的复杂性，与监测实践、地点等有十分密切的联系。其中固定与移动两种类型的污染物对空气质量指数的影响最大，包括垃圾焚烧、工业污染和汽车尾气排放等多种类型的污染物。随着城市规划密度的逐渐增大，SO_2、CO、$PM_{2.5}$、PM_{10} 等成为主要监测的空气污染物，根据这几种指标浓度，利用大数据解析技术对其变化趋势进行分析与预测，并将最大的子指标值作为某地区污染大气环境的主要污染物。空气质量指数共分为 0~50、51~100、101~150、151~200、201~300、>300 六项，空气质量指数级别、类别以及对健康的影响情况也相应地分为六级。空气质量指数与相关信息见表4—1。

表4—1　空气质量指数与相关信息

空气质量指数	空气质量指数级别	空气质量指数类别	对健康的影响情况
0~50	一级	优	无污染
51~100	二级	良	可接受
101~150	三级	轻度污染	轻度影响人类健康
151~200	四级	中度污染	影响心脏和呼吸系统
201~300	五级	重度污染	健康人群出现状况，心脏病、肺病患者症状加重
>300	六级	严重污染	出现强烈的症状、疾病

2. 空气质量分布趋势

根据某地区一段时间内大气环境监测数据，对其时空序列以及空气质量数据进行分析，能够总结出空气质量分布趋势。利用大数据解析技术对趋势分布结果进行深层次的数据挖掘与分析，可知天气变化会对监测地区一定时间范围内的空气质量产生一定影响，并且空气质量指数会随着气温的降低而出现下降的趋势，$PM_{2.5}$、SO_2、NO_2 等污染物的浓度也会有所下降，说明大气环境有所改善。为了充分发挥大数据解析技术的优势，提高空气质量指数的利用效率，还应充分考虑我国各领域生态环境与国民健康之间的关系，利用大数据技术评价人体健康风险，从而更加深入地了解影响大气环境的有害因素，真正将人体健康与大气环境治理有机地结合在一起，为经济社会发展奠定坚实的基础。

综上所述，将大数据解析技术应用于大气环境监测中，可以有效提高环境监测工作效率与质量。应用大数据解析技术，能够获得全国各地区、各区域、各时间段内大气环境的变化情况，系统在算法的作用下，采集、整理、分析大气环境监测数据，并将精准的结果直观地展示在相关人员面前，对满足社会发展需求具有重要意义。

3. 大数据解析技术的破解难题

随着大气污染问题研究的不断深入、科学体系的日臻完善，科学家提出"一个大气"的概念，即所有的问题都发生在一个大气下，各种问题通过自由基化学或关键物种的化学过程彼此关联，应采取综合性的方法对各种相关污染问题进行整体考虑。在大数据解析技术的实际应用中，可有效解决以往存在的大气污染防治精准施策、破解污染溯源等关键性难题，可依据"大气环境污染立体监测精细化源解析系统研发项目"，通过建立环境空气质量监测监管和预报预警系统，查明以下两个方面的问题：其一，查明污染传输来源，初步判别区域影响，评估其他城市的污染物传输贡献。污染物由于受到气流传输作用，流动性较大，污染物的跨区域传输源是查明空气质量变化首要考虑的问题。其二，查明污染组分比例，深度解析污染成因，可利用大数据解析技术，通过国控点数据分析不同的污染特征：空间分布差异明显，且以冬春季节的颗粒物（PM_{10} 和 $PM_{2.5}$）污染和夏秋季节的 O_3 污染两大污染源为主。以两大重点污染因子为研究对象，查明传输影响机制问题，即颗粒物污染传输问题和 O_3 污染传输问题，查明本地组分解析问题，即颗粒物污染组分解析和 O_3 污染组分解析，最终为大气污染防治的应急处理和优化控制提供基础保障。

4. 大数据解析技术的可视化操作

首先，在大气环境污染治理中，可依据大数据技术形成可视化操作。在可视化操作中，可将大气环境因素纳入监测范围，并将涉及的监测指标分开处理，如二氧化硫、氮氧化物等。其次，在传统的数据信息收集记录工作的基础上，利用大数据技术可针对大气环境监测数据演变规律进行解析，并以此方便相关人员进行可视化操作，进而针对各种监测指标进行采集与分析，将监测子站数据信息反馈到中心站，并通过中心站计算机将反馈结果上

传到当地相关环境监测平台上，在此过程中可视化操作可更直观地反映出当地大气环境实际质量，并依据气象预警系统制定出适合当地的防治手段。

（八）建设生态环境监测大数据平台

在大气环境大数据技术的应用下，当地应依托大数据技术建立生态环境监测大数据平台。首先，相关生态环境部门应积极作为、狠抓落实，从优化监测网络布局、丰富拓展生态监测范围，提升污染源预警监测水平、推进生态环境监测大数据平台建设等方面发力，加快构建"天空地一体化"生态环境监测网络体系。其次，当地应积极依托大数据技术，建立生态监测地面站点、生态监测指标、环境空气质量自动监测站、地表水环境质量监测断面、重点工业园区有毒有害气体环境风险预警监测体系等监控平台。

以某地区为例，可坚持"一张网"，建设涵盖大气、水、土壤、噪声、辐射等要素的该地区环境质量监测网络，统筹构建污染源监测网络，加强遥感手段在水体和环境空气监测领域的应用，持续优化生态环境监测大数据平台。布设地下水基础环境状况调查评估点，为"十四五"时期实现对该地区生态环境质量、重点污染源和生态环境状况监测全覆盖打下基础。统筹该地区生态环境监测体系建设，组织实施生态环境监测规划，系统提升现代化监测水平。围绕该地区重要生态系统保护和修复重大工程实施，做好生态监测服务。进一步在"服务民生"等方面下功夫，让生态环境大数据在服务民生方面更好地发挥作用，不断增强人民群众的获得感和幸福感。

（九）建立综合大气环境监测系统

目前，为了达到控制大气污染的目的，必须大力发展综合监测系统。首先，地方政府要强化自身的基础设施，扩大监控范围，实现全球监控技术的融合，建立一个完善的环境监控和预警系统。其次，在建立综合环境大气监测站点时，要构建先进的仪器装备和综合能力评价体系。本节从污染颗粒物成分、来源、臭氧前体物挥发性有机物、颗粒物垂直分布、外源传输等几个角度进行了研究，为大气环境保护、区域联防联控、污染预警、环境污染应急等工作提供了科学依据。比如，在对本地固定污染源排放监测中，要建立大气综合监测站点，设立专门的监测小组，共同努力，保证监测任务的质量和效率。再如，通过综合监测系统支持高质量发展、提高区域大气监测技术水平、由单一区域监测向综合监测发展、从仅仅监测环境质量浓度的动态变化到可追溯等方面，更好地为打赢"蓝天保卫战"助力。最后，当地还应不断提升自身监测能力，加强污染来源分析、治理对策制定、效果分析、评价等方面的综合运用，运用多模型的预测预警系统，大力提升当地空气质量预报预警能力及准确度，提升大气污染防治的技术支撑能力，为持续改善大气环境质量保驾护航。

（十）不断改进大气监测技术

在目前的情况下，为了更好地利用大数据监测技术，必须通过改进技术来指导大气污

染防治工作，降低污染，提高环境质量，加强对"蓝天"的保护。

首先，地方要积极支持新技术新设备的开发与使用。比如，可以建立一套用于餐厅油烟污染的在线监控体系，使其能够完全覆盖所有的油烟净化设备。同时，要加速我国的生态环境管理体制建设和提升治理能力的现代化，提高大气污染预警水平，推动科学治污、精准治污、依法治污。地方要运用大气监测技术，不断改进数字化的信息系统，通过大气监测技术建设自动监测网，实现大气质量自动监测、污染源企业监测等。另外，在"十四五"规划中，要不断健全监测网络，建立环境质量监测、污染源监测和生态监测一体化监测系统。其次，为了改善空气质量监控技术，必须根据环境监测的要求以及各地区的情况收集资料，并将其汇总上报到地方环保系统，进行横向、纵向的比对，进而提出相应的防治方案。在行政区域范围内建立一套空气自动监测系统，该系统将能够实时监测到城区及周边地区的空气质量情况，并能及时发现问题，进而为政府更精细化地进行大气环境治理、控制和改善空气质量、实现产业布局转型升级等提供更加科学的依据。

（十一）合理利用无人机技术强化大气环境监测效果

其一，环保无人机应用场景，有应急环境污染处理、核心污染区监测、突发环境事故处理、大气污染监测、废气排放监测、污染源排查、水域巡查监测、排污口、固体废物防治等环保领域。无人机主要应用在监测、取证和测绘三个方面。监测方面，无人机通过搭载各种传感器和平台系统，能够对大气、水体、固废污染等进行实时监测。无人机因具有灵活、便捷等优点，使无人机进行环保监测能够获取到多方面的数据信息，同时数据采集和传输也更加稳定和准确，比传统的监测手段要有效得多。

其二，无人机在大气治理中，一次可监测 9 种空气污染物，并将数据实时传输，实时生成直观的二维/三维污染分布图，即时生成报告。在取证方面，无人机能够加大环保督察和执法的力度。当出现各种违规生产和非法排放等问题时，以前只能依靠传统的人工取证和处理，困难程度相对较高且效率低下，利用无人机环保监测实现在空中拍照取证，能及时获取所需的数据信息，提高了环保执法的工作效率[①]。例如，以六旋翼无人机为飞行搭载平台，以 STM_{32} 单片机和传感器技术为支撑，设计实现一套大气污染物立体化监测系统，该系统可方便监测航线智能规划，自主飞行，可用于监测和分析 $PM_{2.5}$、PM_{10}、SO_2、O_3、NO_2 等污染物的水平和垂向分布特征。实践表明，采用该系统进行大气污染物分布的立体监测是可行的，并具有灵活性和高效性的特点，是对现有固定环境监测网络的有益补充。

其三，在测绘方面，无人机还能对水、土地等资源进行测绘，为有关部门掌握整体环境状况提供数据支持，有助于制定相关的环保政策和采取相关行动。随着无人机的强势入

① 叶芃铖．基于环境监测数据的大气重污染应急管控措施效果评估［J］．中小企业管理与科技，2019（7）：135—136.

局，我国大气污染防治迎来崭新局面，"无人机＋环保"的发展也将获得更为广阔的前景。未来，无人机与人工智能技术必定会实现深度融合，"无人机＋环保"也会获得更强的专业技术能力，被应用到更多的领域。

综上所述，环境保护是人类永恒的主题和责任，我国越来越注重推进生态文明建设。大气污染防治是环境治理工作中的重要部分，为了深入贯彻落实国家环保政策，顺利开展执法监查工作，各地应积极利用大数据技术、大数据解析技术、空气监测站等技术不断提升大气治理效果，以更好地保护大气环境，为促进当地经济发展做出贡献。

第四节　大气环境监测质量控制

一、确保空气污染预报工作高度完善

对于优化大气环境监测质量而言，实现对空气污染预报工作的高度完善极为关键。在划分空气污染预报工作过程中，必须充分考虑不同地区空气状况，才能确保其划分的合理性与科学性。按照预报模式空气污染预报又可划分为潜势、数值模式、统计模式三种预报模式。潜势预报主要利用相关气象观测、分析设备对天气发展情况进行观测，以便后续监测工作的进行，这也是国家制定空气污染治理相关政策的重要依据。数值模式、统计模式的预报工作，其主要以气孔污染浓度为依据，并通过对这两种模式在大气环境监测中的应用与对比，及时地完成对相应数据结果的验证，高度确保大气环境监测数据及其结果的准确性。

二、相关监督部门应加大执法与宣传力度

为确保大气环境监测的工作质量，除了应优化各个监测环节的工作之外，还应注意不断加大环保监测部门执法力度与环保宣传力度。首先，有关环境保护部门应增强环保意识，切实落实各项环境保护措施，做好人员管理与监督工作，并通过加强部门之间的协调，提升环境保护执法的全面性。其次，还应加大环境保护管理人员培训力度，通过制定健全、完善的环境管理体系，强化各项环保措施的落实；最后，还应提升全民意识，强化环境保护宣传。加强与新闻媒体的合作，建立起有效的环境保护宣传通道与平台，使每一位市民能够积极地参与到环保工作中。

三、加强对环境质量的监测

环境质量监测是一种环境监测内容，主要监测环境中污染物的分布和浓度，以确定环境质量状况。定时、定点的环境质量监测历史数据，可以为环境质量评价和环境影响评价提供必不可少的依据，为对污染物迁移转化规律的科学研究提供基础数据。可见，对大气

环境监测质量的优化过程中，加强环境质量监测是极为重要的。环境质量监测部门的管理力度，对于大气环境质量监测有着较为直接的影响，因此其在具体落实监测工作时，必须严格遵守相关的环评标准，同时要求大气环境评价部门也参与到具体的监测工作中，配合监测部门共同落实各项监测措施。工作人员在落实监测工作时，对于遇到的问题应立即协调处理，确保环境监测质量。除此之外，工作人员在开展空气质量采样监测时，尤其应注意外部环境因素对监测工作质量造成的影响，未经许可，严禁对其他标本进行混合监测，避免产生交叉影响。若是空气采样过程中发生问题，相关负责人员应立即向上级汇报。同时要求在具体的监测过程中严格按照规定进行监测操作，确保标本监测质量，进而保障大气环境监测结果有较高的准确性。

四、大气环境监测采样质量控制

结合实践来看，要想有效保证大气环境监测结果的准确性，做好采样阶段质量控制工作十分重要。为此，笔者建议应从下面几点着手。

第一，在监测点和监测对象的选择方面，工作人员在大气环境采样点布设时要严格按照相关方法以及规范尽可能做到均匀且具代表性。

第二，在监测时机、时间、频率的选择方面，由于何时进行采样也会对空气污染程度有着不小的影响，因此也必须根据具体规范要求选择好采样时间点，每次采样的时间也要控制好，严禁超时或未达到时间就结束。监测频率不宜过高，要在对大气环境进行充分了解的基础上确定。

第三，在监测方法的选择方面，应根据监测的侧重方向不同选择合适的监测方法，通过采用不同的监测方法，得出样品中的各种成分含量。

第四，应做好采样前的准备工作，包括人员、仪器设备以及相关物料的配备等，同时明确采样人员、接送样品人员以及分析人员的具体工作与责任，便于确保样品监测各个环节的完整交接。

第五，严格控制检测过程中的误差，必须确保所采用的设备仪器、采样操作流程，以及样品运输保存等各项环节操作、管理完全符合相关标准要求。此外，还应注意统一校准采样流量，降低流量误差给采样体积所带来的影响。

五、加大环境监测实验投入力度

环境监测实验条件对于大气环境质量监测也有着重要影响。为了加强对大气环境质量的全面监测，我国设置了许多环境质量监测点。目前，大部分环境监测站的实验室在实际监测实验工作中存在诸多问题，特别是专业人员、设备以及资金等短缺问题极为突出。因此，为确保大气环境质量监测工作的顺利进行，必须提高对监测实验的重视程度，通过加强对人员、设备、资金的投入，确保大气环境质量监测的准确性。此外，监测单位还应对工作人员进行定期的专业培训，使其能够更加熟练地掌握各项监测技术，规范操作流程，熟悉掌握对新设备、新技术的应用，实现对监测系统的有效完善，确保大气环境监测工作质量顺利推进。

　　总而言之，生态环境是人们生存所必需的空间基础，然而日渐恶化的大气污染威胁着人们的生存与发展。因此，相关单位必须对大气污染治理工作予以高度重视，在充分、全面分析大气污染来源的前提下，采取新技术、新设备等提高大气环境监测质量，为改善大气环境质量提供准确的监测数据。

第五章 土壤环境监测

第一节 土壤和土壤污染

一、土壤及其基本性质

（一）土壤的概念

土壤是指陆地表面、呈连续分布、具有肥力并能生长作物的疏松表层，是由岩石风化以及大气、水，特别是动植物和微生物对地壳表层的长期作用而形成的。土壤是由固体、液体和气体三相物质组成的复杂的疏松多孔体，它们的相对含量因时因地而异。土壤的固体物质包括矿物质和有机质两部分，矿物质占土壤固体总质量的90％以上，有机质占土壤固体总质量的1％～10％，一般耕地土壤中有机质约占5％，且绝大部分在土壤表层。土壤的液体物质是指土壤中的水分，它在土壤的孔隙之间储存和运动。土壤的气体是指土壤中的空气，它以自由态存在于土壤孔隙中，以溶解态存在于土壤水中，以吸附态存在于土粒中，约占土壤体积的35％，因此土壤具有疏松的结构。

土壤的性质可以大致分为物理性质、化学性质及生物性质三个方面，三类性质互相联系、互相影响，共同决定着土壤的生态功能。

（二）物理性质

土壤质地、土壤孔隙性和土壤结构性是土壤重要的物理性质，它们不仅是土壤肥力的重要指标，还对土壤环境中污染物的迁移转化有重要影响。

1. 土壤颗粒和土壤质地

土壤中大小形状不同的矿物颗粒统称为土粒，通常按照粒径大小将土粒分为若干类，称为粒级。土壤就是由大小不同的土粒按不同的比例组合而成的，这些不同的粒级混合在一起表现出的土壤粗细状况，即土壤的机械组成或土壤质地。土壤质地分类以土壤中各粒级含量的相对百分比作为标准，国际上采用三级分类法，即根据砂粒（0.02 ~ 2mm）、粉砂粒（0.002 ~ 0.02mm）和黏粒（<0.002mm）在土壤中的相对含量，将土壤分成沙土、壤土、黏壤土和黏土四大类。我国将土壤质地分为砂土、壤土（沙壤土、轻壤土、中壤土、重壤土）和黏土三类。（《土壤环境监测技术》中使用的是"黏土"，但查询资料，认为应该是"黏土"，故本书统一使用黏土。）

由于成土条件的作用和差异，土壤不同质地层次在土体中形成了不同的排列状况，称为土体构型或土壤质地剖面，如基本发生层 A、B、C、D。实际上，由于成土因素及人为条件的不同，构成土壤剖面的发生学层次复杂多样。土体构型是影响污染物质迁移转化的重要因素，对场地土壤采样布点有重要影响。

2. 土壤孔隙性

土壤由固体土粒及土粒孔隙组成，孔隙是指土壤中大小不等、弯弯曲曲、形状各异的各种孔洞。单位土壤容积内孔隙所占的百分数，称为土壤孔隙度。土壤孔隙大小不同，形状不规则，一般用当量孔径作为土壤孔隙直径的指标。土壤孔隙的数量、大小孔隙的比例及其在土壤中的分布称为土壤孔隙性。土壤孔隙性主要影响土壤的水气性质，包括水气比例与通气透水性和保水性。

3. 土壤结构性

土壤结构性是指结构体与其种类、数量、特征及其在土体中的排列方式。土粒相互团聚形成大小不同、形状不一的土团，包括块状、核状、柱状、片状、板状、粒状、团粒状。土壤结构性主要影响土壤的松紧度和孔隙性，其中团粒结构是最理想的结构。

（三）化学性质

土壤的化学性质主要包括吸附性、酸碱性及缓冲能力和氧化还原性，这些化学性质对污染物的迁移和转化、微生物活动、土壤肥力和植物生长等起着重要作用。

1. 吸附性

土壤的吸附性与土壤中存在的胶体物质密切相关。土壤胶体包括无机胶体、有机胶体、有机—无机复合胶体。土壤胶体具有巨大的比表面积，胶粒表面带有电荷，分散在水中时界面上产生双电层，这些性能使其对有机污染物和无机污染物有极强的吸附能力和离子交换能力。

2. 酸碱性及缓冲能力

土壤的酸碱性是气候、植被及土壤组成共同作用的结果，其中气候起着近乎决定性的作用。土壤酸性或碱性通常用土壤溶液的 pH 来表示。我国土壤的 pH 变化范围在 4 ~ 9，多数土壤的 pH 在 4.5 ~ 8.5，极少有低于 4 或高于 10 的。"南酸北碱"概括了我国南北方土壤酸碱性的地区差异。通常 pH 在 6.5 ~ 7.5 的土壤为中性，pH 在 5.5 ~ 6.5 的为微酸性，pH 低于 5.5 的为酸性，pH 在 7.5 ~ 8.5 的为微碱性，pH 大于 8.5 的为碱性。

土壤中由于含有碳酸、硅酸、磷酸、腐殖酸和其他多种有机弱酸及盐类，构成了一个复杂的、良好的缓冲体系。从整体上看，土壤的 pH 变化范围很大。但从局部来看，土壤具有很强的缓冲能力。

3. 氧化还原性

土壤中存在着多种氧化性和还原性无机物质及有机物质，使其具有氧化性和还原性。土壤的氧化还原性也是土壤溶液的一个重要性质，影响有机物的分解及某些变价元素的迁移转化。

（四）生物性质

土壤的生物性质主要是指土壤微生物（细菌、真菌、放线菌和藻类等）、土壤动物（原生动物、蚯蚓、线虫类等）等的性质，在推动土壤有机物降解、无机物形态转化中起着主导作用，是土壤净化功能的重要贡献者。

二、土壤中主要污染物及其来源

土壤污染是指人类活动或自然过程中产生的有害物质进入土壤，其数量和累积速度超过了土壤净化作用的速度，破坏了自然动态平衡，引起土壤化学、物理、生物等方面特性的改变，影响土壤功能和有效利用，危害公众健康或者破坏生态环境的现象。土壤污染源有自然污染和人为污染两大类。在自然界中，某些自然矿床中元素和化合物富集中心周围往往形成自然扩散圈，使附近土壤中某些元素的含量超出一般土壤含量，这类污染称为自然污染；工业、农业、生活和交通等人类活动所产生的污染物，通过液体、气体、固体等多种形式进入土壤，统称为人为污染。人为污染源是土壤环境污染的主要研究对象。

土壤中的污染物按性质可分为有机污染物、无机污染物、放射性污染物和生物污染物。有机污染物又可分为挥发性污染物、半挥发性污染物等；无机污染物主要是重金属及其他无机污染物；放射性污染物是指各种放射性核素，其放射性水平高于天然本底值；生物污染物是指外来的对生态系统及人类健康造成不良影响的有害生物。

土壤污染源按其来源不同，可分为工业污染、农业污染、生活污染三大类。土壤污染物的性质与其存在的价态、形态、浓度、化学性质及其存在的环境条件（如酸碱度、氧化还原状况、环境中胶体的种类和数量、环境中有机质的数量和种类等）密切相关。毒性金属污染物的价态不同，其毒性也往往不同：如六价铬的毒性大于三价铬；铜的络合物的毒性小于铜离子，且络合物越稳定，其毒性越小。污染物还可以通过各种物理、化学、生物作用如溶解、沉淀、水解、络合、氧化、还原、化学分解、光化学分解和生物化学分解等不断发生变化。污染物存在的形态不同，生物对其吸收作用也不同，如水稻易吸收金属汞、甲基汞，而不吸收硫化汞。

三、土壤污染的特点

土壤污染具有以下特点。

（一）空间异质性

土壤的土体构型、土壤特性等在空间上存在很大的不同，污染物进入土壤的方式、强度、形态等各不相同，进入土壤后的污染物在各种不同因素作用下，其迁移、转化等都存在差异，污染状态空间高度离散，致使污染的空间分布特征更加异质化。土壤空间异质性是影响土壤采样及其准确性的最重要因素。

（二）隐蔽性和滞后性

污染物在土壤中长期积累，要经过长期摄入污染土壤、吸入土壤污染物蒸气、摄入污染土壤淋溶的地下水、摄食污染土壤生产的农产品等途径暴露后，才能通过人体和动物的健康状况变化反映出来，不像大气和水污染那样可以直接通过视觉和嗅觉为人们所察觉。

（三）不可逆性和长期性

重金属污染物进入土壤环境后，与复杂的土壤组成物质发生了一系列物理化学反应，最终不可逆地形成难溶化合物沉积在土壤环境中；许多有机磷或有机氯农药本身就是持久性污染物，极难降解，在土壤环境中能够长久存在。因此，土壤一旦遭受污染便极难恢复。如某些污水灌区发生镉污染，造成大面积的土壤毒化、水稻矮化、稻米异味等，经过十余年的艰苦努力，采用了各种综合措施，才逐渐恢复部分生产力。

（四）后果的严重性

污染物进入土壤环境后，不仅会危及生态安全，危害农产品安全，还可以通过食物链进入人体危害人体健康，还将以各种隐蔽形式直接危害人体健康。

四、土壤背景值及土壤环境质量标准

国际上对土壤环境管理的认识和理念经历了一个从最初的"污染物去除"到以"风险管理"为核心的转变。由于土壤性质的差异性大，即使同样含量的相同污染物，在不同土壤中的危害差别也很大，这意味着制定一个统一的土壤环境质量标准或修复标准并不科学。因此，国际上经过长期的实践，逐渐达成了以风险管理为理念的共识。

我国最早的土壤环境质量标准是《土壤环境质量标准》（GB 15618—1995），于1996 年实施，主要对象是农业用地。2018 年 6 月发布的《土壤环境质量农用地土壤污染风险管控标准（试行）》（GB 15618—2018）（代替 GB 15618—1995）和《土壤环境质量建设用地土壤污染风险管控标准（试行）》（GB 36600—2018），重点提出了土壤污染

风险筛查和管控的概念及其限值，结合了土壤的基本特征，突出污染风险筛查和分类。新标准更加符合土壤环境管理的内在规律，更能科学合理地指导农用地与建设用地的安全利用。对其相关概念阐述如下。

（一）土壤背景值

土壤背景值是指组成土壤的各种化学成分的背景含量，是未受或很少受人类活动特别是人为污染影响的土壤环境本身的化学组成及其含量。通常以一个国家或地区的土壤中某种元素的平均含量作为该国家或地区的土壤背景值，并以此为参照，与研究区域的土壤中同一化学物质的平均含量进行比较，以此来判定所研究区域的土壤是否已受到污染。在全球土壤环境受到不同程度污染的情况下，要获取绝对不受人为污染的背景值是十分困难的，故土壤环境背景值实际上只能是一个相对的概念。通常，可以采用同一个土壤类型的非污染土壤与污染土壤中的化学物质含量平均值做比较，超过背景值者即属污染土壤。

土壤背景值的应用价值体现在：①反映区域土壤化学物质组成和含量，确定环境容量以及制定土壤环境质量标准的重要数据基础；②土壤质量调查、生态风险评价及污染源解析的重要依据；③通过对元素背景值分析，可以有针对性地探究土壤、植物、动物和人群之间某些异常元素的相关关系。

（二）风险筛选值和管制值

1. 农用地土壤污染风险筛选值

农用地土壤中污染物含量等于或者低于该值的，对农产品质量安全、农作物生长或土壤生态环境的风险低，一般情况下可以忽略；超过该值时，对农产品质量安全、农作物生长或土壤生态环境可能存在风险，需要加强土壤环境监测和农产品协同监测，原则上应当采取安全利用措施。

2. 农用地土壤污染风险管制值

农用地土壤中污染物含量超过该值的，食用农产品不符合质量安全标准等农用地土壤污染风险高，原则上应当采取严格管控措施。

3. 建设用地土壤污染风险筛选值

在特定土地利用方式下，建设用地土壤中污染物含量等于或者低于该值的，对人体健康的风险可以忽略；超过该值的，对人体健康可能存在风险，应当开展进一步的详细调查和风险评估，确定具体污染范围和风险水平。

4. 建设用地土壤污染风险管制值

在特定土地利用方式下，建设用地土壤中污染物含量超过该值的，对人体健康通常存在不可接受风险，应当采取风险管控或修复措施。

第二节 土壤环境监测技术及方法

一、土壤环境监测的内容

依据《土壤环境质量农用地土壤污染风险管控标准（试行）》（GB 15618—2018）和《土壤环境质量建设用地土壤污染风险管控标准（试行）》（GB 36600—2018），对土壤环境监测的内容介绍如下。

（一）农用地土壤质量监测内容

农用地土壤污染风险筛选值的基本项目为必测项目，共计 8 种重金属元素；因为土壤 pH 对重金属含量影响较大，该标准将风险筛选值以 4 个 pH 区间给出了明确风险筛选限值。

农用地土壤污染风险筛选值的其他项目为选测项目，包括六六六、滴滴涕和苯并芘风险筛选值。与使用了 23 年的原《土壤环境质量标准》（GB 15618—1995）相比，农用地土壤标准的项目指标仅增加了苯并芘一项。

（二）建设用地土壤质量监测内容

以人体健康为保护目标，《土壤环境质量建设用地土壤污染风险管控标准（试行）》（GB 36600—2018）规定了保护人体健康的建设用地土壤污染风险筛选值和管制值。建设用地土壤污染风险是指在建设用地上居住、工作人群长期暴露于土壤污染物中，因慢性毒性效应或致癌效应而对健康产生的不利影响。在建设用地中，城市建设用地根据保护对象暴露情况的不同，可划分为以下两类。

第一类用地主要是居住用地。考虑到社会敏感性，将公共管理与公共服务用地中的中小学用地、医疗卫生用地和社会福利设施用地，公园绿地中的社区公园或儿童公园用地也列入第一类用地。

第二类用地主要是工业用地、物流仓储用地、商业服务业设施用地、道路与交通设施用地、公用设施用地、公共管理与公共服务用地（属于第一类用地的除外）等。

在地块调查过程中，监测项目还应增加地块特征污染物和地块特征参数。对于不能确定的项目，可选取潜在典型污染样品进行筛选分析，如针对工业场地可选择重金属、挥发性有机物、半挥发性有机物、氰化物和石棉等。

二、土壤样品采集与保存

（一）资料收集与现场踏勘

1.资料收集

在进行土壤样品采集工作之前，应充分了解《土壤环境监测技术规范》（HJ/T 166—2004）、《地下水环境监测技术规范》（HJ/T 164—2004）、《建设用地土壤污染状况调查技术导则》（HJ 25.1—2019）及《建设用地土壤污染风险管控和修复监测技术导则》（HJ 25.2—2019）中的相关基本要求，并收集目标地块土壤及地下水的相关资料。建设用地土壤污染状况第一阶段调查，是以资料收集、现场踏勘和人员访谈样点布设为主的前期基础性工作。

样品由总体中随机采集的一些个体所组成，个体之间存在差异。因此，样品与总体之间，既存在同质的"亲缘"关系，样品可作为总体的代表，但同时也存在一定程度的异质性。差异越小，样品的代表性越好；反之亦然。为了使采集的监测样品具有很好的代表性，一方面，必须避免一切主观因素，使组成总体的个体有同样的机会被选入样品，即组成样品的个体应当是随机地取自总体。另一方面，一组相互之间需要进行比较的样品应当有同样的个体组成，否则样本多的个体所组成的样品，其代表性会大于样本少的个体所组成的样品。所以，"随机"和"等量"是决定样品具有同等代表性的重要条件。

监测布点一般有 3 种方法，即简单随机布点法、分块随机布点法和系统随机布点法。

简单随机布点法：一种完全不带主观限制条件的布点方法。通常将监测单元分成网格，危每个网格编上号码，决定采样点样品数后，随机抽取规定的样品数的样品，其样本号码对应的网格号即为采样点。随机数可以利用掷骰子、抽签、查随机数表的方法获得。

分块随机布点法：目标地块土壤污染物分布不均匀时，存在明显不同的土壤利用形式，即可将目标地块土壤分成若干个分块单元，在每个分块单元内再进行随机布点。

系统随机布点法：将监测区域划分成面积相等的多个部分（网格划分），为每个网格内布设一采样点，适用于土壤污染物含量变化较大的地块。

2. 建设用地土壤监测布点

根据第一阶段土壤污染状况调查的情况制订初步采样分析工作计划，内容包括核查已有信息、判断污染物的可能分布、制订采样方案、制订健康和安全防护计划、制订样品分析方案、确定质量保证和质量控制程序等任务。

对已有信息进行核查，包括第一阶段土壤污染状况调查中重要的环境信息，如土壤类型和地下水埋深；查阅污染物在土壤、地下水、地表水或地块周围环境的可能分布和迁移信息；查阅污染物排放和泄漏的信息。应核查上述信息的来源，以确保其真实性和适用性。

根据地块的具体情况、地块内外的污染源分布、水文地质条件以及污染物的迁移和转化等因素，判断地块污染物在土壤和地下水中的可能分布，为制订采样方案提供依据。

根据地块土壤污染状况调查阶段性结论确定的地理位置、地块边界及各阶段工作要求，确定布点范围。在所在区域地图或规划图中标注出准确地理位置，绘制地块边界，并对场界角点进行准确定位。地块土壤环境监测常用的监测点位布设方法包括系统随机布点法、系统布点法及分区布点法等。

系统随机布点法：地块内土壤特征相近、土地使用功能相同的区域，可采用系统随机

117

布点法进行监测点位的布设。系统随机布点法是将监测区域分成面积相等的若干工作单元，从中随机（随机数可以利用掷骰子、抽签、查随机数表的方法获得）抽取一定数量的工作单元，在每个工作单元内布设一个监测点位。

系统布点法：地块土壤污染特征不明确或地块原始状况严重破坏，可采用系统布点法进行监测点位布设。系统布点法是将监测区域分成面积相等的若干工作单元，在每个工作单元内布设一个监测点位。

分区布点法：对于地块内土地使用功能不同及污染特征差异明显的地块，可采用分区布点法进行监测点位的布设。分区布点法是将地块划分成不同的小区，再根据小区的面积或污染特征确定布点的方法。地块按照土地使用功能，一般分为生产区、办公区、生活区。原则上生产区的工作单元划分应以构筑物或生产工艺为单元，包括各生产车间、原料及产品储库、废水处理及废渣储存场、场内物料流通道路、地下储存构筑物及管线等。办公区包括办公建筑、广场、道路、绿地等。生活区包括食堂、宿舍及公用建筑等。对于土地使用功能相近、单元面积较小的生产区，也可将几个单元合并成一个监测工作单元。

专业判断布点法：对于工业企业搬迁后留下的建设用地土壤，有必要基于专业判断在地块内每个工作单元等敏感区域布设采样点位，并通过资料收集和现场踏勘，在已明确的潜在污染物在目标地块的重点分布区域布设特殊采样点位。

无论是农用地还是建设用地土壤状况调查，均应在调查地块附近选择清洁对照点，且尽量选择在一定时间内未经外界扰动的表层土壤，必要时也可采集一定深度的土壤样品。地下水对照点设置还应考虑地下水的流向、水力坡降、含水层渗透性、埋深和厚度等水文地质条件。

3. 监测布点数确定

（1）农业用地土壤监测点位数确定

土壤监测的布点数量要满足样本容量的基本要求，实际工作中土壤布点数量还要根据调查目的、调查精度和调查区域环境状况等因素确定。一般要求每个监测单元最少布设 3 个点。

①区域土壤环境背景调查布点。按照调查的精度不同，可从 2.5km、5km、10km、20km、40km 中选择网距网格布点，区域内的网格节点数即为土壤采样点数量。根据实际情况也可适当减小网格间距，适当调整网格的起始经纬度，避免过多网格落在道路或河流上，使样品更具代表性。

对于野外选点的要求，采样点的自然景观应符合土壤环境背景值研究的要求。采样点应选在被采土壤类型特征明显，地形相对平坦、稳定、植被良好的地点；坡脚、洼地等具有从属景观特征的地点不设采样点；城镇、住宅、道路、沟渠、粪坑、坟墓附近等处人为干扰大，失去土壤的代表性，不宜设采样点；采样点离铁路、公路至少 300m 以上；采样点以剖面发育完整、层次较清楚、无侵入体为准，不在水土流失严重或表土层被破坏处设采样点；选择不施或少施化肥、农药的地块作为采样点，以使采样点尽可能少受人为活动的影响；不在多种土类、多种母质母岩交错分布、面积较小的边缘地区布设采样点。

②农田土壤采样布点。农用地土壤环境质量的国控监测点位，应当重点布设在粮食生产功能区、重要农产品生产保护区、特色农产品优势区及污染风险较大的区域等。监测单元划分要参考土壤类型、农作物种类、耕作制度、保护区类型、行政区划等要素的差异，同一单元的差别应尽可能地缩小。一般农田土壤环境监测采集耕作层土样，种植一般农作物采 0~20cm，种植果林类农作物采 0~60cm。为了保证样品的代表性，降低监测费用，采取采集混合样的方案。每个土壤单元设 3 ~ 7 个采样区，单个采样区可以是自然分割的一块田地，也可由多个田块构成，其范围以 200m × 200m 左右为宜。每个采样区的样品为农田土壤混合样。混合样的采集主要有以下四种方法。

a. 梅花点法：适用于面积较小、地势平坦、土壤组成和受污染程度相对比较均匀的地块，设 5 个左右分点。

b. 对角线法：适用于污灌农田土壤，将对角线分为 5 等份，以等分点为采样分点。

c. 蛇形法：适用于面积较大、土壤不够均匀且地势不平坦的地块，设 15 个左右分点，多用于农业污染型土壤。

d. 棋盘式法：适用于中等面积、地势平坦、土壤不够均匀的地块，设 10 个左右分点；受污泥、垃圾等固体废物污染的土壤，分点应在 20 个以上。

大气污染型和固体废物堆污染型土壤监测单元以污染源为中心放射状布点，在主导风向和地表水的径流方向适当增加采样点（离污染源的距离远于其他点）；灌溉水污染型、农用固体废物污染型和农用化学物质污染型监测单元采用均匀布点法；灌溉水污染型监测单元按水流方向带状布点，采样点自纳污口起由密渐疏布设；综合污染型监测单元布点采用综合放射状、均匀、带状布点法。

（2）建设用地土壤监测采样布点数确定

建设用地地块土壤调查分为初步调查和详细调查两个阶段。

在初步调查阶段，对于污染较均匀的地块（包括污染物种类和污染程度）和地貌严重破坏的地块（包括拆迁性破坏、历史变更性破坏），可采用系统布点法划分工作单元，在每个工作单元的中心采样。监测点位的数量与采样深度应根据地块面积、污染类型及不同使用功能区域等调查阶段性结论确定。

在详细调查阶段，对于污染较均匀的地块（包括污染物种类和污染程度）和地貌严重破坏的地块（包括拆迁性破坏、历史变更性破坏），可采用系统布点法划分工作单元，在每个工作单元的中心采样；对于地块不同区域的使用功能或污染特征存在明显差异的情况，则可根据土壤污染状况调查获得的原使用功能和污染特征等信息，采用分区布点法划分工作单元，在每个工作单元的中心采样。单个工作单元的面积可根据实际情况确定，原则上不应超过 $1600m^2$。面积较小的地块，应不少于 5 个工作单元。如需采集土壤混合样，可根据每个监测地块的污染程度和地块面积，将其分成 1 ～ 9 个均等面积的网格，在每个网格中心进行采样，将同层的土样制成混合样（挥发性有机物污染的场地除外）。

建设用地土壤状况调查还普遍采用专业判断法与系统随机布点法联用的布点方法，如在目标地块存在一些敏感单元或固体废物堆放点位处等进行布点。

（3）污染事故监测土壤采样布点

污染事故不可预料，接到举报后应立即组织采样。现场调查和观察、取证土壤被污染时间，根据污染物及其对土壤的影响确定监测项目，尤其是污染事故的特征污染物是监测的重点。根据污染物的颜色、印渍和气味并考虑地势、风向等因素，初步界定污染事故对土壤的污染范围。

对于固体污染物抛撒污染型，等打扫好后采集表层 5cm 土样，布设采样点不少于 3 个；对于液体倾翻污染型，污染物向低洼处流动的同时向深度方向渗透并向两侧横向扩散，离事故发生点较近处样品点较密，采样深度较深，离事故发生点较远处样品点较疏，采样深度较浅，采样点不少于 5 个；对于爆炸污染型，以放射性同心圆方式布点，爆炸中心采分层样，周围采表层土（0 ～ 20cm），采样点不少于 5 个；对于事故土壤进行监测，还要设定 2 ～ 3 个背景对照点。

（二）土壤样品采集与保存

1. 土壤样品采集

（1）土壤采样工具和现场检测仪器

需要准备的土壤采样工具和现场检测仪器主要有以下几类：

①工具类：铁锹、铁铲、圆状取土钻、螺旋取土钻、竹片以及适合特殊采样要求的工具等。

②器材类：GPS、照相机、卷尺、样品袋和样品保存箱以及现场探测设备，如便携式挥发性有机物检测仪（PID）、便携式 X 射线荧光金属元素检测仪（PXRF）等。

③调查信息记录类：样品标签、采样记录报表、铅笔、资料夹等。

④安全防护用品：工作服、工作鞋、安全帽、药品箱等。

⑤交通工具：采样专用车辆。

（2）土壤采样步骤

土壤样品的采集是根据先前制订的监测方案，记录点位坐标，拍摄数码照片和实施采样等工作。采样的基本要求是保证土样具有足够的代表性，即能代表所研究的土壤总体。一般按以下三个阶段进行。

①前期采样：根据背景资料与现场考察结果，采集一定数量的样品分析测定，用于初

步验证污染物空间分异性和判断土壤污染程度，为制订监测方案（选择布点方式和确定监测项目及样品数量）提供依据。前期采样可与现场调查同时进行。

②正式采样：按照监测方案，实施现场采样。

采样点可采表层土样及下层土样。一般监测采集表层土样，采样深度为7~20cm。特定的调查研究监测需了解污染物在土壤中的垂直分布时采集土壤剖面样。采集含挥发性污染物的样品时，应尽量减少对样品的扰动，严禁对样品进行均质化处理。

③补充采样：正式采样测试后，发现布设的样点没有满足总体设计需要，则要增设采样点补充采样。

（3）土壤采样类型

面积较小的土壤污染调查和突发性土壤污染事故调查可直接采样。

对土壤采样时应进行现场记录，主要内容包括：样品名称和编号、气象条件、采样时间、采样位置、采样深度、样品质地、样品的颜色和气味、现场检测结果及采样人员等。

对于农田土壤，采集土壤样品的类型如下。

①混合样布点方法已在农田土壤采样布点中做了介绍。

将各分点混匀后按照四分法弃取。四分法的做法是：将各点采集的土样混匀并铺成正方形，画对角线，分成4份，将对角线的两个对顶三角形范围内的样品保留，剔除另一半。如此循环，直至获取所需土样量。

②剖面样品特殊要求的监测（土壤背景、环评、污染事故等监测）。必要时，选择部分采样点采集剖面样品。剖面的规格一般为长1.5m，宽0.8m，深1.2m。挖掘土壤剖面要使观察面向阳，表土和底土分两侧放置。一般每个剖面采集A、B、C三层土样。地下水位较高时，剖面挖至地下水出露时为止；山地丘陵土层较薄时，剖面挖至风化层。B层发育不完整（不发育）的山地土壤，只采A、C两层；干旱地区剖面发育不完善的土壤，在表层5~20cm、中土层50cm、底土层100cm左右采样。水稻土按照A耕作层、P犁底层、C母质层（或G潜育层、W潴育层）分层采样，对P层太薄的剖面，只采A、C两层（或A、G层或A、W层）。

典型的自然土壤剖面分为A层（表层，淋溶层）、B层（亚层，淀积层）、C层（风化母岩层，母质层）和底岩层。一般每个剖面采集A、B、C三层土样。采样次序由下而上，先采剖面的底层样品，再采中层样品，最后采上层样品。测量重金属的样品尽量用竹片或竹刀除去金属采样器接触的部分土壤，再取样品。

样品采集量一般为1kg左右，取样后装入样品袋。样品袋一般由棉布缝制而成，如为潮湿样品可内衬塑料袋（供无机化合物测定）或将样品置于玻璃瓶内（供有机化合物测定）。如样品有腐蚀性或要测定挥发性化合物，改用广口瓶装样。采样的同时，由专人填写样品标签、采样记录；标签一式两份，一份放入袋中，一份系在袋口，标签上标注采样时间、地点、样品编号、监测项目、采样深度和经纬度。采样结束，需逐项检查采样记录、样品袋标签和土壤样品，如有缺项和错误，及时补齐更正。将底土和表土按原层回填到采样坑中，方可离开现场，并在采样示意图上标出采样地点，避免下次在相同处采集剖面样品。

对于建设用地土壤样品采集，因城市土壤的复杂性，采样深度可根据污染源的位置、迁移和地层结构以及水文地质等进行判断设置。土壤样品可分为表层土壤和下层土壤。

表层土壤的采集一般采用挖掘方式进行，可采用锹、铲及竹片等简单工具，也可进行钻孔取样。在采样过程中，应尽量减少土壤扰动，保证土壤样品不被二次污染；下层土壤的采集以钻孔取样为主，也可采用槽探的方式进行。

下层土壤的采样深度应考虑污染物可能释放和迁移的深度（如地下管线和储槽埋深）、污染物性质、土壤的质地和孔隙度、地下水位和回填土等因素：0.5m以下下层土壤样品根据判断布点法采集，建议0.5~6m土壤采样间隔不超过2m；不同性质土层至少采集一个土壤样品。同一性质土层厚度较大或出现明显污染痕迹时，根据实际情况在该层位增加采样点。一般情况下，应根据地块土壤污染状况调查阶段性结论及现场情况确定下层土壤的采样深度，最大深度应直至未受污染的深度为止。在具体工作中，可利用现场探测设备辅助判断采样深度。按0.5~2m等间距设置采样位置（具体见HJ 25.2—2019）。

2. 土壤样品保存

现场采集样品后，必须逐件与样品登记表、样品标签和采样记录表进行核对，核对无误后分类装箱，运往实验室。在运输过程中，要严防样品的损失、混淆和玷污。对光敏感的样品，应有避光外包装。对于含易分解或易挥发等不稳定组分的样品，要采取低温保存的运输方法，并尽快送到实验室分析测试。测试项目需要新鲜样品的土样，采集后可密封的聚乙烯或玻璃容器在4℃以下避光保存，样品要充满容器。避免用含有待测组分或对测试有干扰的材料制成的容器盛装保存样品，测定有机污染物用的土壤样品要选用玻璃容器保存。

土壤制样工作室应分设风干室和磨样室。风干室朝南（严防阳光直射土样），通风良好，整洁，无尘，无易挥发性化学物质。在风干室将土样放置于风干盘（白色搪瓷盘及木盘）中，摊成2~3cm的薄层，适时地压碎、翻动，拣出碎石、沙砾、植物残体。

在磨样室将风干的样品倒在有机玻璃板上，用木槌敲打，用木碾、木棒、有机玻璃棒再次压碎，拣出杂质，混匀，并用四分法缩取压碎样，过孔径0.84mm（20目）尼龙筛。过筛后的样品全部置于无色聚乙烯薄膜上并充分搅拌混匀，再采用四分法取两份，一份交样品库存放，另一份做样品的细磨用。粗磨样可直接用于土壤pH、阳离子交换量、元素有效态含量等项目的分析。

用于细磨的样品再用四分法分成两份：一份研磨到全部过孔径0.25mm（60目）筛，用于农药或土壤有机质、土壤全氮量等项目分析；另一份研磨到全部过孔径0.15mm（100目）筛，用于土壤元素全量分析。

研磨混匀后的样品，分别装于样品瓶或样品袋，填写土壤标签一式两份，瓶内或袋内装一份，瓶外或袋外贴一份。

在制样过程中，采样时的土壤标签与土壤始终放在一起，严禁混淆，样品名称和编码始终不变；制样工具每处理一份样品后擦抹（洗）干净，严防交叉污染。分析挥发性、半挥发性有机物或可萃取有机物无须上述制样过程，用新鲜样品按特定的方法进行样品前处理。

预留样品在样品库造册保存。分析取用后的剩余样品待测定全部完成数据报出后，也移交样品库保存。分析取用后的剩余样品一般保留半年，预留样品一般保留 2 年。特殊、珍稀、仲裁、有争议样品一般要永久保存。样品库要求保持干燥、通风、无阳光直射、无污染；要定期清理样品，防止霉变及标签脱落。样品入库、领用和清理均须记录。

（三）地下水样品采集与保存

采集地下水样品前，使用专用的一次性贝勒管对地下水监测井进行洗井作业，提取出的水量至少为井中地下水体积的 3 倍（可采用稳定水位计算）。清洗过程持续到抽取水的pH、电导率和温度稳定为止。充分洗井后需要让监测井中水体稳定 24h 后再进行常规地下水样品采样，采集的地下水样品直接转移到实验室提供的带有保存剂的样品瓶内，通常需要采集多份样品，根据监测项目确定样品量并保证满足平行试验和备份样的基本要求（参见 HJ/T 164）。土壤和地下水样品贴好标签后保存在装有冰块的冷藏箱中，需要准备 1 套运输空白样品和 1 套设备清洗样品作为质保 / 质控措施，一并送至实验室进行分析。

现场质量保证和质量控制要求：现场工作相关程序包括土壤钻孔、地下水监测井设置、土壤和地下水样品采集及保存等，均须按照相关规范进行。采集有代表性样品和防止交叉污染是现场工作质量控制的两个关键环节。

三、土壤污染物监测方法

土壤类型、污染物种类繁多，各种污染物在不同类型土壤中的样品提取方法也有所不同。通常，土壤环境监测中选择样品提取与分析方法的原则是：第一选择标准（或仲裁）方法，第二选择权威部门推荐的方法，第三自选等效方法。

（一）土壤理化指标的测定

1.土壤干物质和水分的测定

测定土壤理化指标，无论采用新鲜样品还是风干样品，都需要测定土壤中的水分含量，以便计算土壤中各种成分以干固体为基准时的校准值。干物质和水分的测定常采用重量法，方法的原理是土壤样品在（105±5）℃烘至恒重，以烘干前后的土样质量差计算干物质和水分的含量，用质量分数表示。一般情况下，大部分土壤的干燥时间为 16~24h。

2.土壤可交换酸度的测定

土壤可交换酸度是酸性土壤的重要性质之一，由吸附于土壤胶体表面的 H^+ 和 Al^{3+} 形成，它们通过交换作用进入土壤溶液中，使土壤显酸性。土壤可交换酸度的测定方法有氯化钾提取—滴定法和氯化钡提取—滴定法。主要是用中性盐溶液（如KCl或BaCl$_2$）反复淋洗土壤，将土壤胶体上吸附的H$^+$和Al^{3+}交换下来，使之进入溶液。取一部分土壤淋洗液，用氢氧化钠标准溶液滴定，滴定结果称为可交换酸度；另取一部分土壤提取液，加入适量氟化钠溶液，使氟离子与铝离子形成络合物，Al^{3+}被充分络合，再用氢氧化钠标准溶液滴定，所得结果为可交换氢。可交换酸度与可交换氢的差值即为可交换铝。

3. 土壤有机碳的测定

土壤有机碳含量和性质与土壤中污染物的种类和含量有一定的相关性，特别是与重金属和有机污染物的含量及迁移转化等环境行为关系密切。因此，测定土壤中有机碳的含量对于定量评价分析土壤的自然性质、土壤污染程度具有重要意义。我国现行的土壤有机碳的分析方法有《土壤有机碳的测定重铬酸钾氧化—分光光度法》（HJ 615—2011）、《土壤有机碳的测定燃烧氧化—非分散红外法》（HJ 695—2014）和《土壤有机碳的测定燃烧氧化—滴定法》（HJ 658—2013），也可采用配备固体氧化模块的总有机碳测定仪进行直接测定。

（二）土壤中营养盐中测定

土壤中营养盐中含量也代表着土壤肥力。通常选择含氮、含磷化合物和硫酸盐等测定项目。

1. 土壤中硫酸盐中测定

土壤中硫酸盐的测定推荐采用氯化钡重量法。该方法原理为：用去离子水和稀盐酸提取土壤中的水溶性和酸溶性硫酸盐，提取液经慢速定量滤纸过滤后，加入氯化钡溶液，提取液中的硫酸根离子转化为硫酸钡沉淀，沉淀经过滤、烘干、恒重，根据硫酸钡沉淀的质量可计算土壤中的水溶性和酸溶性硫酸盐中含量。

2. 土壤中氮营养盐中测定

土壤中氨氮、亚硝酸盐氮、硝酸盐氮的测定采用分光光度法。该方法原理为：采用氯化钾溶液提取土壤中的氨氮、亚硝酸盐氮和硝酸盐氮，提取液经过离心分离，取上清液进行分析测定。当土壤样品量为40.0g时，本方法测定土壤中氨氮、亚硝酸盐氮、硝酸盐氮的测定下限分别为0.40mg/kg、0.60mg/kg和1.00mg/kg。

3. 土壤中总磷中测定

土壤中总磷的测定推荐采用碱熔—钼锑抗分光光度法（HJ 632—2011）。该方法原理为：经氢氧化钠熔融，土壤样品中的含磷矿物及有机磷化合物全部转化为可溶性的正磷酸盐，在酸性条件下与钼锑抗显色剂反应生成磷钼蓝，在波长700nm处测量吸光度。在一定浓度范围内，样品中的总磷含量与吸光度值符合朗伯—比尔定律。当试样量为0.2500g，采用30mm比色皿时，本方法的检出限（以干土计）为10.0mg/kg，测定下限为40.0mg/kg。

（三）土壤中重金属和有机污染物中测定

1. 土壤中重金属污染物的测定

主要是针对重金属元素的总量进行测定，这符合重金属元素总量控制的原则。土壤样品经过消解后，采用的分析方法有原子吸收分光光度法、原子荧光法、冷原子吸收法、等离子体发射光谱法。具体操作步骤可参照国家相关方法标准。

2. 土壤中有机污染物的测定

主要采用气相色谱法和气相色谱—质谱法，可参照国家相关方法标准的具体要求进行测定。

四、土壤污染指数与风险评价

土壤环境质量评价依据国家土壤环境质量标准、区域土壤环境背景值或相关行业（专业）土壤质量评价标准开展，评价模式常用污染指数法等。自 2018 年以来，我国修订并颁布了土壤环境质量系列标准，开启了土壤污染风险筛选和风险管控的新的评价模式。

（一）污染指数、超标率（倍数）评价

土壤环境质量评价一般以单项污染指数为主，指数小污染轻，指数大污染重。当把区域内土壤环境质量作为一个整体与外区域进行比较或与历史资料进行比较时，除用单项污染指数外，还常用到综合污染指数。由于土壤地区背景差异较大，用土壤污染累积指数更能反映调查或目标区域土壤污染物的累积程度，进而揭示人类活动的影响程度和趋势。此外，土壤污染超标倍数、样本超标率等统计量也能反映土壤的环境状况。

（二）土壤污染风险筛选和风险管控

《土壤环境质量农用地土壤污染风险管控标准（试行）》（GB 15618—2018）和《土壤环境质量建设用地土壤污染风险管控标准（试行）》（GB 36600—2018），首次将土壤指标质量限值修改为土壤污染的风险筛选值和风险管制值。在进行地块土壤污染状况调查时，风险筛选值和管制值均发挥了特定的风险管控作用。

根据国家相关要求关停并转、破产或搬迁工业企业原有地块，采取出让方式重新供地的应当在土地出让前完成地块环境调查和评估工作。调查工作包含了三个不同但又逐级递进的阶段。

1. 第一阶段土壤污染状况调查

以资料收集、现场踏勘和人员访谈为主的污染识别阶段，原则上可以不进行现场采样分析。若第一阶段调查确认地块内及周围区域当前和历史上均无可能的污染源，则认为地块的环境状况可以接受，调查活动可以结束。

2. 第二阶段土壤污染状况调查

以采样与分析为主的污染证实阶段。若第一阶段土壤污染状况调查表明地块内或周围区域存在可能的污染源，如化工厂、农药厂、冶炼厂、加油站、化学品储罐、固体废物处

理等可能产生有毒有害物质的设施或活动，以及由于资料缺失等造成无法排除地块内外存在污染源时，进行第二阶段土壤污染状况调查，确定污染物种类、浓度（程度）和空间分布。

通常可以分为初步采样分析和详细采样分析两步进行，每步均包括制订工作计划、现场采样、数据评估和结果分析等环节。

（1）初步采样分析和详细采样分析均可根据实际情况分批次实施，逐步降低调查的不确定性。

（2）根据初步采样分析结果，如果污染物浓度均未超过（GB 36600）等国家和地方相关标准以及清洁对照点浓度（有土壤环境背景的无机物），并且经过不确定性分析确认不需要进一步调查后，第二阶段土壤污染状况调查工作可以结束；否则，认为可能存在环境风险，须进行详细调查。标准中没有涉及的污染物，可根据专业知识和经验综合判断。详细采样分析是在初步采样分析的基础上，进一步采样和分析，确定土壤污染程度和范围。

3.第三阶段土壤污染状况调查

以补充采样和测试为主，获得满足风险评估及土壤和地下水修复所需的参数。本阶段的调查工作可单独进行，也可在第二阶段调查过程中开展。

对于农用地土壤污染状况调查，当土壤中镉、汞、砷、铅、铬的含量高于风险管制值时，农用地土壤污染风险高，而且难以通过安全利用措施来保障食用农产品达到食品质量安全标准，应当采取禁止种植食用农产品、退耕还林等严格管控措施。

对于建设用地土壤污染状况调查，当土壤中污染物含量超过风险筛选值时，该建设用地土壤不一定都要治理修复或风险管控。这是因为，风险筛选值的基本内涵是在特定土地利用方式下，土壤中污染物含量等于或低于该值的，对人体健康的风险可以忽略；而超过筛选值时，对人体健康可能存在风险，应当开展进一步的详细调查和风险评估，确定具体污染范围和风险水平，并结合规划用途，判断是否需要开展风险管控或治理修复。

当某污染土壤需要开展治理修复时，将随之开展土壤污染风险管控和修复工程的环境监测，主要工作是采用监测手段识别土壤、地下水、地表水、环境空气、残余废弃物中的关注污染物及水文地质特征，并全面分析、确定地块的污染物种类、污染程度和污染范围；应针对土壤污染状况调查与土壤污染风险评估、治理修复、修复效果评估及回顾性评估等各阶段环境管理的目的和要求开展，确保监测结果的协调性、一致性和时效性，为土壤环境管理提供依据。

第三节　土壤环境监测质量控制

在对土壤环境监测环节进行监督和管理时，需要制定有针对性的质量控制体系，并且

在现有规章制度基础上对其进行全面更新和优化，为土壤环境监测质量控制工作的开展提供有效依据，也为土壤环境监测活动的发展奠定良好基础。土壤环境发展状态对社会经济建设以及农业生产有重要影响，在对各项土壤环境问题进行监测时，需要根据不同监测环节制定针对性质量控制措施，才能从根本上提高土壤环境监测工作开展的质量和效率。环境保护部门也要及时更新质量控制技术，为土壤环境监测活动可持续发展奠定良好基础。

一、土壤环境监测技术应用措施

（一）明确监测要求

在对土壤环境进行监测时，需要根据土壤防治管理要求开展各项活动。目前在制订监测计划时，已经引进了更加先进的技术和设备，并且制定了相应的技术体系，可以保证监测活动正常开展，而且能够提高监测结果的科学性。借助现有监测数据信息对土壤环境真实情况全面掌握，可以在原有环境保护工作基础上，制定针对性防护措施，避免土壤环境污染问题变得更加严重。近几年，我国工业生产活动范围正在不断扩大，导致土壤环境污染问题变得更加严重，土壤环境中的污染物种类也不断增加，这些污染物质通过各种渠道汇集到土壤中，会对区域内农业种植和生产产生不良影响。虽然污染问题并未覆盖到全部环境中，但是也造成了严重损失。在我国现代科技不断发展的过程中，一些高精度技术已经被应用到土壤环境监测工作中，提高了监测工作的开展效果。环境保护部门要明确各个区域土壤环境监测要求，并制订相应的监测计划，还要保障监测活动在开展时更加规范标准。现阶段在对土壤环境进行监测时，主要是对有机污染物质和无机污染物质进行监测，并且按照监测地点分为实验室测定和采样后现场测定等活动形式。

（二）加强现场测定管理

在开展现场测定活动时，需要在现场对土壤环境样本正确选取和测定。这项技术在实施时，对土壤环境监测点布设有较高要求。在选择监测点时，要从整体层面上合理规划各个点位，确保选取的位置更加全面准确，能够准确反映土壤的实际污染情况及分布范围。现场测定方法主要根据监测对象，分为无机物测定和有机物测定。因为现场测定工作量比较大，需要选择便携式设备开展测定工作。在对现场测定环节进行监督和管理时，要对测定人员能力水平是否符合工作要求开展全面调查，还要保证现场活动能够规范开展，要尽可能避免现场测定期间出现交叉污染等情况，同时要对现场测定技术和设备应用效果进行全面检测。

（三）规范实验室测定活动

在实验室环境下开展测定工作，主要有电感耦合、光学分析等技术方法。在对土壤环境中的无机物质进行检测时，光学分析方法较为常用，其具备应用范围比较广、灵敏度更高、检测效果较好等特点，可以对土壤环境中无机物组分有效判定。选用质谱法开展测定工作时，需要将多种仪器设备联合使用，从而对土壤环境中各项组成成分精确判断。这项技术在使用时自动化程度比较高，但在实际检测时，需要投入更多人力物力资源，才能保证测定活动顺利开展。在开展化学分析活动时，此检测方法简单快捷，但耗费时间比较长。如果检测人员能力水平比较低，就会对检测结果产生不良影响。在对土壤环境中有机物含量进行检测时，主要有色谱分析等方法，可以将各项方法有效结合，提高测定活动开展的质量和效率。实验人员还需要做好实验室环境规范化管理，避免环境因素对测定活动产生不良影响，以保证最终检测结果更加精确全面。

二、土壤环境监测质量控制方法

（一）加强人员管理

在开展质量控制工作时，首先要对人力资源进行优化配置。在选择现场监测人员时，需要对监测技能进行全面考核，并且制定针对性培训和教育活动，保证监测人员具备土壤和环境等专业知识，并且熟悉现场监测和采样流程，在明确各项技术和设备操作方法之后，还要了解水文地质勘探知识。在选择实验室人员时，要对所有人员进行专门培训，并且开展考核工作，要保证实验人员能够熟练掌握本专业环境监测技术，并熟悉样品保存、流转、分析质控要求。在选择审核人员时，要对审核人员是否了解环境质量标准进行全面考核，保证审核人员能够明确污染排放、控制标准适用范围，还要了解生态环境风险防控相关要求。审核人员要具备结果判定能力，还要熟悉报告编制和审核要求。审核人员必须具备从事相关专业两年以上工作经验。在选择报告签发人员时，必须具备报告审核能力，还要掌握建设用地土壤监测专业知识，同时要具备相应的教育和培训经历。签发人员要有中级及以上专业技能职称，在从事生态环境监测工作时，要具备三年以上工作经历，还要经过国家资质认定和批准才能从事相关行业。

（二）加强仪器设备管理

在对各项仪器设备管理时，需要根据不同仪器设备应用特点，制定针对性质量控制措施。在对采样设备管理时，主要包含材料工具、钻探设备以及便携式冷藏箱、盛装容器等类型。在开展采样工具质量控制时，要避免对样品采集区域产生污染或干扰，可以选择不锈钢铲、木质托盘等工具。在对钻探设备质量控制时，需要根据区域内实际情况选择合适的设备，并且对钻探环节全方位管理，要保证设备在使用时能够发挥更好的作用。在对便携式冷藏箱控制时，要保证冷藏箱具备温度显示功能，还要将保存温度控制在4℃以下。盛装容器主要有广口棕色玻璃瓶等类型。在对实验室内部设备进行质量控制和管理时，首先要对所有设备全面检定，保证其在使用时具备更高的精确度，还要保证各项数据溯源有效。质量控制人员需要做好仪器设备的日常检查和维护，如果检查期间发现仪器设备存在问题，需要制定有针对性的维修措施，及时更换损害比较严重的设备，避免对实验环节产生不良影响。在对设备进行定期保养时，需要延长设备的使用时间，避免引发额外经济损失。

（三）提高样品采集水平

在对样品采集环节进行质量控制时，首先要做好点位布设检查，要保证点位布设更具代表性，能够真实反映区域内污染情况，还要符合国家标准要求。在对采样孔位置和深度进行检测时，要根据现场实际情况，结合行业规范要求，对位置和深度进行全面检查。在对采样环节进行监督时，要保证表层样品采集更加标准，还要保持岩芯的完整性，采样位置如果存在硬化层等地质情况，可以选择钻孔方式破开硬化层，采样期间要尽可能避免出现交叉污染等情况。如果采样期间需要对设备重复利用，需要及时开展清洗作业，在与土壤接触前采样工具必须清洗干净。如果需要采集混合样品，则需要遵循等量原则，置于托盘充分混合之后按照四分法对混合样品分别提取。在采取不同样品时，需要更换手套，避免引发污染问题。采样人员要尽可能选择无雨天气开展采样工作，避免降雨期间土壤出现交叉污染的情况。要保证采样环境光线充足，还要严格遵循采样原则。如果需要在夜间开展采样工作，要制定科学有效的照明措施，确保采样人员能够对土层结构特征精确识别。在样品保存和流转环节，需要对各个环节进行全方位监督，可以借助冷藏设施存放样品，并且选择安全便捷的运输方式，运输期间，要尽可能避免出现样品损失和混合等情况。样品保存需要根据检测方法要求设置保存期限，样品交接、流转期间要做好工作记录，为后期质量控制工作的开展提供有效的数据支持。

（四）加大现场管理力度

在对现场进行监督和管理时，首先要对样品采集记录进行检查，要保证样品采集记录内容更加规范完整，记录主要包含采样孔编号、定位信息以及保存条件等内容。在对样品标志进行检查时，需要对样品是否存在唯一性标志进行详细观察，并且对土壤采样环节进行有效记录、全方位检查和管理。土壤采样期间需要对关键信息拍照或录像，所有影像资料都要包含采样日期和采样单位名称等信息。一般情况下，不能采集土壤中半挥发性有机物样品，如果在采样时存在特殊要求，需要严格按照材料标准执行采样活动。

（五）规范实验程序

在将样品运输到实验室之后，需要对实验室分析环节进行全方位监督和管理。首先要合理划分实验区域，设置单独试样制备、分析以及储存场所，同时要根据区域功能以及质量控制要求，设置温度和湿度控制设施，并且做好防尘和避震处理。实验人员需要严格按照检测要求开展各项活动，并且避免环境出现交叉污染情况，对最终监测结果产生不良影响。在选择分析方法时，需要严格按照检测技术要求选择合适的技术和设备。初次使用标准方法之前，要做好实验人员培训，并且对检测方法进行全面验证。在开展验证工作时，主要涉及设施和环境条件以及技术能力评判等内容。实验人员必须按照标准适用范围选择一种以上样品进行全面测定，并对方法验证过程和结果进行详细记录。在制定检测报告之后，需要附带全过程数据信息，要保证实验结果、过程的可追溯性。在对试剂和材料进行管理时，半挥发性有机物检测使用的材料和器具以及试剂纯度，要符合实验室标准要求。检测活动开展之前，如果存在空白检验结果，要保证检测结果低于方法检出限，如果对分析方法存在明确规定，需要按照分析方法执行相应标准。在对标准物质进行分析时，需要选择有证标准物质标准溶液。保存条件要符合标准物质证书要求，并在保存期内顺利使用。如果不存在有证标准物质，也可以选用纯标准物质配置试剂。

在制备试样时，要做好样品的准备工作。要将样品放置在不锈钢盘上，混合均匀之后，需要去除其中异物，按照四分法粗略划分，新鲜样品可采用干燥剂方法进行干燥处理。如果样品中水分含量比较高，可以选用离心分离方法干燥处理好，如果对分析方法存在明确规定，要严格按照分析方法执行各项活动。在提取样品时，可以按照实际情况选择超声波提取等方法，如果存在明确分析规定，需要按照分析标准开展样品提取活动。例如，在选用加压流体萃取时，静态萃取次数要在 2 次以上；如果存在有机污染物含量比较高的样品，静态萃取次数要增加到 3 次。实验人员在选择浓缩技术时，可使用平行蒸发浓缩等方法，其他浓缩技术经验验证效果比较高时，也可纳入实验环节，实验人员需要根据溶剂提取要求选择浓缩温度，在转移提取液时，要先冲洗容器壁至少 2 次以上。如果样品有机污染物含量比较高，可以适当增加定容体积，在对样品过滤处理时，如果发现浓缩之后提取液存在沉淀现象，可选择针式过滤法。过滤期间，要将滤头孔径控制在标准范围内。如果使用一次性针头开展过滤操作则要做好空白实验。在对样品进行净化处理时，如果药品上机分析发现存在干扰问题，要对药品进行全面净化。在上机处理时，可以选择层析柱净化等方法。提取液如果不能及时分析，要在—10℃环境中冷藏保存，7 天之后开展分析工作。在对剩余提取液进行检测时，需要将其放置在—10℃环境中避光保存。质量检测人员在对样品分析环节进行监督时，要做好仪器性能检查工作，并对检测系统进行维护。在对空白试验环节进行监督时，需要对每批样品是否符合检测规定开展全面检查，还要做好标准曲线分析，明确目标物定性和定量分析结果是否符合检测要求[①]。

（六）强化实验室质量控制

在对实验室质量进行控制时，首先要做好精密度控制，每批样品至少要选择一个样品开展平行测试，目标物平行测试结果相对偏差要符合检测要求，如果存在半挥发性有机物检测项目，可以采用平行双样分析测试方法，要将精密度控制在标准范围内。在开展精密度控制活动时，主要有基体加标实验和标准物质检测等方法。在对有证标准物质质量进行控制时，要采用正确的控制方法，确保分析结果在标准范围内，并保证分析结果合格率达

① 姚坚，陈玄，许岳香.我国土壤环境污染监测质量控制研究综述[J].清洗世界，2020，36（9）：121—122.

到 100%。如果发现存在异常数据，要全面查找原因并制定针对性纠正措施，还要重新分析相关样品。在对基体加标实验进行监督检查时，要明确空白加标实验结果以及替代物回收率是否符合检测标准要求。在对实验室外部环境质量进行控制时，要对实验室数据进行全面提取，并且定期对各项数据进行对比和分析[①]。

（七）深入挖掘数据资源应用价值

在对质量控制数据进行统计和分析时，需要在实验室完成分析任务后，对所有结果的可靠性、合理性进行全面分析，并提供统计数据报表，报表内容主要包括精密度数据和空白实验数据等内容[②]。

综上所述，环境保护工作开展效果对我国社会发展具有重要影响。要想对环境污染和破坏问题进行全面防控，就要对不同环境污染问题开展全面监测。在对监测环节实施监督和控制时，需要引进信息化技术，构建智慧管理系统，整合应用所提取的各项监测数据资源，做到高效共享，为质量控制工作的开展提供有效的数据支持。环境保护部门还需根据时代发展要求，结合监测工作现状，制定针对性质量控制措施，要避免监测环节出现二次污染问题，还要从根源上对环境污染进行全面防控。

---

① 张雪梅，罗小玲. 建设用地土壤环境调查监测外部质量控制措施浅析 [J]. 广东化工，2020，47（15）：277+279.

② 谢红梅. 土壤环境监测过程中如何做好质量控制 [J]. 皮革制作与环保科技，2020，1（7）：96—98.

第六章 生物监测

第一节 环境污染生物监测

利用生物手段进行环境污染监测工作始于20世纪初。20世纪70年代以来,水污染生物监测、空气污染生物监测发展迅速,而土壤污染生物监测近期有潜在的发展空间。

环境系统的复杂性以及生物的适应性和变异性,使生物监测的准确性受到一定的限制,只有将生物监测与理化监测相结合,才能全面反映环境质量。对于不同的研究对象(空气、水、土壤和固体废物)的生物监测方法,包括细菌学检验、生物毒性试验等方法,具有一定的共性。下面进行集中介绍。

一、水生生物监测

水、水生生物和底质组成了一个完整的水环境系统。在天然水域中,生存着大量的水生生物群落,各类水生生物之间以及水生生物与其赖以生存的水环境之间有非常密切的关系,既相互依存又相互制约。当环境水体、水源受到污染而使其水质改变时,各种不同的水生生物由于对水环境的要求和适应能力不同而产生不同的反应,人们就可以根据水生生物的反应,对水体污染程度做出判断,这已成为环境水体不可或缺的水质监测内容。实施环境水体水质生物监测的程序与一般水质监测程序基本相同。以下重点介绍环境水体中生物监测采样点布设方法、采样方法等。

(一)生物监测的采样垂线(点)布设

在环境水体布设生物监测采样垂线(点)一般应遵循以下几个原则。

(1)根据各类水生生物的生长与分布特点,布设采样垂线(点)。

(2)在饮用水水源各级保护区交界处水域,应布设采样垂线(点),并与水质监测采样垂线尽可能一致。

（3）在湖泊（水库）的进出口、岸边水域、开阔水域、海湾水域、纳污水域等代表性水域，应布设采样垂线（点）。

（4）根据实地勘查或调查掌握的信息，确定各代表性水域采样垂线（点）布设的密度与数量。

对浮游生物、微生物进行监测时，采样点布设要求如下。

（1）当水深小于3m、水体混合均匀、透光可达到水底层时，在水面下0.5m处布设一个采样点。

（2）当水深为3～10m，水体混合较为均匀，透光不能达到水底层时，分别在水面下和底层上0.5m处各布设一个采样点。

（3）当水深大于10m，在透光层或温跃层以上的水层，分别在水面下0.5m处和最大透光深度处布设一个采样点，另在水底上0.5m处布设一个采样点。

（4）为了解和掌握水体中浮游生物、微生物的垂向分布，可每隔1.0m水深布设一个采样点。

监测底栖动物、着生生物和水生维管束植物时，在每条采样垂线上应设一个采样点。采集鱼样时，应按鱼的摄食和栖息特点，如肉食性、杂食性和草食性，表层和底层等，在监测水域范围内采集。

（二）生物监测采样时间和采样频次

对环境水体和水源保护区采取的生物监测时间和频次会有差异，在此仅介绍一般性原则。

1.采样频次

（1）生物群落监测周期为3～5年1次，在周期监测年度内，监测频次为每季度1次。

（2）水体卫生学项目（如细菌总数、总大肠菌群数、粪大肠菌群数和粪链球菌数等）与水质项目的监测频率相同。

（3）水体初级生产力监测每年不得少于2次。

（4）生物体污染物残留量监测每年1次。

2.采样时间

（1）同一类群的生物样品采集时间（季节、月份）应尽量保持一致。浮游生物样品的采集时间以上午8：00—10：00为宜。

（2）除特殊情况之外，生物体污染物残留量测定的生物样品应在秋、冬季采集。

（三）生物样品采样方法

在天然水域中，生存着大量的水生生物群落，当饮用水水源水质改变时，各种不同的水生生物由于对水环境的要求和适应能力不同也会发生变化。针对饮用水及其水源地的水

质生物监测内容很多，采样方法也有较大不同。下面进行简要介绍。

1. 浮游生物采样方法

浮游生物样品包括定性样品采集和定量样品采集。

（1）定性样品采集

用于捕获采集水中的浮游生物，可依据生物大小选择孔径合适的网头。如 25 号浮游生物网（网孔 0.064mm）适用于水中浮游植物、原生动物和轮虫等样品采集；13 号浮游生物网（网孔 0.112mm）适用于水中枝角类和桡足类等浮游动物样品的采集。一般要求在水体表层拖滤 1 ~ 3min。

（2）定量样品采集

在静水和缓慢流动水体中采用玻璃采样器或改良式北原采样器（如有机玻璃采样器）采集；在流速较大的河流中，采用横式采样器，并与铅鱼配合使用，采水量为 1 ~ 2L，若浮游生物量很低，应酌情增加采水量。

浮游生物样品采集后，除进行活体观测外，一般按水样体积加 1% 的鲁哥氏（Lugol's）溶液（碘液）固定，静置沉淀后，倾去上层清水，将样品装入样品瓶中。

2. 着生生物采样方法

着生生物采样方法可分为天然基质法和人工基质法，采样方法如下。

（1）天然基质法

利用一定的采样工具，采集生长在水中的天然石块、木桩等天然基质上的着生生物。

（2）人工基质法

将玻片、硅藻计和 PFU 等人工基质放置于一定水层中，时间不得少于 14 天，然后取出人工基质，采集基质上的着生生物。

用天然基质法和人工基质法采集样品时，应准确测量采样基质的面积。采集的着生生物样品，除进行活体观测外，其余方法同浮游生物一样，按水样体积加 1% 的鲁哥氏溶液（碘液）固定，静置沉淀后，倾去上层清水，将样品装入样品瓶中。

3. 底栖大型无脊椎动物采样方法

底栖大型无脊椎动物采样也包括定性样品采集和定量样品采集，采样方法如下。

（1）定性样品

用三角拖网在水底拖拉一段距离，或用手抄网在岸边与浅水处采集。以 40 目分样筛挑出底栖动物样品。

（2）定量样品

可用开口面积一定的采泥器采集，如彼得逊采泥器（采样面积为 1/16m²），或用铁丝编织的直径为 18cm、高为 20cm 的圆柱形铁丝笼，笼网孔径为（5±1）cm，底部铺 40 目尼龙筛绢，内装规格尽量一致的卵石，将笼置于采样垂线的水底中，14 天后取出。从底

泥中和卵石上挑出底栖动物。

4. 水生维管束植物采样方法

水生维管束植物样品的采集也包括定性样品采集和定量样品采集，采样方法如下。

（1）定性样品

用水草采集夹、采样网和耙子采集。

（2）定量样品

用面积为 0.25m²、网孔 3.3cm×3.3cm 的水草定量夹采集。采集样品后，去掉泥土、黏附的水生动物等，按类别晾干、存放。

5. 鱼类样品采样方法

鱼类样品采用渔具捕捞。采集后应尽快进行种类鉴定，残毒分析样品应尽快取样分析，或冷冻保存。

6. 微生物样品采样方法

采样用玻璃样品瓶在 160～170℃烘箱中灭菌 2h 或 121℃高压蒸汽灭菌锅中灭菌 20min；塑料样品瓶用 0.5% 过氧乙酸灭菌备用。

二、细菌学指标检验

带有致病菌的粪便随污水排入天然水体后，使水源受到污染，可引起各种肠道疾病，甚至使某些水域传染病暴发流行。因此，水质的卫生细菌学检验对于保护人群健康具有重要的意义。

（一）样品采集与保存

供细菌学检验用的水样必须按一般无菌操作的基本要求进行采样，并保证运送、保存过程中不受污染。

在采集自来水水样时，先用酒精灯将水龙头灼烧灭菌，然后将水龙头完全打开，放水数分钟，以排除管道内积存的死水，再采集水样。如水样内含有余氯，则采样瓶未灭菌前按每 500mL 水样加 1mL 的量，预先在采样瓶内加入 3% 硫代硫酸钠溶液，以消除水样中的余氯，防止细菌数目减少。

如采取江、河、湖、塘、水库等处的水样，可应用采样器，对采样器内的采样瓶应先灭菌。一般在距水面 10～15cm 深处取样。采样后，采样瓶内的水面与瓶塞底部应留有一些空隙，以便在检验时可充分摇动混匀水样。

水样采取后应立即送检，一般从取样到检验不应超过 2h。如不能立即检验，可在 1～5℃ 下冷藏保存，但不得超过 6h，以保证原水中细菌不发生变化。

水样的采集情况、采集时间、保存条件等皆应详细记录，一并送检验单位，供水质评价时参考。

（二）细菌总数测定

水中细菌总数与水体受有机物污染的程度成正相关，因此，细菌总数常作为评价水体污染程度的一个重要指标。一般未受污染的水体细菌数量很少，如果细菌总数增多，表示水体可能受到有机物的污染，细菌总数越多，则污染越严重。由于重金属、某些其他有毒物质对细菌有杀灭或抑制作用，因此细菌总数少的水样也不能排除已被有毒物质污染。

目前，世界各国在控制饮用水的卫生质量方面，常采用细菌总数这个指标。我国《生活饮用水卫生标准》（GB 5749—2006）中规定生活饮用水细菌总数每毫升不得超过100个。

1. 细菌总数的测试方法

采用标准平皿法对水样中的细菌计数，这是一种测定水中好氧、兼性厌氧的异养细菌密度的方法。由于细菌在水体中能以单独个体、成对、链状或成团的形式存在，且没有单独的一种培养基等要求，所以该法得到的菌落数实际上要低于被测水样中真正存在的活细菌的数目。

细菌总数是指1mL水样在营养琼脂培养基中，于36℃经48h培养后所生长的需氧菌和兼性厌氧菌菌落总数。

2. 检验步骤

在无菌操作条件下，用灭菌移液管吸取1mL充分混匀的水样（水样视污染情况适当稀释）注入灭菌培养皿中，接着再注入15～20mL已融化又冷却至44～47℃的培养基，立即旋摇平皿，使水样与培养基充分混合。每一水样做两个平行。另用一只灭菌培养皿，倾注普通培养基15mL，做空白对照。待培养基凝固后，放入（36±1）℃培养箱中倒置培养（48±2）h后进行菌落计数。

3. 结果分析

平皿菌落数的计算，可用肉眼观察，必要时用放大镜检查以免遗漏，也可借助于菌落计数器计数。记下各培养皿的菌落数后，求出同一稀释比的平均菌落数。两个平皿中菌落数的平均数乘以稀释倍数，即得1mL水样中的细菌总数。

在计算菌落数时，有较大片状菌落生长的平皿不能采用，而应以无片状菌落的平皿进行菌落计数。若片状菌落不到培养皿的一半，而其余一半菌落分布又很均匀，则可以半皿计，再乘以2代表全培养皿的菌落数。不同情况下的计算方法介绍如下。

（1）选择平均菌落数在30～300者进行计算。当只有一个稀释倍数的平均菌落数符合此范围时，可以此作为平均菌落数乘以稀释倍数。

（2）若有两个稀释倍数的平均菌落数均在30～300，则应按两者菌落总数的比值来决定。若其比值小于2，应报告两者的平均数；若其比值大于或等于2，则以稀释倍数较小的菌落总数为细菌总数测定值。

（3）若所有稀释倍数的平均菌落数均大于300，则应按稀释倍数最高的平均菌落数

乘以稀释倍数报告。

（4）若所有稀释倍数的平均菌落数均小于30，则应按稀释倍数最低的平均菌落数乘以稀释倍数报告。

（5）若所有稀释倍数的平均菌落数均不在30～300，则应按最接近300或30的平均菌落数乘以稀释倍数报告。

菌落计算的报告方式为：菌落总数在100以内时，报告实有数字；大于100时，采用两位有效数字计算。若菌落数为"无法计算"时，应注明水样的稀释倍数。

通常认为，1mL水中，细菌总数在10～100个为极清洁水；在100～1000个为清洁水；在1000～10000个为不太清洁水；在10000～100000个为不清洁水；多于100000个为极不清洁水。

（三）总大肠菌群测定

如果水体被污染，则有可能也被肠道病原菌（沙门菌、志贺菌、弧菌、肠道病毒等）污染而引起肠道传染病。由于肠道病原微生物在水中数量很少，故从水体特别是饮用水中分离病原菌非常困难。大肠菌群是肠道好氧菌中最普遍和数量最多的一类细菌，所以常将其作为粪便污染的指示菌，即根据水中大肠菌群的数目来判断水源是否受粪便污染。目前，世界各国一般认为大肠菌群是指示水质受粪便污染较好的指示菌，我国水质控制也采用大肠菌群作为指示菌。根据我国多年供水实践，同时确保在流行病学上的安全，饮用水大肠菌群标准限值为每100mL中不得检出。

总大肠菌群的检验方法有两种：一种是多管发酵法，适用于各种水样、底泥，但操作较复杂，所需时间较长；另一种是滤膜法，主要适用于杂质较少的样品，操作较简单快速，特别适合自来水厂作为常规检测之用。

1. 多管发酵法

多管发酵法是根据大肠菌群能发酵乳糖而产酸产气的特性进行检验的。

多管发酵时所用的培养基是乳糖蛋白胨培养液。即将蛋白胨、牛肉浸膏、乳糖、氯化钠加热溶解在1000mL蒸馏水中，调整pH到7.2～7.4。再加1.6%溴甲酚紫乙醇溶液1mL，充分混匀，分装于内有倒管的试管中。灭菌，冷藏备用。

发酵时，以无菌操作方法将10mL水样加入盛有培养液的试管中，混匀后置于37℃恒温培养箱中培养24h。

将发酵后的发酵管接种于品红亚硫酸钠培养基（由蛋白胨、乳糖、磷酸氢二钾、琼脂、无水亚硫酸钠、碱性品红乙醇溶液加一定量蒸馏水制成），再置于37℃恒温箱内培养18～24h，挑选符合下列特征的菌落：紫红色，具有金属光泽的菌落；深红色，不带或略带金属光泽的菌落；淡红色，中心色较深的菌落。

取菌落的一小部分进行涂片、革兰氏染色、镜检。

凡系革兰氏染色阴性的无芽孢杆菌,再接种于普通的乳糖蛋白胨培养液中(内有倒管),经 37℃恒温培养 24h,有产酸产气现象,即判定为大肠菌群阳性。

2. 滤膜法

将水样注入已灭菌的放有微孔滤膜(孔径 0.45μm)的滤器中,经过抽滤,细菌即被截留在膜上,然后将滤膜贴于品红亚硫酸钠培养基上进行培养。再计数与鉴定滤膜上生长的大肠菌群,计算出每 1L 水样中含有的大肠菌群数。如有必要,应对可疑菌落进行涂片、染色、镜检,并再接种于乳糖发酵管做进一步鉴定。

滤膜法具有高度的再现性,可用于检验体积较大的水样,与多管发酵法相比,能更快地获得肯定的结果。不过在检验混浊度高、非大肠杆菌类细菌密度大的水样时,有其局限性。

Lund 等人对水中大肠菌群数与病毒检出率之间的关系进行了研究,发现水样中大肠菌群数越多,水样的病原微生物阳性检出率相应越高。

(四)粪大肠菌群测定

由于总大肠菌群既包括粪便污染,同时也包括非粪便污染的大肠菌总数,因此有必要在饮用水标准中增加粪大肠菌群这个指标,以便直接反映出水源是否受到粪便污染的信息,进一步确保流行病学的安全。众所周知,总大肠菌群是一群需氧或兼性厌氧的,在 37℃生长时能使乳糖发酵,在 24h 内产酸、产气的革兰氏阴性无芽孢杆菌。若把培养温度提高到 44.5℃,在这种温度条件下仍然能生长并发酵乳酸、产酸产气的菌群,则称为"粪大肠菌群"。

粪大肠菌群反映的是水体近期受粪便污染的情况,较总大肠菌群有更重要的卫生学意义。新增水质标准中,标准限值为每 100mL 中不得检出。

用提高温度的试验可以将粪大肠菌群从总大肠菌群中区分开来。测定粪大肠菌群的方法与总大肠菌群基本相同,也为多管发酵法或滤膜法。具体测定方法可参见《水质 粪大肠菌群的测定 多管发酵法》(HJ 347.2—2018)和《水质 粪大肠菌群的测定 滤膜法》(HJ 347.1—2018)。

三、生物毒性基础及试验

判别污染物的毒性通常是利用敏感生物进行试验。标准的生物毒性试验包括急性、亚急性和慢性毒性试验等。

(一)常用毒性测量单位

1. 致死浓度(Lethal Concentration,LC)

表示使一定百分数的受试生物死亡的浓度。如半致死浓度(LC_{50})是指使 50%的受试生物被毒杀死的毒物浓度。另外,在水生环境中,毒物的效应取决于受试生物接触的毒物浓度和接触时间,因此表示结果必须有时间因素,如 96h 的半致死浓度(LC_{50})、168h 的

半致死浓度（LC$_{50}$）等。

2. 效应浓度（Effective Concentration，EC）

表示使一定百分数的受试生物发生特殊效应或反应的浓度，如畸形、出现变异、失去平衡、麻痹等。如半效应浓度（EC$_{50}$）是指使50%的受试生物发生特殊效应或反应的毒物浓度。测试效应的百分数可根据需要选定，如EC$_{10}$或EC$_{70}$。同样，效应结果的表示也必须考虑时间因素。

3. 安全浓度（Safe Concentration，SC）

指受试生物长期接触一种毒物后，经过一代或几代的生长，未发现危害的最高浓度。

4. 毒物最高允许浓度（Maximum Allowable Toxicant Concentration，MATC）

指存在于水体中的有毒物质，不致显著伤害水体生产力等一切使用价值的浓度。在此浓度范围内测试生物未出现可测的伤害。

（二）常用生物测试装置

1. 静态生物测试

适用于测试和评价不过量耗氧、性质稳定的有毒有害物质。如果稀释水中的溶解氧不足，可给予充氧，即对测试溶液进行有控制的人工充氧，或定期更换新配制的同浓度测试溶液以提高溶解氧。若发现测试溶液的毒性变化较快，也可用静态生物测试的定期换水法。

2. 流水生物测试

适用于生化需氧量较高的化学物质和工业出水的评价。可用以测定污染物的慢性毒性和安全浓度等。流水测试可以给试液提供良好的加氧条件，毒物浓度稳定，能及时除去生物的代谢产物。这种方法还能模拟离排水口不远的下游接纳水体的自然条件。流水生物测试时间较长，比静态生物测试精确。

（三）常用生物测试方法

1. 短期生物测试

常采用静态生物测试、定期换水或流水生物测试等方法。测试时间一般为4～7d，最多不超过14d，主要用于测定半致死浓度（LC$_{50}$）或半效应浓度（EC$_{50}$）。多用于对废水处理的出水测定、固体废物的毒性测定、各种废水处理效率的比较、各类生物对污染物的敏感性比较等；也为中期测试和长期测试提供污染物毒性浓度的依据以及一些探索性的试验。

2. 中期生物测试

常采用静态生物测试、定期换水和流水生物测试等方法。测试时间一般为15～90d。对于常用的流水生物测试，可以从野外采集不同发育阶段的生物到实验室做部分生命周期测试。

3. 长期生物测试

常采用流水生物测试和用笼子或网箱把受试生物置于测试现场进行测试。测试时间可以是部分生命周期，也可以是整个生命周期，如从卵到卵的周期，也可以经过几个世代或更长时间。这种方法多用于鉴定水质标准执行情况、出水的允许排放条件、建立立法的资料依据等。

（四）毒性试验分类

毒性试验可分为急性毒性试验、亚急性毒性试验、慢性毒性试验等。

1. 急性毒性试验

急性毒性试验（Acute Toxicity Test）是指在测试生物大剂量一次染毒或24h内多次染毒条件下，研究化学物质毒性作用的试验。其目的是在短期内了解该物质的毒性大小和特点，并为进一步开展其他毒性试验提供设计依据。急性毒性试验可分为急性致死毒性试验和急性非致死毒性试验。急性毒性试验由于变化因子少、时间短、经济以及操作简便，所以被广泛采用。

2. 亚急性毒性试验

亚急性毒性试验（Subacute Toxicity Test）是指受试生物在较短时间内多次重复染毒的条件下，研究化学物质毒性作用的试验。其目的是在急性试验的基础上，在短期内了解受试生物对机体的毒性作用，探讨敏感观测指标和剂量—效应关系，为慢性毒性试验设计提供依据。

3. 慢性毒性试验

慢性毒性试验（Chronic Toxicity Test）是研究受试生物在较长时间内，以小剂量反复染毒后所引起损害作用的试验。其主要目的是评价化学物质在长期小剂量作用条件下对机体产生的损害及其特点，确定其慢性毒性作用阈量和最大无作用剂量，为制定环境中有害物质最高容许浓度（Maximum Allowable Concentration，MAC）提供实验依据。

（五）吸入毒性试验

许多化合物在常温、常压下为气态，或在温度升高情况下蒸发为气态，还有些化合物在生产过程中以蒸气态、气溶胶、烟、尘等状态存在，污染生产和生活环境，并有可能通过呼吸道吸入。因此，可采用经呼吸道染毒试验研究具备上述特点的化合物通过呼吸道进入机体并造成损害的机理，探讨吸入过程对呼吸道有无损伤并求出半致死浓度（LC_{50}）等。

吸入染毒法主要有静态吸入法和动态吸入法两种。

1. 静态吸入法

将试验动物置于一个有一定容积的密闭容器内，加入一定量易挥发的液态化合物或一定体积的气态化合物，在容器内形成所需的受试化合物浓度环境。试验动物呼吸过程消耗

氧，并排出二氧化碳，使染毒柜内氧的含量随染毒时间的延长而降低，二氧化碳、温度、湿度上升，因此只适合做急性毒性试验。在吸入染毒期间，要求氧的含量不低于 19%，二氧化碳的含量不超过 1.7%。静态吸入的另一个缺点是随着试验期延长，染毒柜内化合物浓度逐渐降低，难以维持恒定的化合物浓度。而且由于动物整体暴露在含化合物的环境中，有些化合物可经皮肤吸收，影响试验结果。

静态吸入的优点是设备简单、操作方便，消耗受试化合物量较少，所以在实际应用中经常采用。

2. 动态吸入法

将试验动物置于空气流动的染毒柜中，连续不断地将由受试毒物和新鲜空气配制成的一定浓度的混合气体通入染毒柜，并排出等量的污染空气，形成一个稳定的、动态平衡的染毒环境。

动态吸入染毒优于静态吸入染毒，但也有其缺点，如所需装置复杂，消耗受试化合物量大，易造成操作室环境污染。

采用动态吸入染毒法还应注意以下问题：①为防止受试化合物污染操作间，染毒柜内应为微负压（—0.294 ~ 0.490kPa）；②染毒柜整个空间内化合物浓度均应一致，其浓度差应小于 20%；③应加快排气速度和化合物进气速度，尽快使染毒柜内化合物浓度达到试验设计浓度。

（六）口服毒性试验

对液态或固态毒物，可用消化道染毒方法。其目的是研究外来化合物是否经消化道吸收及求出经口接触的半致死剂量（LD_{50}）等。

口服染毒法可分为饲喂法和灌胃法两种。

1. 饲喂法

将待试样品直接拌入饲料或饮水中，由试验动物自行摄入。采用单笼喂养动物，计算每日进食量，以折算摄入化合物的剂量。饲喂方式应结合人类接触化合物的实际情况，不损伤食道。饲喂法存在不少缺点，如化合物有异味使动物拒食；化合物易挥发，则摄入量减少，并且有经呼吸道吸入的可能；化合物易水解或与食物中某些化学成分起化学反应，使投喂量不够准确并有改变该化合物毒性或者反应的可能。此外，单笼饲喂工作量较大，一般急性毒性试验少用此法。

2. 灌胃法

灌胃法是将液态受试化合物或固态、气态化合物溶于某种溶剂中，配制成一定浓度的溶液，装入注射器等定量容器，经过导管注入胃内，染毒过程中动物口腔及食道上段不与受试化合物接触。此法的优点是剂量较准确，其缺点是工作量大，有损伤食道或误入气管的可能，而且和人正常经 1∶3 接触化合物的方式差异很大。应用时每一系列试验中同物

种试验动物灌胃体积最好一致，这是因为试验动物的胃容量与体重之间有一定的比例关系。按单位体重计算灌胃液的体积，受试化合物的吸收速度会相对稳定。小鼠一次灌胃体积在 0.2 ~ 1.0mL/ 只或 0.1 ~ 0.5mL/10g（以体重计）为宜，大鼠一次灌胃体积不超过 5mL/ 只。

（七）鱼类毒性试验

为了定量地表达受纳水体的污染负荷与生物学效应之间的关系，可以在适当控制的条件下，把受试鱼类放入含不同浓度的已知或未知毒物的水体中，观察和记录鱼类的各种反应，这就是鱼类毒性试验。鱼类对水环境的变化反应十分敏感，当水体中的污染物达到一定强度时，就会引起一系列中毒反应，如行为异常、生理功能紊乱、组织细胞病变直至死亡。因此，鱼类毒性试验是检测水体污染的有效方法。

1. 受试鱼的选择和驯养

在选择试验鱼的种类时，一般考虑鱼的下述性状和特点：敏感度高，代表性强，取材方便，大小适中，在室内条件下易于饲养和繁殖。试验用鱼必须健康无病、行动活泼，其外观体色发亮、鱼鳍完整舒展，逆水性强，食欲强。鱼的大小和品种都可能影响对毒物的敏感度，因此在同一试验中，要求试验鱼必须同种、同龄、同一来源。受试鱼个体应尽可能大小一致，并且以长不超过 5 ~ 8cm 为宜，最大个体不可大于最小个体的 50%。

受试鱼必须经过驯养。驯养的目的是使鱼类适应实验室的生活环境，并对受试鱼进行健康选择。驯养时间为 7 ~ 15d。驯养用水（水温、水质等）必须与试验用水一致。在驯养期间，鱼的死亡率不得大于 5%，否则该批鱼不得用于试验。此外，正式试验的前一天应停止喂食，因为喂食会增加鱼的呼吸代谢和排泄物，影响试验液的毒性。

2. 试验准备

每个试验浓度为一组，每组至少 10 尾鱼。为便于观察，容器采用玻璃缸，每升水中鱼重不超过 2g。

（1）试验液中的溶解氧

溶解氧是鱼类生存的必要条件。对于温水性鱼类，试验液溶解氧含量不得低于 4mg/L；对于冷水性鱼类，不得低于 5mg/L。如果受试物质本身耗氧量大，则应采取措施补充水中的溶解氧，可采取更换试验液或有控制地对试验液充氧，使试验在氧充足的条件下进行。

（2）试验液的温度

试验期间应保持鱼类原来的适应温度。一般来说，温水性鱼类要求水温在 20~28℃，冷水性鱼类要求水温在 12~18℃。

水温对受试物质的毒性有一定的影响，一般温度高时毒性大。因此，为了使试验结果可靠，在同一试验中，温度的波动为 ±2℃。对于比较严格的试验，推荐（25±1）℃作为温水性鱼类的标准水温、（15±1）℃作为冷水性鱼类的标准水温。

（3）试验液的 pH

一方面，试验液的 pH 与生物的代谢有密切关系；另一方面，pH 可能影响某些毒物的离子化，也可能影响其溶解度。此外，pH 对氨和氰化物的影响特别明显。所以在毒性试验中，应维持 pH 在鱼类的适应范围之内，即 pH 在 6.5 ~ 8.5。在试验期间，pH 的波动范围不得超过 0.4 个 pH 单位。

（4）试验液的硬度

一般来说，硬水可降低毒物毒性，而软水可增强毒物毒性。因此，必须注意检测试验液的硬度值，并在报告中注明。硬度（以 $CaCO_3$ 计）在 50 ~ 250mg/L 均可。如果硬度过大，可用配比法适当调整。

3. 试验步骤

（1）预备试验

为保证正式试验顺利进行，必须先进行探索性预备试验，以观察试验鱼的中毒表现和选择观察指标，确定正式试验的大致浓度范围，检验规定的试验条件是否合适。该试验的浓度范围可适当大些，每组鱼 3 ~ 5 尾，观察 24 ~ 48h 内鱼类中毒反应和死亡情况，从最高全存活浓度和最低全死亡浓度之间选择下一步正式试验的浓度范围。

（2）正式试验浓度设计和毒性判断

合理设计试验浓度，对试验的成功和精确性有很大影响。在试验中通常要选 7 个浓度（至少 5 个），浓度间取等对数间距，它既可代表体积分数比，也可代表浓度如 mg/L 或 μm/L。例如，10.0、5.6、3.2、1.8、1.0（对数间距 0.25）或 10.0、7.9、6.3、5.0、4.0、3.16、2.5、2.0、1.6、1.26、1.0（对数间距 0.1）。另设一对照组，对照组在试验期间鱼死亡率不得超过 10%，否则整个试验结果就不能采用。

试验开始的前 8h 应连续观察和记录，如果正常，则继续试验，做第 24h、48h 和 96h 的观察记录。试验过程中发现特异变化应随时记录，根据鱼的死亡情况、中毒症状判断毒物或工业废水毒性大小。如毒物的饱和溶液或所试工业废水在 96h 内没有引起试验鱼的死亡，可以认为毒性不显著。

鱼类毒性试验的半致死浓度 LC_{50} 是反映毒物或工业废水对鱼类生存影响的重要指标。LC_{50} 的计算常用直线内插法：在 50% 死亡率附近有一小段接近直线，选取最接近半数死亡率的两点，即大于 50% 死亡率的一点和小于 50% 死亡率的一点，用直线连接。直线与 50% 死亡率直线相交，再从交点引一垂线至浓度坐标轴，即为 LC_{50}。

（3）鱼类毒性试验结果的应用

鱼类毒性试验的一个重要目的是根据试验数据估算毒物的安全浓度。

应用 LC_{50} 值推导出安全浓度后，最好再进一步进行验证试验，特别是具有挥发性和不稳定性的毒物或废水，应当用恒流装置进行长时间的验证试验，96h 内没有发生死亡或

中毒的浓度往往不能代表鱼类长期生活在被污染水体的安全或无毒浓度。

除了幼鱼和成鱼用于鱼类急性毒性试验以外，近年来，斑马鱼卵也逐渐被广泛应用。斑马鱼属小型的热带鱼类，染色体数为 50，成体长 3～4cm，孵出后约 3 个月可达性成熟。成熟的雌鱼每隔一周可产几百粒卵子。卵子体外受精，体外发育，胚胎发育同步，且速度快，在 25～31℃发育正常。斑马鱼是实验室里标准毒理学检验最常用的试验动物，也是 ISO 推荐河水毒性试验鱼种。2019 年 12 月 31 日，生态环境部发布了适用于地表水、地下水、生活污水和工业废水的急性毒性测定方法，即《水质 急性毒性的测定 斑马鱼卵法》（HJ 1069—2019），自 2020 年 6 月 30 日起实施。斑马鱼卵镜检判定以卵凝结、体节未形成、尾部未分离及无心跳为测试终点，判定方法如下。

①卵凝结：凝结的鱼卵显微镜下内含物完全不透明，质地较硬。在肉眼观察下，凝结的鱼卵呈不透明及灰暗的状态。

②体节未形成：鱼卵卵黄囊外侧胚胎中后部，无体节者为体节未形成。

③尾部未分离：正常发育的鱼卵，胚胎的尾部会伸长，与卵黄囊相分离。若无，则表明尾部未分离。若 48h 后，胚胎尾部分离程度与 24h 时相比未有明显变化，同样也判定为尾部未分离。

④无心跳：斑马鱼卵胚胎心脏位于卵黄囊与胚胎头部间，观测该区域是否有节律的震动，若无，则表明无心跳。

在鱼卵暴露 24h 和 48h 后，出现任一测试终点情况则判定鱼卵死亡，统计每一稀释水样鱼卵的存活率和死亡率。斑马鱼卵法与传统的鱼类急性毒性试验相比，具有成本低、影响因素少、灵敏度更高等方面的优势，目前有逐渐取代传统鱼类急性毒性试验的趋势。

（八）枝角类毒性试验

枝角类（Cladocera）通称蚤类，俗称红虫或鱼虫，是一类与昆虫近亲的小型甲壳动物，广泛分布于自然水体中，是鱼类的天然饵料。枝角类繁殖力强，生活周期短，容易培养，因此也是一类很好的试验动物。蚤类对许多毒物（特别是重金属和有机磷农药）比其他水生动物要敏感。当含有农药等的有毒废水排入水体时，往往先引起蚤类的死亡，破坏水生生态系统的平衡，从而影响鱼类的生长。因此在制定渔业水体水质标准和工业废水排放标准时，蚤类毒性试验常配合鱼类毒性试验而被广泛采用。

1. 试验蚤类及其选择

用来进行毒性试验的蚤，应具有一定的代表性，对毒性要比较敏感，而且应来源丰富。我国有蚤 130 多种，试验常用的有大型蚤、蚤状蚤、隆线蚤和多刺裸腹蚤等，前三种都比较大，试验更为方便。

蚤类的生殖方式有两种，即孤雌生殖和有性生殖。孤雌生殖产卵很多，不需要受精就能发育成个体（大多是雌体），到秋末冬初或遇到环境不良时，才能有雄体产生，然后进

行有性生殖。因此，一种蚤在整个生活史中会出现三种个体，即雄蚤、孤雌生殖蚤和有性生殖蚤，它们对毒物的敏感性不同，试验时应该用同一种个体。孤雌生殖蚤数量很多，一般试验均采用这种个体。另外，不同龄期的蚤对同一毒物的敏感性不同，老年个体敏感性差，故不宜作为试验材料，试验通常采用出生后 2 ~ 4d 的幼蚤。

2. 试验蚤的培养和驯化

班塔（Banta）建议用马粪（风干）170g，菜园土 2000g，加过滤池水 10L，在室温 15 ~ 18℃下经 3 ~ 4d，用细筛过筛，再用过滤水稀释 2 ~ 4 倍，便可使用。这种培养液为班塔液，效果很好，至今仍被采用。

试验前把怀卵的孤雌生殖蚤用吸管吸出，分开饲养，经 24h 后，这批雌蚤所产生的幼蚤经吸出或用塑料纱过滤分离后，再养 2 ~ 4d 就可用作试验蚤。

3. 试验条件

容器：蚤类培养可用水族箱、搪瓷桶、陶瓷缸、玻璃缸和烧杯等容器，培养最好在恒温设备中进行，并可适当曝气。

试验用水：池水、河水、井水均可作为试验水，但必须清洁，水中悬浮物应当滤除。用水一般要经活性炭过滤，必要时用紫外线消毒。用自来水时必须人工曝气或静置 1 ~ 2d，去除余氯。试验水温要求在 20℃左右，pH 为 8 ~ 9，溶解氧不能低于 4mg/L，氯含量（Cl⁻）为 500 ~ 2000mg/L。

4. 试验步骤

枝角类毒性试验分为预备试验和正式试验两部分。

（1）预备试验

在做正式试验前，为了确定试验浓度范围，必须进行预备试验。预备试验的浓度范围可广些，每个浓度 2 ~ 3 个蚤就可以。根据试验要求的时间（24h 或 48h）找出大部分不死亡的浓度。一次找不准确，可再做二次或多次，直至找到正式试验所用浓度范围。

对于耗氧量大或变化快的试验物质，最好用流水装置进行试验。

（2）正式试验

选择浓度的方法与鱼类试验相同。每个浓度要有 2 ~ 3 个平行试验，另外设一对照。正式试验至少要重复两次。试验毒物溶液配制时，要先配成母液，再稀释至所需浓度。

用于试验的蚤，先移至表面皿，在体视显微镜或放大镜下进行检查、计数，然后再移入试验液。做急性试验时，用 80mL 小烧杯装 50mL 试验水，每杯放 10 个蚤。

通过蚤类毒性试验可以求得半致死浓度（LC$_{50}$）或称为半忍受限（half tolerance limit，HTL），以反映污染物或有毒废水对蚤类的毒性。半忍受限用在规定时间内引起蚤类半数死亡的药物浓度来表示，用直线内插法求得（参考鱼类毒性试验）。死亡标准掌握的尺度直接关系到所求的数值，一般用停止活动（沉到水底不动）作为死亡的标准。

枝角类急性毒性试验一般为48h，也有用24h或96h的，急性毒性试验一般不喂食。

（九）发光细菌毒性检测

发光细菌检测法是以一种非致病的明亮发光杆菌作为试验生物，以其发光强度的变化为指标，测定环境中有害有毒物质的生物毒性的方法。

细菌的发光过程是菌体内一种新陈代谢的生理过程，是呼吸链上的一个侧支，即菌体是借助活体细胞内的ATP、荧光素（FMN）和荧光素酶发光的。该光波长在490nm左右，这种发光过程极易受到外界条件影响，凡是干扰或损害细菌呼吸或生理过程的因素都能使细菌发光强度发生变化。当有毒物质与发光细菌接触时，可影响或干扰细菌的新陈代谢，从而使细菌的发光强度下降或熄灭。这种发光强度的变化，可用精密测光仪定量测定。有毒物质的种类越多，浓度越大，抑制发光的能力也越强。对于气体中的可溶性有毒物质，可以将其吸收溶解到液体中，然后测试其对发光细菌的影响。在一定浓度范围内，有毒物质浓度与发光强度呈一定的线性关系，因此可利用发光细菌来监测环境中的有毒污染物。

目前，国内外采用的发光细菌试验有三种测定方法：①新鲜发光细菌培养测定法；②发光细菌和海藻混合测定法；③冷冻干燥发光菌粉制剂测定法。

下面重点介绍新鲜发光细菌培养测定法和冷冻干燥发光菌粉制剂测定法。

1. 仪器及主要试验材料

试验在专用的生物毒性测试仪上进行，主要的试验材料有发光细菌琼脂培养液、液体培养基；参比毒物为0.02 ~ 0.24mg/L的$HgCl_2$系列标准溶液；试验生物为新鲜明亮发光杆菌T_3变种或明亮发光杆菌冻干粉。

试验对象：化学毒物或综合废水、废气、废渣等。

2. 测定步骤

（1）发光细菌新鲜菌悬液的制备

a. 从明亮发光杆菌的斜面菌种管中挑取一环细菌接种于一新的发光细菌琼脂斜面上，置于22℃下培养12 ~ 16h。

b. 待斜面长满菌苔并明显发光时，加入适量稀释液并制成菌悬液。

c. 吸取0.1mL菌悬液，接种于盛有50mL发光细菌液体培养基（与发光细菌琼脂培养液的不同之处在于不含琼脂）的250mL锥形瓶中，于22℃摇床振荡培养。

d. 待培养至对数生长中期（12 ~ 14h），发光细菌发光明亮时止，注意培养时间不可过长，否则会使发光强度逐渐下降，影响试验的重现性。

e. 用稀释液将上述菌液稀释成（以菌悬液计）5×10^7个细胞/mL，置于4℃下保存。

（2）不同样品的发光细菌毒性测定

a. 工业废水生物毒性测定。采集工业废水10mL，经过滤去除颗粒杂质。按3%的比

例向水样中投加 NaCl（因明亮发光杆菌是一种海洋细菌，在此盐度下发光强度最大）。取 6 支测试管，依次加入稀释液和待测水样。随后将 6 支测试管放入仪器的测试室中，预热（或预冷）至（20±0.5）℃。在各管中再加入 0.1mL 发光细菌悬液，准确作用 5min 后，依次测其发光强度。

b. 气体样品生物毒性测定。将气体样品采集在吸收液中，取 6 支测试管，依次加入稀释液和样品液，随后将 6 支测试管放入仪器的测试室中，预热（或预冷）至（20±0.5）℃。在各管中再加入 0.1mL 发光细菌悬液，准确作用 5min 后，依次测其发光强度。由于测试室中可容纳数支测试管，测试可以交叉进行。

c. 固体样品生物毒性测定。取一定量的固体废物，取浸出液的上清液，按 3% 比例投加 NaCl 后，进行生物毒性的测定。

（十）污染物致突变性检测

Ames 等发现，90% 以上的诱变剂是致癌物质。根据其相关性，Ames 等于 1975 年建立了快速测试污染物的遗传毒性效应的方法，即沙门菌回复突变试验（Ames 试验），目前已被世界各国广泛采用。该方法比较快速、简便、敏感、经济，且适用于测试混合物，反映多种污染物的综合效应。

1. 基本原理

鼠伤寒沙门菌的组氨酸营养缺陷型（his⁻）菌株，在含微量组氨酸的培养基中，除极少数自发回复突变的细胞外，一般只能分裂几次，形成在显微镜下才能观察到的微菌落。受诱变剂作用后，大量细胞发生回复突变，自行合成组氨酸，发育成肉眼可见的菌落。某些化学物质需经代谢活化才有致突变作用，在测试系统中加入哺乳动物微粒体酶系统 C（简称 S—9 混合液），可弥补体外试验缺乏代谢活化系统的不足。鉴于化学物质的致突变作用与致癌作用之间密切相关，故此法现已被广泛应用于致癌物的筛选。

2. Ames 试验方法

Ames 试验的常规方法有斑点试验和平板掺入试验两种。

（1）斑点试验

吸取测试菌增菌培养后的菌液 0.1mL，注入融化并保持在 45℃左右的上层软琼脂中，需 S—9 活化的再加 0.3 ~ 0.4mL S9mix（TA98 菌株的代谢活性剂），立即混匀，倾于底平板上，铺平冷凝。用灭菌尖头镊夹灭菌圆滤纸片边缘，用受试物溶液浸湿纸片，或直接取固态受试物贴放于上层培养基的表面。同时做溶剂对照和阳性对照，分别贴放于平板上的相应位置。平皿倒置于 37℃恒温箱培养 48h，若纸片外围长出密集菌落圈，为阳性；菌落散布，密度与自发回复突变相似，为阴性。显然，只有在琼脂中弥散的化合物才能用此法检测，而且在整个平板上只有少量细菌与受试物接触，故敏感性差，这是该法的局限性。

（2）平板掺入试验

将一定量样液和 0.1mL 测试菌液均加入上层软琼脂中，需代谢活化的再加 0.3 ~ 0.4mL S9mix，混匀后迅速倾于底平板上铺平冷凝。同时做溶剂对照和阳性对照，每种处理做 3 个平行。试样通常设 4 ~ 5 个剂量。选择剂量范围开始应大些，有阳性或可疑阳性结果时，再在较窄的剂量范围内确定计量关系。培养同上。同一剂量各皿回复突变菌落均数与各阴性对照皿自发回复突变菌落均数之比为致变比（MR）。MR ≥ 2，且有剂量—反应关系，背景正常，则判为致突变阳性。

3.Ames 试验步骤

（1）菌株鉴定

目前，推荐使用的菌株是 TA97、TA98、TA100 和 TA102。所有这些试验菌株都来源于鼠伤寒沙门菌 LT2，都是组氨酸异养型菌株。鉴定前先进行增菌培养，为使鉴定结果可靠，需同时培养野生型 TV 菌株，作为测试菌基因型的对照。增菌培养用牛肉膏蛋白胨液体培养基，接种后于 37℃、100r/min 振荡培养 12h 左右，细菌生长相为对数期末，含菌数应为 1×10^9 ~ 2×10^9 个 /mL。

鉴定项目如下所述。

a. 脂多糖屏障丢失（rfa）。用接种环或一端翘起的接种针以无菌操作取各菌株的增菌培养液，在营养琼脂平板上分别画平行线，然后用灭菌尖头镊夹取灭菌滤纸条，用结晶紫溶液浸湿，贴放在平板上与各接种平行线垂直相交。盖好皿盖后倒置于 37℃恒温箱，培养 24h 后若纸片周围出现抑菌带，则说明测试菌株含有 rfa 突变。

b.R 因子。TA97、TA98、TA100 和 TA102 菌株都含有 R 因子，这是一个抗药性转移因子。检测 R 因子存在的方法：横过营养琼脂平板表面涂一条小剂量氨苄西林溶液，将测试菌株与之交叉划线，37℃培养 12 ~ 24h，不含 R 因子的菌株在氨苄西林的扩散区受到明显抑制，无细菌生长，而含有 R 因子的菌株则不受其影响。

c. 紫外线损伤修复缺陷(uvrb)。在营养琼脂平板上按上述方法画线接种后，一半接种线用黑玻璃遮盖，另一半暴露于紫外光下 8s，然后盖好皿盖并用黑纸包裹平皿，防止可见光修复作用（培养同上）。

d. 自发回复突变。预先制备底平板，向灭菌并在水浴内保温 45℃的上层软琼脂中注入 0.1mL 菌液，混匀后倾于底平板上并铺平。平皿倒置于 37℃恒温箱培养 48h。所有菌株在一定培养条件下都有相对稳定的自发回复突变率，超过允许范围应视为异常。几种常用菌株的自发回复突变率分别为：TA97 90 ~ 180；TA98 30 ~ 50；TA100 120 ~ 200；TA102 240 ~ 320。

e. 回复突变特性—诊断性试验。上层软琼脂中除菌液外，还注入已知阳性物的溶液，需活化系统者再加入 S9mix（其他同上）。

（2）测定步骤

a. 培养基的接种。取底层培养基平板4皿，融化上层培养基4支，置于45℃下保温。

分别在每支上层培养基中加入鼠伤寒沙门菌TA98菌株，并加入在37℃恒温箱培养7h的菌液0.1mL，混合均匀后逐次、迅速倒入底层平板中。

b. 施毒。用镊子将厚的圆滤纸片放入每个皿中心，并在其中三皿的滤纸上，分别加入50mg/L、250mg/L、500mg/L的亚硝基胍（nitrosoguanidine，NTG）各0.02mL，即每皿分别含NTG1μg、5μg、10μg，第四皿作为空白对照。

c. 观察结果。将平皿在37℃黑暗处培养2d后，记录结果。

（3）结果分析

确定待测化合物在不同浓度时的相对致突变性。TA98菌株在天然条件下会出现自发回复突变（his⁻），可以在不含组氨酸的底层培养基上生长，故可以平板上出现的菌群（自发回复突变）为基准，比较待测物的致突变性。

阴性（－）：出现的诱发回复突变菌落数为自发回变数的2倍以下。

弱阳性（＋）：出现的诱发回复突变菌落数为自发回变数的2～10倍。

阳性（＋＋）：出现的诱发回复突变菌落数为自发回变数的10～50倍。

强阳性（＋＋＋）：出现的诱发回复突变菌落数为自发回变数的50倍以上。

Ames认为，待测物每皿浓度高达500μg亦不引起大量回变者，为阴性结果。

特别需要指出的是：

a. 斑点试验只局限于能在琼脂上扩散的化学物质，大多数多环芳烃和难溶于水的化学物质均不适宜用此法。此法敏感性较差，主要是一种定性试验，适用于快速筛选大量受试化合物。

b. 平板掺入试验可定量测试样品致突变性的强弱。此法较斑点试验敏感，获得阳性结果所需的剂量较低。斑点试验获得阳性结果的浓度用于掺入试验（每皿0.1mL），往往出现抑（杀）菌作用。

c. Ames试验作为检测环境诱变剂的一组试验中的首选试验，被广泛应用于致突变化学物的初筛。但该试验程序还较烦琐，方法不够简便，有待快速灵敏、简单易行的环境诱变剂短期生物测试法早日问世。

第二节　指示生物的环境监测

指示生物又叫作生物指示物（Biological Indicator，BI），就是指那些在一定的自然地理范围内，能通过其数量、特性、种类或群落等变化，指示环境或某一环境因子特征的生物。如水体遭受污染缺氧，导致水中的鱼类因窒息而纷纷浮出水面进行呼吸；水体受重金属或有机毒物的污染，会令鱼类骨骼产生畸变或肌肉有异味；大气受到污染，植物叶片会变黄甚至枯萎；生物的生存环境遭到破坏，导致物种绝迹——生物以自己的身体行为乃至生命向人类发出指示。

然而，并非所有生物都对环境有指示作用，只有耐受环境范围非常狭窄的生物才能作为环境条件的指示生物。指示生物对特定环境的反应和表征即生物的指示作用。生物的指示作用具有客观性（不受人为因素的干扰，真实反映环境状况）、综合性（多种影响因子综合作用的结果，全面体现环境质量）、连续性（生物长期接受环境影响的具体表征，极少受偶然因素影响）、直观性（直观、形象地展现生物对环境的适应性和指示特征）的特点。

利用指示生物的特定指标对环境进行监测和评价，已逐渐成为热门的课题。例如，德国对莱茵河的治理目标是"让大马哈鱼重返莱茵河"，大马哈鱼被视为整治莱茵河的指示生物，可用以检验河流生态整体的恢复效果。然而，利用指示生物进行环境监测一直缺乏相应的规范和标准，且由于生物的自身特点，难以对监测结果进行定量化的描述。随着生物科学技术的发展及环境监测手段的进步，利用指示生物对环境污染进行定性定量监测已取得明显的成效。因此，利用指示生物系统化、规范化地评价环境污染以及提高其评价结果的可比性不久或将成为现实。

一、指示生物的特征及其作用

（一）行为特征

指示生物的行为特征应用最多的是应激反应。应激反应是生物界普遍存在的特性，运动或游动能力较强的动物尤为明显。低剂量有害污染物会刺激动物的嗅觉、味觉和视觉等感觉器官，影响呼吸或作用于中枢神经系统，从而影响动物的活动水平、摄食、逃避捕食、繁殖或其他行为方式，改变其在环境中的分布。回避试验是目前应用最为广泛的方法，是以水生动物为指示生物，研究其对污染物尤其是有毒污染物的回避反应及引起回避的污染物浓度，以期对水体污染进行早期预报和评价。

大量研究表明，在人为设计污染水区和非污染水区的迷宫回避装置中，未经训练的鱼类在受到亚致死剂量的有毒污染物刺激时，能主动回避受污染水区，游向清洁水区。根据目测或利用电视摄像系统跟踪鱼的行为，观察污染物对鱼回避行为的影响。此外，其他水生动物如虾、蟹及某些水生昆虫等也存在类似的回避反应。生物自有的活动方式，在外来污染物的作用下，可能会增强或减弱其活动性。利用光电设备对受试生物如鱼类、水蚤、螯虾、糠虾等的活动性进行监测，当其游过观察池时，光束受到干扰，转变成脉冲信号。光束干扰越多，表明受试生物的活动性越强；反之，则活动性越弱。通过对照比较受试生物在未受污染水体中的活动性，可以反映水体是否受到污染。其他还有诸如呼吸、代谢、习性、摄食、捕食等指标也可用于对水体污染进行监测和评价。

（二）形态特征

许多植物对大气污染的反应非常敏感，即使在极低浓度的情况下，也能很快地表现出受害症状。将植物作为指示生物，根据其表现出的受害症状，可以对污染物种类进行定性分析，也可以根据症状的轻重、面积大小，对污染物浓度进行初步的定量分析。

大气污染对植物的危害机制主要表现在：①外部伤害——污染物通过气孔被吸收进入植物体内，对叶面产生严重伤害；②组织伤害——污染物进入植物体内，引起阔叶树叶内海绵细胞和叶下表皮的破坏，使叶绿体发生畸变而引起栅栏细胞伤害，最后导致上表皮损伤；③影响代谢作用——大气污染改变了植物的生理生化过程，如蒸腾作用减弱、光合作用受到抑制等，引起形态变异。

研究表明，当大气环境中一氧化硫的体积分数为 12×10^{-6} 时，紫花苜蓿暴露 1h 后，叶片会出现白色"烟斑"，并逐渐枯萎，或在叶脉之间或叶缘出现明显的坏死，而二氧化硫体积分数高于 0.154×10^{-6}，苔藓即产生急性伤害。氟化物体积分数为 1×10^{-9} 暴露 2~3d 或 10×10^{-9} 暴露 20h，唐菖蒲就会受到伤害，叶缘和叶尖组织出现坏死，坏死部分呈浅褐色或褐红色，并且与健康组织有明显的界线，因而被公认为监测氟化物的理想植物。

（三）数量特征

在正常稳定的环境中，生物的种类比较多，个体数量适当。受到污染后，敏感指示生物种类的数量会逐渐减少甚至消失，与对照点相比显示出种类数量的差异。

采用指示生物的数量特征的方法在水环境中应用较多。由于不同污染程度的水体中各有其作为特征的生物存在，因此可以利用天然出现的生物来指示水体污染的程度。20 世纪初，德国科学家提出著名的污水生物系统法，将受有机物污染的河流，按其污染程度和自净过程，划分为几个互相连续的污染带，每一带包含各自独特的生物。在美国伊利湖污染调查中，利用湖中原生动物颤蚓的数量作为评价指标，根据单位面积水体中颤蚓的数量，将受污染水域分为无污染、轻度污染、中度污染和重度污染。

微生物对污染物也很敏感，叶生红酵母是生长在落叶表面的一种微生物，通过暴露试验，把不同时期的多次平行试验的结果累加，计算出菌落平均数，根据菌落数的大小反映污染的程度。菌落平均数大的树木所在地污染程度小；反之则大。苔藓地衣的共生性提高了其敏感性，在英国工业城市纽卡斯尔地区，由于二氧化硫污染，苔藓种类从 55 种下降到 5 种。细菌总数、总大肠菌群、水生真菌、放线菌等也常用作水体污染的指示物种。

（四）种群、群落特征

生物的种群、群落特征也可应用于指示作用。早期通过种群的变化来反映或判断环境污染最具代表性的当数在英国伦敦郊区发现的黑斑蝶现象。19 世纪中叶，工业革命带来了生产力的极大解放，同时也造成以煤烟型为主的大气污染，原来生活在该地区的灰斑蝶

种群逐渐消失，取而代之的是黑斑蝶种群。这种蝶类种群的变化，较好地反映了长期污染对生物的影响。

生物的种群、群落特征在实际应用中，水污染指示生物采用得较多，包括浮游生物、着生生物（如藻类、原生动物、真菌等）、大型水生植物（如大型褐藻）、底栖大型无脊椎动物（如软体动物、甲壳类、腔肠动物、棘皮动物等）、鱼类（如鲑鱼、河鲈等）等，以各类群在群落中所占比例作为水体污染的指标。通常采用多样性指数和各种生物指数来定量描述种群或群落变化，如香农多样性指数（Shannon—Weaver function）、Margalef 多样性指数、Gleason 指数和 Menhinick 指数，对水质进行生物学评价。

（五）遗传特征

污染不仅会对生物的行为、形态、数量、种群或群落结构产生影响，而且可能造成细胞结构和遗传物质的破坏，导致机体畸变、癌变和变异。出于对人体健康的考虑，污染物的潜在遗传毒性逐步受到更多的关注，并可通过监测污染物对生物的三致效应进行评价。早期开展的微核试验，以细胞中的微核数量作为指标，监测污染物对染色体的损伤。环境中存在的污染物越多，诱发生物染色体的损害就越严重，其微核率也就越高。如蚕豆根尖细胞微核试验、小白鼠血红细胞微核试验等均表明，污染因子诱发染色体异常与微核率之间存在较好的相关性。

二、生物样品的采集、保存与制备

（一）微生物样品

微生物样品的采集，必须按一般无菌操作的基本要求进行水样采样，严格保证运输、保存过程中不受污染。

一般江、河、湖泊、池塘、水库、浅层地下水可取水样 500 ~ 1000mL；医院废水、高浓度有机废水可取水样 100 ~ 500mL。

取样一般用无色硬质具磨塞玻璃瓶，经高压灭菌器灭菌后备用。

1. 自来水采样

须先用清洁棉花将自来水龙头拭干，然后用酒精灯或酒精棉球灼烧灭菌，再将水龙头完全打开放水 5min 左右，以排除管道内积存的死水，而后将水龙头关小，打开采样瓶瓶塞，以无菌操作进行。如水样中含有余氯，则采样瓶在未灭菌前，按每采 500mL 水样加 3% 硫代硫酸钠（$Na_2S_2O_3 \cdot 5H_2O$）溶液 1mL 的量预先加入采样瓶内，用以消除采样后水样内的余氯，以防止继续存在杀菌作用。

2. 江、河、湖泊、池塘、水库等的采样

可利用采样器，对其内的采样瓶应预先灭菌。用采样器采样的方法与水质化学检验方法相同。如没有采样器，可直接将采样瓶放在上述水域中 30 ~ 50cm 深处，再打开瓶塞采

样。采样后，注意采样瓶内的水面与瓶塞底部应留有一些空隙，以便在检验时可充分摇动混匀水样。用同样的方法可采取高浓度有机废水以及医院废水水样。

水样在采集后应立即送检，一般从取样到分析不得超过 2h，条件不允许时，应冷藏保存，但最长不得超过 6h。

应详细记录水样的采集情况、采样时间、保存条件等，一并送检验单位，供进行水质评价时参考。

（二）植物样品

1. 植物样品的采集

植物样品的采集应遵循以下几条原则。

（1）目的性。明确采样的具体目的和要求，对污染物性质及各种环境因素（如地质、气象、水文、土壤、植物等）进行调研，收集资料，以确定采样区、采样点等。

（2）代表性。选择能符合大多数情况和能反映研究目的的植物种类和数量。

（3）典型性。对植物采集部位进行严格分类，以便反映所需了解的情况。

（4）适时性。依据植物的生长习性确定采样时间，以便能够反映研究需要了解的污染情况。

采样前的准备工作如下。

（1）剪刀、锄、铲等采样工具的准备。

（2）布袋（聚乙烯袋）、标签、绳、记录簿等保存、记录用具的准备。

（3）实验室制备、预处理用品的前期准备。

根据污染物的特点及各分析项目的要求，确定采样量，即保证在样品预处理后有足够数量可用于分析测试等，一般需要 1kg 左右的干物重样品。对于含水量为 80% ～ 95% 的水生植物、水果、蔬菜等新鲜样品，则取样应比干样品多 5 ～ 10 倍。

针对不同的植物样品，可选择的采样方法为：①在选定的小区中以对角线五点采样或平行交叉间隔采样，采取 5 ～ 10 个样品混合组成；②按植物的根、茎、叶、果实、种子等不同部位分别采集，或整株带回实验室再按部位分开处理；③用清水洗去附着的泥土，根部要反复洗净，但不准浸泡；④果树样品，要注意树龄、株型、生长势、结果数量和果实着生部位及方向等资料的积累；⑤蔬菜样品，若要进行鲜样分析，尤其在夏天时，由于水分蒸发量大，植株最好连根带泥一同挖起，或用清洁的湿布包住，以免萎蔫。

2. 植物样品的保存

将采集好的样品装入布袋或塑料袋，进行登记。带回实验室后，再用清洁水洗净，然后立即放在干燥通风处晾干或鼓风干燥箱中烘干。用于鲜样分析的样品，应立即进行处理和分析，当天不能处理、分析完的样品，应暂时冷藏在冰箱内。

3. 植物样品的制备

（1）选取样品

根据植物特性进行样品选取，具体如下。

a. 果实、块根、块茎、瓜菜类样品，洗净后切成四块或八块，各取其1/4或1/8。

b. 粮食、种子等经充分混匀后，平铺在木板或玻璃板上，按四分法多次选取，然后分别加工处理制成分析样品。

（2）鲜样的制备

测定植物体内易挥发、转化或降解的污染物，如酚、氰、亚硝酸盐、有机农药等，以及植物中的维生素、氨基酸、糖、植物碱等指标，和多汁的瓜、果、蔬菜样品，应采用新鲜样品进行分析。将洗净、擦干后的样品切碎，混匀，称取100g放入电动高速组织捣碎机的捣碎杯中，加适量蒸馏水或去离子水，捣碎1~2min，制成匀浆。含水量高的样品可不加水；含水量低的样品可增加水量1~2倍。对根、茎、叶等含纤维多或较硬的样品，可切成小碎块，混匀后在研钵中加石英砂研磨后供分析用。

（3）干样的制备

样品经洗净风干，或放在60~70℃鼓风干燥箱中烘干，以免发霉腐烂。样品干燥后，去除灰尘杂物，剪碎，用电动磨碎机粉碎和过筛（通过1mm或0.25mm的筛孔）。各类作物的种子样品如稻谷等，要先脱壳再粉碎，然后根据分析方法的要求分别通过40目至100目的金属筛或尼龙筛过筛，处理后的样品保存在玻璃广口瓶或聚乙烯广口瓶中备用。

对于测定金属元素含量的样品，应避免受金属器械和金属筛、玻璃瓶的污染，最好用玛瑙研钵磨碎，尼龙筛过筛，聚乙烯瓶储存。

（三）动物样品

动物的尿液、血液、脑脊液、唾液、呼出的气体、胃液、胆汁、乳液、粪便以及其他生物材料如毛发、指甲、骨骼和脏器等均可作为检验环境污染物的材料。

1. 尿液

尿检在医学临床中应用较为广泛，因为绝大多数毒物及其代谢物主要由肾脏经膀胱、尿道与尿液一起排出，同时尿液收集也较为方便。采样器具用稀硝酸浸泡洗净，再用蒸馏水清洗、烘干备用。一般早晨浓度较高，可一次收集，如测定尿中的铅、镉、氟、锰等应收集8h或24h尿样。

2. 血液

用来检验金属毒物如铅、汞以及非金属如氟化物、酚等。采样器一般为硬质玻璃试管，先用普通水洗净，再用3%~5%的稀硝酸或稀乙酸浸泡洗净，最后用蒸馏水洗净，烘干备用。用注射器抽血样10mL（有时需加抗凝剂如二溴盐酸）放入试管备用。

3. 毛发和指甲

某些毒物如砷、锰、有机汞等能长时间蓄积在毛发和指甲中。即使已脱离污染物或停止摄入污染食品后，血液和尿液中的毒物含量已下降，而在毛发和指甲中仍可检出。采样后，用中性洗涤剂处理，经蒸馏水或去离子水冲洗后，再用丙酮或乙醚洗涤，或用酒精和EDTA 洗涤，室温下充分干燥后装瓶备用。

4. 组织和脏器

采用动物的组织和脏器作为检验标本，对研究污染物在体内的分布和蓄积、毒性试验和环境毒理学等均有一定意义。组织和脏器的部位很复杂，且柔软、易破裂混合，因此取样操作要细心。一般先剥去被膜，取纤维组织丰富的部分为样品，应避免在皮质与髓质接口处取样。

三、指示生物污染物测定

指示生物有指示植物、指示动物和指示微生物三类，它们都可用于水污染、大气污染和土壤污染等的监测。

指示生物按照对环境中污染物的指示作用主要分为两类：敏感指示生物和耐性指示生物。

当环境中的污染物浓度很低，有时用化学分析方法尚不能测出时，一类指示生物就表现出某些灵敏的反应，如指示植物的叶片上出现受伤斑点、指示动物的行为发生改变等，根据这种反应的症状来指示污染物的类型，根据反应的程度与以往的经验和指数来判断污染程度和范围，并提出相应的措施。这种反应灵敏的指示生物称为敏感指示生物，在目前的生物监测中应用相当普遍。例如，牵牛花对光化学烟雾的氧化剂很敏感，红色和紫色的牵牛花在 O_3 浓度为 $1.5cm^3/m^3$ 时，经过 $4\sim6h$ 以后，叶片上就会出现漂白斑和叶脉间的枯斑。

另一类指示生物在不良的环境中却表现出良好的生长势。也可以说，污染了的环境反而对这类生物的生长有明显的促进作用，可以利用这种生物的生长状况来指示污染程度。这类生物称为耐性指示生物。例如，水体富营养化时，由于水体受氮、磷等的污染，蓝藻大量繁殖，个体数量迅速增加，成为该水体中的优势种。因此，可以利用蓝藻的生长状况来监测水体的富营养化程度。

（一）大气污染指示生物

大气污染指示生物是指能对大气中的污染物产生各种定性、定量反应的生物。大气污染多采用植物作为指示生物，因为植物分布范围广、易于管理，且有不少植物品种对不同的大气污染物能呈现出不同的受害症状。

由于应用动物作为指示生物管理比较困难，受到了不少客观条件的限制，因此目前尚未形成一套完整的监测方法。但也有学者进行了一些研究，如研究发现金丝雀、狗和家禽对二氧化硫反应敏感；老鼠和家禽接触到微量瓦斯毒气时表现出异常反应；蜜蜂等昆虫以及鸟类对大气中某些污染物也反应敏感。

大气的污染状况密切影响着生活于其中的微生物的区系组成及数量的变化，因此也可应用微生物作为指示生物监测大气质量。但由于空气环境中没有固定的微生物种群，它主要是通过土壤尘埃、水滴、人和动物体表的干燥脱落物、呼吸道的排泄物等方式带入空气中。因此，采用微生物作为大气污染指示生物受到了一定限制，没有迅速发展起来。

下面着重介绍利用指示植物监测大气环境污染物。

1. 常用大气污染指示植物选择方法

指示植物在受到大气污染物伤害后，能较敏感和迅速地产生明显反应，发出受污染信息。通常可以选择草本植物、木本植物以及地衣、苔藓等。大气污染指示植物应具备下列条件：①对污染物反应敏感；②受污染后的反应症状明显；③干扰症状少；④生长期长，能不断萌发新叶；⑤栽培管理和繁殖容易；⑥尽可能具有一定的观赏或经济价值，起到美化环境与监测环境质量的双重作用。

指示植物的选择方法：通过调查找出某一污染区内最易受害且症状明显的植物作为指示植物，或者通过人工熏气试验，再通过不同类型污染区的栽培试验及叶片浸蘸等方法进行筛选。那些最易受害、反应最快、症状明显的植物便可作为指示植物。

2. 监测方法

（1）敏感植物受害症状现场调查法

植物受到污染影响后，常常会在叶片上出现肉眼可见的伤害症状，即可见症状，且不同的污染物质和浓度所产生的症状及程度各不相同。可以根据现场调查敏感植物在污染环境下叶片的受害症状、程度、颜色变化和受害面积等指标来指示空气的污染程度，判断主要污染物的种类。

大气污染物对植物内部的生理代谢活动也会产生影响。例如，使植物蒸腾速率降低，呼吸作用加强，叶绿素含量减少，光合作用强度下降，进一步影响生长发育，出现生长量减少、植株矮化、叶片面积变小、叶片早落和落花落果等受害现象。这些都是利用植物判断大气污染的重要依据。

苔藓和地衣是低等植物，分布广泛，其中某些种群对污染物如 SO_2、HF 等反应敏感。通过调查树干上的苔藓和地衣的种类、数量及生长发育状况，就可以估计空气的污染程度。在工业城市中，通常距离市中心越近，地衣的种类越少，重污染区内一般仅有少数壳状地衣分布，随着污染程度的减轻，便出现枝状地衣；在轻污染区，叶状地衣数量较多。

（2）盆栽定点监测法

盆栽定点监测法主要是将监测用的指示植物栽培在污染区选定的监测点上，定期观察，

记录其受害症状和程度，来估测污染物的成分、浓度和范围，以此来监测该地区空气污染状况。

吉林通化园艺研究所曾用花叶莴苣作为指示生物定点栽培指示二氧化硫，以此来预防黄瓜苗期受害。

研究也发现花叶莴苣较黄瓜对二氧化硫敏感，在同等二氧化硫浓度条件下，黄瓜出现初始受害症状的时间大约是花叶莴苣的 4 倍。在相同条件下，花叶莴苣的受害指数高于黄瓜，当花叶莴苣受害指数高达 37 以上时，黄瓜才开始出现受害症状。

（3）其他监测方法

利用植物监测大气污染还有不少其他方法。例如，剖析树木年轮的监测方法，可以用于了解所在地区空气污染的历史。在气候正常、未曾遭受污染的年份，树木的年轮宽；而空气污染严重或气候条件恶劣的年份，树木的年轮较窄。还可以用 X 射线法对树木年轮材质进行测定，判断其污染情况，污染严重的年份年轮木质密度小，正常年份的年轮木质密度大，其对 X 射线的吸收程度不同。

（二）水污染指示生物

水污染指示生物是指在一定的水体范围内，能通过其特性、数量、种类或群落等变化，对水体中的污染物产生各种定性、定量指示作用的生物。水污染指示生物主要有浮游生物、着生生物、底栖动物、鱼类和微生物等，具体介绍如下。

1. 浮游生物

浮游生物就是悬浮生长在水体中的生物，包括浮游植物和浮游动物两类。它们大多数个体很小，游动能力弱或完全没有游动能力。浮游生物是水生食物链的基础，在水生生态系统中占有重要地位，而且大多数对环境的变化反应敏感，可用来作为水污染的指示生物。

（1）浮游植物

浮游植物主要指藻类，藻类对外界环境的反应很敏感。在水体的生态系统中，藻类与水环境共同组成了一个复杂的动态平衡体系，当污染物进入水体后，引起藻类的种类和数量发生变化，并达到新的平衡；所以不同污染状况的水质，有不同种类和数量的藻类出现；反过来说，不同种类和数量的藻类可以指示不同的水质状况。

（2）浮游动物

浮游动物种类很多，大多数对水体环境的变化反应较敏感，可以利用水体中浮游动物群落优势种的变化来判断水体的污染程度和自净程度。受污染的水体从上游排污口至下游清洁水体，浮游动物的优势种分布为耐污种类逐渐减少，广布型种类逐渐增多，在下游，许多在正常水体中出现的种类也逐渐出现；同时，原生动物由上游的鞭毛虫至中游出现纤毛虫，在下游则发现很多一般分布在清洁型水体的种类，这说明从上游到下游水体的污染程度不断减轻，水体具有一定的自净功能。

2. 着生生物

着生生物就是附着在长期浸没于水中的各种基质（植物、动物、石头等）表面上的有机体群落，包括细菌、真菌、原生动物和海藻等多种生物类别。由于可用来指示水体受污染的程度，评价效果较佳。因此近年来，有关着生生物的研究也开始受到重视。

3. 底栖动物

底栖动物是栖息于水体底部（淤泥内、石头或砾石表面和缝隙中）以及附着于水生植物之间的肉眼可见的水生无脊椎动物。它们广布于江、河、湖泊、水库和海洋等各种水体中，大多数体长超过 2mm，包括大型甲壳类、水生昆虫、环节动物、软体动物和节肢动物等许多类别。

由于在水环境中，鱼类和浮游生物的移动性较大，有时往往难以准确地表明特定地点水的性质，而底栖动物的移动能力差，能较好地反映该地的环境状况，因此利用底栖动物对水体进行监测和评价已经受到广泛重视。

因为多数底栖动物种类的个体数量有明显的季节性变化，所以必须注意调查的季节，以及水域底部的地形、底质和水文特征等。

4. 鱼类

在水生食物链中，鱼类位于最高的营养级水平，因水体受污染而改变浮游生物或其他水生生物生态平衡，也必然改变鱼类的种群结构。同时，由于鱼类的特定生理特点，某些不能明显影响低等生物的污染物也可能使鱼类受到伤害。因此，鱼类作为水污染的指示生物具备其特定的意义，对全面反映水体污染程度以及评价水质具有重要的作用。

5. 微生物

水体中的微生物与水体受污染程度密切相关，有机质含量少，微生物的数量也少，但是当水体受到污染后，微生物的数量可能大量增加或减少。尤其是某些特定微生物的出现或消失能够指示水体受到某类物质的污染，使利用微生物进行水质监测迅速发展起来。

（三）土壤污染指示生物

土壤中最常见的有重金属、石油类、农药等，利用指示生物对土壤进行监测不仅能了解土壤的污染状况，而且能了解土壤对生物的毒性效应。通常采用植物和动物作为土壤污染的指示生物，也有学者研究利用土壤微生物和土壤酶对土壤进行监测。

1. 利用指示植物监测

土壤受到污染后，植物对污染物的作用所产生的反应主要表现为：产生可见症状，如叶片上出现伤斑；生理代谢异常，如蒸腾速率降低、呼吸作用加强、生长发育受阻；植物化学成分发生改变，由于植物从土壤中吸收污染物，使植物体内某些成分相对于正常情况

增加或减少。土壤中的污染物对植物的根、茎、叶都可能产生影响，使之出现一定的症状。如铜、镍、钴会抑制新根伸长，形成狮子尾巴一样的形状。因此可以通过对指示植物的观测确定土壤污染类型及污染程度。

通常，无机农药使作物叶柄基部或叶片出现烧伤的斑点或条纹，使幼嫩组织发生褐色焦斑或破坏。当受到有机农药严重伤害时，叶片会相继变黄或脱落，坐花少，结果延迟，果实变小或籽粒不饱满等。

2. 利用指示动物监测

利用生长在污染土壤中的生物如蚯蚓、线虫等作为指示生物，可以评价和预示土壤环境污染物的污染水平和生态风险。蚯蚓是最常见、最重要的土壤无脊椎动物之一，它对土壤环境的理化性质有较大的影响，同时土壤的理化性质也会影响土壤中蚯蚓的种类、个体数量及分布。蚯蚓体内镉的浓度与土壤中镉的浓度具有显著的相关性，并且蚯蚓对土壤中的农药、铅等污染物有较高的敏感性。因此可以通过测定土壤中蚯蚓的种类和数量变化来判断土壤环境质量状况。

由于蚯蚓进食时，大量土壤要经过其消化管，如果土壤中有污染物，就会被蚯蚓吸收。通过观察蚯蚓的反应，受到污染的土壤使蚯蚓身体蜷曲、僵硬、缩短和肿大，严重者体表受伤甚至死亡，即可指示该土壤受到了污染。

除了土壤动物，还可以采用土壤动物的捕食者作为指示生物监测土壤的污染情况。克莱逊大学野生生物毒理学家罗纳德·肯达尔领导的研究组，利用欧洲椋鸟来监测土壤的污染情况。这种鸟以土壤中的无脊椎动物喂食幼鸟，他们通过分析成鸟喂雏鸟的食物成分，分析雏鸟的血液、肝脏等，以此来了解当地土壤的污染情况。

第七章 环境影响评价

第一节 环境影响评价概述

一、环境影响评价的概念

环境影响评价（Environmental Impact Assessment，EIA）是指对拟议中的政策、规划、计划、发展战略、开发建设项目（活动）等对环境产生的物理性、化学性、生物性的作用及其造成的环境变化和对人类健康、福利的可能影响进行系统的分析与评价，并从经济、技术、管理、社会等各方面提出减缓、避免这些影响的措施和方法。《中华人民共和国环境影响评价法》（2003 年 9 月 1 日起施行，2018 年 12 月 29 日第二次修正，下文简称《环境影响评价法》）中明确指出，本法所称环境影响评价，是指对规划和建设项目实施后可能造成的环境影响进行分析、预测和评估，提出预防或者减轻不良环境影响的对策和措施，从而进行跟踪监测的方法与制度。

环境影响评价来自环境质量评价，其实质就是环境质量评价中的环境质量预断评价。随着环境影响评价的不断发展，它已经逐步形成了完整的理论和方法体系，并在许多国家的环境管理工作中以制度化的形式固定下来。

二、环境影响评价遵循的原则

环境影响评价是一个过程，这个过程的重点是在决策和开发建设活动开始之前，体现出环境影响评价的预防功能。决策后或开发建设活动开始前，通过对环境进行监测和持续性研究，不断验证其评价结论，最终将结果反馈给决策者和开发者，以进一步修改并完善其决策和开发建设活动。《环境影响评价法》要求："环境影响评价必须客观、公开、公正，综合考虑规划或者建设项目实施后对各种环境因素及其所构成的生态系统可能造成的影响，为决策提供科学依据。"这是环境影响评价遵循的基本原则。环境影响评价总的原则是突出环境影响评价的源头预防作用，坚持保护和改善环境质量。具体包括以下几方面。

（一）依法评价原则

在环境影响评价过程中应贯彻执行我国环境保护相关法律法规、标准、政策和规划等，优化项目建设，服务环境管理。

（二）科学评价原则

规范环境影响评价方法，科学分析项目建设对环境质量的影响。环境影响评价包含建设项目原料的理化性质、生产工艺及污染物产生环节、污染源源强的核算、环境影响预测模式的选择、减少或降低污染产生的措施等，因涉及行业类型较多，每一个环节都需要采取科学的方法和手段。

（三）突出重点原则

根据建设项目的工程内容及特点，明确与环境要素间的作用关系，根据规划环境影响评价结论和审查意见，充分利用符合时效的数据资料及成果，对建设项目主要环境影响予以重点分析和评价。

三、环境影响评价的基本内容

（1）对规划和建设项目实施后可能造成的环境影响进行分析、预测和评估。

（2）对各种替代方案（包括项目不建设或地区不开发的方案）、管理技术、减缓措施进行比较。

（3）编制详细的环境影响报告书和环境影响报告表，以便专家和非专家都能了解可能影响的特征及重要性。

（4）进行广泛的公众参与和严格的行政审查。

（5）能够及时为决策提供有效信息。

四、环境影响评价的基本功能

环境影响评价只有4种基本功能，分别是判断功能、预测功能、选择功能和导向功能。

（1）评价的判断功能。其实质就是以人为中心，以人的需要为尺度，判断评价目标引起环境状态的改变是否影响人类的需求和发展的要求。

（2）评价的预测功能。由于评价的对象为拟议中的政策、规划、计划、发展战略、开发建设项目（活动）等，因此评价的结果也具有一定的预测功能，其实质是对人类活动可能对环境所造成影响的一种预判。

（3）评价的选择功能。其实质就是通过评价帮助人们对各种预案或活动做出取舍，从而以人的需要为尺度选择最有利的结果。

（4）评价的导向功能。导向功能是环境影响评价最为重要的一种功能，主要表现在

价值导向功能和行为导向功能等方面。它是在前 3 种功能的基础上，对拟议中的活动进行导向和调控。

五、环境影响评价的重要性

环境影响评价不仅是一项技术，也是帮助我们正确认识经济发展、社会发展和环境发展之间相互关系的科学方法，还是相关部门正确处理经济发展使之符合国家总体利益和长远利益、强化环境管理的有效手段，对确定经济发展方向和保护环境等一系列重大决策都有着重要的指导作用。环境影响评价是对一个地区的自然条件、资源条件、环境质量条件和社会经济发展现状进行综合分析研究的过程，它可以根据一个地区的环境、社会、资源的综合能力，将人类活动对环境的影响降到最低。其重要性表现在以下几个方面。

（一）保证建设项目选址和布局的合理性

合理的经济布局是保证环境与经济持续发展的前提条件，而不合理的经济布局则是造成环境污染的主要原因。环境影响评价就是从开发活动所在区域的整体出发，考虑建设项目的不同选址和布局对区域整体的影响，并进行多方案比较和取舍，从而选择最有利的方案，以保证建设项目选址和布局的合理性。

（二）指导环境保护措施的设计

建设项目的开发建设活动和生产活动要消耗一定的资源，这必定会给环境带来一定的污染和破坏，因此必须采取相应的环境保护措施。环境影响评价针对具体的开发建设活动或生产活动，综合考虑项目特点和环境特征，通过对污染治理措施的技术、经济和环境的论证，可以得到相对合理的环境保护对策和措施，从而指导环境保护措施的设计，强化环境管理，把因人类活动而产生的环境污染或生态破坏限制在最小范围内。

（三）为区域经济社会发展提供导向

环境影响评价可以通过对区域的自然条件、资源条件、社会条件和经济发展状况等进行综合分析，掌握该地区的资源、环境和社会承载能力等状况，从而对该地区的发展方向、发展规模、产业结构和布局等做出科学的决策和规划，以指导区域活动，实现可持续发展。

（四）推进科学决策和民主决策进程

环境影响评价是在决策的源头考虑环境的影响，并要求开展公众参与，充分征求公众的意见。其本质是在决策过程中加强科学论证，强调公开、公正，对我国决策民主化、科学化具有重要的推进作用。

为贯彻落实党和国家对环境保护公众参与的具体要求，满足公众对良好生态环境的期待和参与环境保护事务的热情，2015 年环境保护部（现更名为生态环境部）先后发布了《环境保护公众参与办法》《关于印发〈建设项目环境影响评价信息公开机制方案的通知〉》（环发〔2015〕162 号），作为新修订的《中华人民共和国环境保护法》的重要配套细则。

希望通过这些法规的出台，切实保障公民、法人和其他组织获取环境信息、参与和监督环境保护的权利，畅通参与渠道，规范引导公众依法、有序、理性参与，促进环境保护公众参与健康发展。

（五）促进相关环境科学技术的发展

环境影响评价涉及自然科学和社会科学的众多领域，包括基础理论研究和应用技术开发。环境影响评价工作中遇到的问题必然是对相关环境科学技术的挑战，进而推动相关环境科学技术的发展。

第二节　环境影响评价程序

环境影响评价程序是指按一定的顺序或步骤指导完成环境影响评价工作的过程。其程序可以分为管理程序和工作程序。管理程序用于指导环境影响评价的监督与管理；工作程序用于指导环境影响评价的工作内容和进程。

一、环境影响评价的管理程序

建设项目环境影响评价是从建设单位的环境影响申报（咨询）开始的。根据分类管理、分级审批的原则，建设单位根据项目性质和环境特征，委托有资质的单位担任环评报告的编制工作。环评单位根据项目类别和环境特点，依据《建设项目环境影响评价分类管理名录（2021 年版）》（生态环境部令第 16 号），确定环境影响评价文件的类型（环境影响报告书、环境影响报告表、环境影响登记表），并按照建设项目环境影响评价总纲及导则的要求，开展环境影响评价文件的编制工作。其间，需开展公众参与，征求公众意见。环境影响评价文件需经环境保护管理部门的评估或咨询机构开展技术评审后出具评估意见，再报审批部门审批，建设单位获得批文后方能施工。在施工结束后再向审批环境影响评价文件的环境保护主管部门提出竣工验收申请，完成竣工验收报告（监测报告、调查报告），并在通过竣工验收后才能正式投产。在项目建设、运行过程中如果出现不符合经审批的环境影响评价文件的情形的，建设单位应当组织环境影响的后评价，采取改进措施，并报原环境影响评价文件审批部门和建设项目审批部门备案。原环境影响评价文件审批部门也可以责成建设单位进行环境影响的后评价，并采取改进措施。建设项目的环境影响评价文件经批准后，建设项目的性质、规模、地点，以及采用的生产工艺或者防治污染、防止生态破坏的措施发生重大变动的，建设单位应当重新报批建设项目的环境影响评价文件。

（一）分类管理

1998 年 11 月 29 日，我国发布了《建设项目环境保护管理条例》，开始对建设项目环境影响评价实行分类管理，并于 2017 年 7 月 16 日对该条例进行了修订。修订后的《建设项目环境保护管理条例》第七条规定，国家根据建设项目对环境的影响程度，对建设项目的环境保护实行分类管理：①建设项目对环境可能造成重大影响的，应当编制环境影响报告书，对建设项目产生的污染和对环境的影响进行全面、详细的评价；②建设项目对环境可能造成轻度影响的，应当编制环境影响报告表，对建设项目产生的污染和对环境的影响进行分析或专项评价；③建设项目对环境影响很小，不需要进行环境影响评价的，应该填报环境影响登记表。

建设项目环境影响报告书，应当包括：①建设项目概况；②建设项目周围环境现状；③建设项目对环境可能造成影响的分析和预测；④环境保护措施及其经济、技术论证；⑤环境影响经济损益分析；⑥对建设项目实施环境监测的建议；⑦环境影响评价结论。

建设项目环境影响报告表、环境影响登记表的内容和格式，由国务院环境保护行政主管部门规定。

《建设项目环境影响评价分类管理名录（2021 年版）》于 2020 年 11 月 30 日由生态环境部令第 16 号公布，自 2021 年 1 月 1 日起施行。《建设项目环境影响评价分类管理名录》（环境保护部令第 44 号）及《关于修改〈建设项目环境影响评价分类管理目录〉部分内容的决定》（生态环境部令第 1 号）同时废止。该名录将建设项目具体分成 55 个大类、173 类项目，不仅考虑其对环境的影响大小，而且按建设项目所处环境的敏感性质和敏感程度来确定建设项目环境影响评价的类别，并对其实行分类管理。该名录将依法设立各级各类保护区和对建设项目产生的环境影响特别敏感的区域，主要包括生态保护红线范围内或者其外的下列区域。

①国家公园、自然保护区、风景名胜区、世界文化和自然遗产地、海洋特别保护区、饮用水水源保护区。

②除①外的生态保护红线管控范围，永久基本农田、基本草原、自然公园（森林公园、地质公园、海洋公园等）、重要湿地、天然林，重点保护野生动物栖息地，重点保护野生植物生长繁殖地，重要水生生物的自然产卵场、索饵场、越冬场和洄游通道，天然渔场、水土流失重点预防区和重点治理区、沙化土地封禁保护区、封闭及半封闭海域。

③以居住、医疗卫生、文化教育、科研、行政办公为主要功能的区域，以及文物保护单位。

建设项目所处环境的敏感性质和敏感程度是确定建设项目环境影响评价分类的重要依据。涉及环境敏感区的项目，应当严格按照名录确定其环境影响评价类别，不得擅自提高或降低环境影响评价类别。环境影响评价文件应就该项目对环境敏感区的影响做重点分析。跨行业、复合型建设项目，其环境影响评价类别按其中单项评价等级最高的类别确定。

2018 年修正的《环境影响评价法》对需要进行环境影响评价的规划项目实行分类管理，明确要求对"一地三域"的规划及"十专项"规划中的指导性规划应当编制该规划有关环境影响的篇章或说明；对"十专项"规划中的非指导性规划应当编制环境影响报告书。其中"一地三域"指土地利用的有关规划，"区域、流域、海域"的建设、开发利用规划；"十专项"指工业、农业、畜牧业、林业、能源、水利、交通、城市建设、旅游、自然资源开发的有关专项规划。

专项规划的环境影响报告书应当包括下列内容：

①实施该规划对环境可能造成影响的分析、预测和评估。

②预防或者减轻不良环境影响的对策和措施。

③环境影响评价的结论。

（二）分级审批

分级审批是指建设对环境有影响的项目，不论投资主体、资金来源、项目性质和投资规模，其环境影响评价文件均按照规定确定分级审批权限，由国家生态环境部、省（自治区、直辖市）和市、县等不同级别的环境保护行政主管部门负责审批。规定各级环境保护部门负责建设项目环境影响评价的审批工作如下。

（1）国家生态环境部负责审批环境影响评价文件的建设项目类型有：①核设施、绝密工程等特殊性质的建设项目；②跨省、自治区、直辖市行政区域建设项目；③由国务院审批或核准的建设项目，由国务院授权有关部门审批或核准的建设项目，由国务院有关部门备案的对环境可能造成重大影响的特殊性质的建设项目。

（2）国家生态环境部可以将法定由其负责审批的部分建设项目环境影响评价文件的审批权限委托给该项目所在地的省级环境保护部门，并应当向社会公告。

受委托的省级环境保护部门，应当在委托范围内，以生态环境部的名义审批环境影响评价文件。受委托的省级环境保护部门不得再委托其他组织或个人。

国家生态环境部应当对省级环境保护部门根据委托审批环境影响评价文件的行为负责监督，并对该审批行为的后果承担法律责任。

（3）国家生态环境部直接审批环境影响评价文件的建设项目目录、委托省级环境保护部门审批环境影响评价文件的建设项目目录，并由生态环境部制定、调整并发布。

（4）国家生态环境部负责审批以外的建设项目环境影响评价文件的审批权限，由省级环境保护部门按照建设项目的审批、核准和备案权限，建设项目对环境的影响性质和程度以及下述原则提出分级审批建议，报省级人民政府批准后实施，并抄报生态环境部。

①有色金属冶炼及矿山开发、钢铁加工、电石、铁合金、焦炭、垃圾焚烧及发电、制浆等对环境可能造成重大影响的建设项目环境影响评价文件由省级环境保护部门负责审批。

②化工、造纸、电镀、印染、酿造、味精、柠檬酸、酶制剂、酵母等污染较重的建设项目，其环境影响评价文件由省级或地级市环境保护部门负责审批。

③法律和法规关于分级审批管理另有规定的，按照有关规定执行。

（5）建设项目可能造成跨行政区域的不良环境影响，有关环境保护部门对该项目的环境影响评价结论有争议的，其环境影响评价文件由共同的上一级环境保护部门审批。

（三）审批程序

根据《国务院关于修改〈建设项目环境保护管理条例〉的决定》（2017年10月1日起施行）的有关规定，对建设项目环境保护审批事项和流程进行了简化，删去环境影响评价单位的资质管理、建设项目环境保护设施竣工验收审批规定；将环境影响登记表由审批制改为备案制，将环境影响报告书、报告表的报批时间由可行性研究阶段调整为开工建设前，环境影响评价审批与投资审批的关系由前置"串联"改为"并联"；取消行业主管部门预审等环境影响评价的前置审批程序，并将环境影响评价和工商登记脱钩。

根据《环境影响评价法》《建设项目环境保护管理条例》《建设项目环境影响评价文件审批程序规定》的有关规定，环境影响评价文件从申请到受理，再到审查，最后到批准，基本遵循如下审批程序：

1. 申请与受理

建设单位按照《建设项目环境影响评价分类管理名录》的规定，委托环境影响评价机构编制环境影响报告书、环境影响报告表或填报环境影响登记表，并向环境保护部门提出申请，提交材料；也可以采取公开招标的方式，选择从事环境影响评价工作的单位，对建设项目进行环境影响评价。

任何行政机关不得为建设单位指定从事环境影响评价工作的单位进行环境影响评价。

2. 审查

依法应当编制环境影响报告书、环境影响报告表的建设项目，建设单位应当在开工建设前将环境影响报告书、环境影响报告表报送有审批权的环境保护行政主管部门审批；建设项目的环境影响评价文件未依法经审批部门审查或者审查后未予批准的，建设单位不得开工建设。

环境保护行政主管部门可以组织技术机构对建设项目环境影响报告书、环境影响报告表进行技术评估，并承担相应费用；技术机构应当对其提出的技术评估意见负责，不得向建设单位、从事环境影响评价工作的单位收取任何费用。

3. 批准

经审查通过的建设项目，环境保护行政主管部门应作出予以批准的决定，并书面通知建设单位。对不符合条件的建设项目，应作出不予批准的决定，并书面通知建设单位，同时说明理由。依法应当填报环境影响登记表的建设项目，建设单位应当按照国务院环境保护行政主管部门的规定将环境影响登记表报送建设项目所在地的县级环境保护行政主管部门备案。环境保护行政主管部门应当开展环境影响评价文件的网上审批、备案和信息公开。

（四）其他有关规定

没有行业主管部门的建设项目，环境保护行政主管部门直接审批建设项目环境影响评价文件；有行业主管部门的，其环境影响报告书或者环境影响报告表应当经行业主管部门预审后，报有审批权的环境保护行政主管部门审批；海岸工程建设项目环境影响报告书或者环境影响报告表，经海洋行政主管部门审核并签署意见后，报环境保护行政主管部门审批。

环境保护行政主管部门审批环境影响报告书、环境影响报告表，应当重点审查建设项目的环境可行性、环境影响分析预测评估的可靠性、环境保护措施的有效性、环境影响评价结论的科学性等，并分别自收到环境影响报告书之日起 60 日内、收到环境影响报告表之日起 30 日内，作出审批决定并书面通知建设单位。

建设项目的环境影响评价文件自批准之日起超过 5 年方决定该项目开工建设的，其环境影响评价文件应当报原审批部门重新审核；原审批部门应当自收到建设项目环境影响评价文件之日起 10 日内，将审核意见书面通知建设单位。逾期未通知的，视为审核同意。

（五）环境影响评价报告的质量控制

1. 建立内部审核制度

为保证环境影响评价文件编制质量，环评单位应制定相应的环境影响评价文件质量保证管理制度，如《环境影响评价质量管理办法》《环境影响评价报告书（报告表）内部审核制度》《环评人员的考核培训制度》及《项目竣工运行后的回访跟踪制度》等，并结合本单位情况，制定有关工作流程、现场踏勘、分级审核、责任追究等方面的具体要求。鉴于环评市场良莠不齐，且公众对环境影响评价的要求和期待都有很大的提高，因此一套完善的内部审核制度就显得十分必要。

一般来说，项目主持人（环境影响评价工程师）具体负责环境影响评价报告的编制质量，可以承担主要章节的编写；多名专职技术人员承担各章节的具体编写；另有经验丰富的环境影响评价工程师负责报告的审核；最后由评价机构的总工程师或副总工程师审定。

2. 注重附图和附表的绘制

环境影响评价文件中往往会用到大量的附图、附表，清晰、精美的图表也会为评价文件增色不少。以大气环境影响评价为例，报告书中常见的附图有：①污染源点位及环境空气敏感区分布图，包括评价范围底图、项目污染源、评价范围内其他污染源、主要环境空气敏感区、地面气象台站、探空气象台站、环境监测点等；②基本气象分析图，包括年、季风向玫瑰图等；③常规气象资料分析图，包括年平均温度月变化曲线图、温廓线、风廓线图等；④复杂地形的地形示意图；⑤污染物浓度等值线分布图，包括评价范围内出现区域浓度最大值（小时平均浓度及日平均浓度）时所对应的浓度等值线分布图，以及长期气象条件下的浓度等值线分布图。

环境影响评价文件中常见的附表有：①采用估算模式计算结果表；②污染源调查清单表，包括污染源周期性排放系数统计表、点源参数调查清单、面源参数调查清单、体源参数调查清单、颗粒物粒径分布调查清单等；③常规气象资料分析表，包括年平均温度的月变化、年平均风速的月变化、季平均风速的日变化、年均风频的月变化、年均风频的季变化及年均风频等；④环境质量现状监测分析结果；⑤预测点环境影响预测结果与达标分析。

环境影响评价文件中常见的附件有：①环境质量现状监测原始数据文件（电子版或文本复印件）；②气象观测资料文件（电子版），并注明气象观测数据来源及气象观测站类别；③预测模型所有输入文件及输出文件（电子版），应包括气象输入文件、地形输入文件、程序主控文件、预测浓度输出文件等。需要注意的是，附件中应说明各文件意义及原始数据来源。

不同评价等级对附图、附表、附件要求不同，实际工作中可以根据导则要求针对不同评价等级提供相应材料。

二、环境影响评价的工作程序

分析判定建设项目选址选线、规模、性质和工艺路线等与国家和地方有关环境保护法的律法规、标准、政策、规范、相关规划、规划环境影响评价结论及审查意见是否一致，并与生态保护红线、环境质量底线、资源利用上线和环境准入负面清单进行对照，作为开展环境影响评价工作的前提和基础。环境影响评价工作一般分为三个阶段，即调查分析和工作方案制定阶段，分析论证和预测评价阶段，环境影响报告书（表）编制阶段。

（一）调查分析和工作方案制定阶段

环境影响评价第一阶段主要完成以下工作内容：接受环境影响评价委托后，首先研究国家和地方有关环境保护的法律法规、政策、标准及相关规划等文件，确定环境影响评价文件类型。在研究相关技术文件和其他有关文件的基础上进行初步的工程分析，同时开展初步的环境状况调查及公众意见调查。结合初步工程分析结果和环境现状资料，识别建设项目的环境影响因素，筛选主要的环境影响评价因子，明确评价重点和环境保护目标，确定环境影响评价的范围、评价工作等级和评价标准，最后制订工作方案。

（二）分析论证和预测评价阶段

环境影响评价第二阶段的主要工作是做进一步的工程分析，进行充分的环境现状调查、监测并开展环境质量现状评价，之后根据污染源源强和环境现状资料进行建设项目的环境影响预测，评价建设项目的环境影响，并开展公众意见调查。若建设项目需要进行多个厂址的比选，则需要对各个厂址分别进行预测和评价，并从环境保护角度推荐最佳厂址方案；如果对原选厂址得出了否定的结论，则需要对新选厂址重新进行环境影响评价。

（三）环境影响评价报告书（表）编制阶段

环境影响评价第三阶段的主要工作是汇总、分析第二阶段工作所获得的各种资料、数据，然后根据建设项目的环境影响、法律法规和标准等相关要求以及公众的意愿，提出减少环境污染和生态影响的环境管理措施和工程措施，从环境保护的角度确定项目建设的可行性，给出评价结论和提出进一步减缓环境影响的建议，并最终完成环境影响报告书或报告表的编制。

三、环境影响评价工作等级的确定

（一）评价工作等级

环境影响评价工作等级是指按照编制环境影响评价和各专题的工作深度，将大气、地表水、地下水、噪声、土壤、生态、人群健康等各单项环境要素划分为三个评价等级：一级、二级和三级。一级评价对环境影响进行全面、详细、深入的评价；二级评价对环境影响进行较为详细、深入评价；三级评价可只进行环境影响分析。具体的评价工作等级内容要求或工作深度请参阅专项环境影响评价技术导则、行业建设项目环境影响评价技术导则的相关规定。

各环境要素专项评价工作等级按建设项目特点，所在地区的环境特征，相关法律法规、标准及规划，环境功能区划等因素进行划分。其他专项评价工作等级划分可参照各环境要素评价工作等级划分依据。

（1）建设项目的工程特点主要包括工程性质，工程规模，能源、水及其他资源的使用量及类型，污染物排放特点（如污染物种类、性质、排放量、排放方式、排放去向、排放浓度等），工程建设的范围和时段，生态影响的性质和程度等。

（2）项目所在地区的环境特征主要包括自然环境条件和特点、环境敏感程度、环境质量现状、生态系统功能与特点、自然资源及社会经济环境状况，以及建设项目实施后可能引起现有环境特征发生变化的范围和程度等。

（3）国家或地方政府所颁布的有关法律法规、标准及规划，包括环境和资源保护法规及其法定保护的对象、环境质量标准和污染物排放标准、环境保护规划、生态保护规划、环境功能区划和保护区规划等。

（二）评价范围

根据建设项目可能的影响范围（包括直接影响、间接影响、潜在影响等）确定环境影响评价范围，其中项目实施可能影响范围内的环境敏感区等应重点关注。

根据环境功能区划和保护目标要求，按照确定的各环境要素的评价等级和环境影响评价技术导则等相关规定，结合拟建项目污染和破坏特点及当地环境特征，分别确定各环境要素具体的现状调查和预测评价范围，并在地形地貌图上标出范围，尤其应注明关心点位置。

第三节 大气环境影响评价

大气环境影响评价的最终目的是从大气环境保护的角度评价拟建项目的可行性，从而做出明确的评价结论。它一般应包括以下两个方面。

（1）以法规标准为依据，根据环保目标，在现状调查、工程分析和影响预测的基础上，判别拟建项目对当地环境的影响，全面比较项目建设对大气环境的有利影响和不利影响，明确回答该项目选址是否合理，并对拟建项目的选址方案、总图布置、产品结构、生产工艺等提出改进措施和建议。

（2）针对建设项目特点、环境状况和技术经济条件，对不利的环境影响提出进一步治理大气污染的具体方案和措施，把建设项目对环境的不利影响降到最低程度，最终提出可行的环保对策和明确的评价结论。

一、大气环境影响评价目的和指标

（一）大气环境影响评价目的

（1）定量预测评价区内大气环境质量的变化程度。

（2）根据可能出现的高浓度背景，解释污染物迁移规律。

（3）与环境目标值（标准）比较，了解环境影响的程度，评价厂址选择的合理性。

（4）优选合理的布局方案、治理方案。

（5）为项目建成后进行环境监测布点提供建议。

（二）大气环境影响评价指标

（1）环境目标值确定。它是指经过环保部门批准的大气环境质量评价标准，通常是《环境空气质量标准》（GB 3095—2012）和相关的地方标准中的指标，缺项由选定的国外标准等补充。

（2）评价指数。常用的评价指数是空气质量评价标准指数法 $S_i = C_i/C_{si}$，若 $S_i > 1$ 为超标。

二、建设项目大气环境影响评价的内容

（一）选址的总图布置

（1）根据建设项目各主要污染因子的全部排放源在评价区的超标区（或 S_i 值的最大区域）或关心点上的等标污染负荷比 K_{ij}，同时结合评价区的环境特点、工业生产现状或发展规划，以及环境质量水平和可能的改造措施等因素，从大气环保的角度出发，对厂址选择是否合理提出评价和建议。

（2）根据建设项目各污染源在评价区关心点以及厂址、办公区、职工生活区等区域的污染分担率，结合环境、经济等因素，对总图布置的合理性提出评价和建议。

（3）如果该评价区内有几种厂址选择方案和总图布置方案，则应给出各种方案的预测结果（包括浓度分布图和污染分担率），再结合各方面因素，从大气环保的角度出发，进行方案比选并提出推荐意见。

（二）污染源评价

（1）根据各污染因子和各类污染源在超标区或关心点的 S_i 及 K_{ij} 值，确定主要污染因子和主要污染源，以及各污染因子和污染源对污染贡献大小的次序。

（2）对原设计的主要污染物、污染源方案从大气环保的角度作出评价，包括源高、源强、工艺流程、治理技术和综合利用措施等。

（三）分析超标时的气象条件

（1）根据预测结果分析出现超标时的气象条件，例如静风、大气不稳定状况、日出和日落前的熏烟和辐射逆温的形成。因特定的地表或地形条件引起的局地环流（山谷风、海陆风、热岛环流等），给出其中的主要因素以及这些因素的出现时间、强度、周期和频率。

（2）扩建项目如已有污染因子的监测数据，可结合同步观测的气象资料，分析其超标时的气象条件。

（四）环境空气质量影响评价

根据上述评价或分析结果，结合各项调查资料，全面分析建设项目最终选择的设计方案（一种或几种）对评价区大气环境质量的影响，并给出这一影响的综合性评价。

（五）环境保护对策与措施

大气污染治理设施与预防措施必须保证污染源排放以及控制措施均符合排放标准的有关规定，满足经济、技术可行性要求。可从项目选址选线、污染源的排放强度与排放方式、污染控制措施技术与经济可行性等方面，结合区域环境质量现状及区域削减方案、项目正常排放及非正常排放下大气环境影响预测结果，综合评价治理设施、预防措施及排放方案的优劣，并对存在的问题（如果有）提出解决方案。经对解决方案进一步预测和评价比选后，给出大气污染控制措施可行性建议及最终的推荐方案。一般可采用以下环保对策：①改变燃料结构；②改进生产工艺；③加强管理和治理重点污染源；④无组织排放的控制；⑤排气筒高度选择；⑥加强能源资源的综合利用；⑦区域污染源总量控制；⑧土地的合理利用与调整；⑨厂区绿化，防护林建设等；⑩环境监测计划的建设等。

（六）环境监测计划

1. 一般性要求

一级评价项目按要求提出项目在生产运行阶段的污染源监测计划和环境质量监测计划。二级评价项目按要求提出项目在生产运行阶段的污染源监测计划。三级评价项目可适

当简化环境监测计划。

2. 污染源监测计划

污染源监测计划按照各行业排污单位自行监测技术指南及排污许可证申请与核发技术规范执行。污染源监测计划应明确监测点位、监测指标、监测频次、执行排放标准。

3. 环境空气质量监测计划

环境空气质量监测计划包括监测点位、监测指标、监测频次、执行环境质量标准等。

筛选按要求计算的项目排放污染物 $P_i \geqslant 1\%$ 的污染物作为环境质量监测因子。环境质量监测点位一般在项目厂界或大气环境防护距离（如有）外侧设置 $1 \sim 2$ 个监测点。各监测因子的环境质量每年至少监测一次，监测时段参照补充监测的要求执行。新建 10km 及以上的城市快速路、主干路等城市道路项目，应在道路沿线设置至少 1 个路边交通自动连续监测点，监测项目包括道路交通源排放的基本污染物。

环境质量监测采样方法、监测分析方法、监测质量保证与质量控制等应符合所执行的环境质量标准、《排污单位自行监测技术指南总则》（HJ 819—2017）及《排污许可证申请与核发技术规范总则》（HJ 942—2018）的相关要求。

（七）最终结论

最终结论应明确拟建项目在建设运行各阶段的大气环境影响能否接受。

（1）达标区域的建设项目环境影响评价，当同时满足以下条件时，则认为环境影响可以接受：

①新增污染源正常排放下污染物短期浓度贡献值的最大浓度占标率 $\leqslant 100\%$；

②新增污染源正常排放下污染物年均浓度贡献值的最大浓度占标率 $\leqslant 30\%$（其中一类区 $\leqslant 10\%$）；

③项目环境影响符合环境功能区划。叠加现状浓度、区域削减污染源以及在建、拟建项目的环境影响后，主要污染物的保证率日平均质量浓度和年平均质量浓度均符合环境质量标准；对于项目排放的主要污染物仅有短期浓度限值的，叠加后的短期浓度应符合环境质量标准。

（2）不达标区域的建设项目环境影响评价，当同时满足以下条件时，则认为环境影响可以接受。

①达标规划未包含的新增污染源建设项目，需另有替代源的削减方案；

②新增污染源正常排放下污染物短期浓度贡献值的最大浓度占标率 $\leqslant 100\%$；

③新增污染源正常排放下污染物年均浓度贡献值的最大浓度占标率 $\leqslant 30\%$（其中一类区 $\leqslant 10\%$）；

④项目环境影响符合环境功能区划或满足区域环境质量改善目标。现状浓度超标的污染物评价，叠加达标年目标浓度、区域削减污染源以及在建、拟建项目的环境影响后，污

染物的保证率日平均质量浓度和年平均质量浓度均符合环境质量标准或满足达标规划确定的区域环境质量改善目标，或按预测范围内年平均质量浓度变化率 k ≤ —20%。对于现状达标的污染物评价，叠加后的污染物浓度应符合环境质量标准；对于项目排放的主要污染物仅有短期浓度限值的，叠加后的短期浓度应符合环境质量标准。

（3）区域规划的环境影响评价，当主要污染物的保证率日平均质量浓度和年平均质量浓度均符合环境质量标准，并对于主要污染物仅有短期浓度限值的，叠加后的短期浓度符合环境质量标准时，则认为区域规划环境影响可以接受。

第四节　地表水环境影响评价

一、评价内容

（1）一级、二级、水污染影响型三级 A 及水文要素影响型三级评价，主要评价内容包括：水污染控制和水环境影响减缓措施有效性评价、水环境影响评价。

（2）水污染影响型三级 B 评价，主要评价内容包括：水污染控制和水环境影响减缓措施有效性评价、依托污水处理设施的环境可行性评价。

二、评价要求

（一）水污染控制和水环境影响减缓措施有效性评价

水污染控制和水环境影响减缓措施有效性评价应满足以下几个要求。

（1）污染控制措施及各类排放口的排放浓度限值等应满足国家和地方相关排放标准及符合有关标准规定的排水协议关于水污染物排放的条款要求；

（2）水动力影响、生态流量、水温影响减缓措施应满足水环境保护目标的要求；

（3）涉及面源污染的，应满足国家和地方有关面源污染控制治理要求；

（4）受纳水体环境质量达标区的建设项目选择废水处理措施或多方案必选时，应满足行业污染防治可行技术指南要求，确保废水稳定达标排放且环境影响可以接受；

（5）受纳水体环境质量不达标区的建设项目选择废水处理措施或多方案比选时，应满足区（流）域水环境质量限期达标规划和替代源的削减方案要求、区（流）域环境质量改善目标要求及行业污染防治可行技术指南中最佳可行技术要求，确保废水污染物达到最低排放强度和排放浓度，并且环境影响可以接受。

（二）水环境影响评价

水环境影响评价应满足以下几个要求。

（1）排放口所在水域形成的混合区，应限制在达标控制（考核）断面以外水域，且不得与已有排放口形成的混合区叠加，混合区外水域应满足水环境功能区或水功能区的水质目标要求。

（2）水环境功能区或水功能区、近岸海域环境功能区水质达标。说明建设项目对评价范围内的水环境功能区或水功能区、近岸海域环境功能区的水质影响特征，分析水环境功能区或水功能区、近岸海域环境功能区水质变化状况，在考虑叠加影响的情况下，评价建设项目建成以后各预测时期水环境功能区或水功能区、近岸海域环境功能区达标状况。涉及富营养化问题的，需要评价水温、水文要素、营养盐等变化特征与趋势，分析判断富营养化演变趋势。

（3）满足水环境保护目标水域水环境质量要求。评价水环境保护目标水域各预测时期的水质（包括水温）变化特征、影响程度与达标状况。

（4）水环境控制单元或断面水质达标。说明建设项目污染排放或水文要素变化对所在控制单元各预测时期的水质影响特征，在考虑叠加影响的情况下，分析水环境控制单元或断面的水质变化状况，评价建设项目建成后水环境控制单元或断面在各预测时期下的水质达标状况。

（5）满足区（流）域水环境质量改善目标要求。

（6）水文要素影响型建设项目同时应包括水文情势变化评价、主要水文特征值影响评价、生态流量符合性评价。

（7）对于新设或调整入河（湖库、近岸海域）排放口的建设项目，应包括排放口设置的环境合理性评价。

（8）满足"三线一单"（生态保护红线、水环境质量底线、资源利用上线和环境准入清单管理）要求。

分析环境水文条件及水动力条件的变化趋势与特征，并评价水文要素及水动力条件的改变对水环境及各类用水对象的影响程度。

（三）依托污水处理设施的环境可行性评价

依托污水处理设施的环境可行性评价，主要从污水处理设施的日处理能力、处理工艺、设计进水水质、处理后的废水稳定达标排放情况及排放标准是否涵盖建设项目排放的有毒有害的特征水污染物等方面开展评价，满足依托的环境可行性要求。

三、污染源排放量核算

（一）一般要求

污染源排放量是新（改、扩）建项目申请污染物排放许可的依据。对改建、扩建项目，除应核算新增源的污染物排放量外，还应核算项目建成后全厂的污染物排放量，其中污染源排放量为污染物的年排放量。对建设项目在批复的区域或水环境控制单元达标方案的许可排放量分配方案中有规定的，按规定执行。规划环评污染源排放量核算与分配应遵循水陆统筹、河海兼顾、满足"三线一单"约束要求的原则，综合考虑水环境质量改善目标要求、水环境功能区或水功能区、近岸海域环境功能区管理要求、经济社会发展、行业排污绩效等因素，确保发展不超载、底线不突破。

（二）间接排放

建设项目污染源排放量的核算，要根据污水处理设施的控制要求核算来确定。

（三）直接排放

建设项目污染源排放量的核算，要根据建设项目达标排放的地表水环境影响、污染源源强核算技术指南及排污许可申请与核发技术规范进行核算，并从严要求，在满足水环境影响评价的要求下，遵循以下原则要求。

（1）污染源排放量的核算水体为有水环境功能要求的水体。

（2）建设项目排放的污染物属于现状水质不达标的，包括本项目在内的区（流）域污染源排放量应调减至满足区（流）域水环境质量改善目标要求。

（3）当受纳水体为河流时，不受回水影响的河段，建设项目污染源排放量核算断面应位于排放口下游，与排放口的距离应小于 2km；受回水影响河段，应在排放口的上下游设置建设项目污染源排放量核算断面，与排放口的距离应小于 1km。建设项目污染源排放量核算断面应根据区间水环境保护目标位置、水环境功能区或水功能区及控制单元断面等情况调整。当排放口污染物进入受纳水体在断面混合不均匀时，应以污染源排放量核算断面污染物最大浓度作为评价依据。

（4）当受纳水体为湖库时，建设项目污染源排放量核算点位应布置在以排放口为中心、半径不超过 50m 的扇形水域内，且扇形面积占湖库面积比例不超过 5%，核算点位应不少于 3 个。建设项目污染源排放量核算点应根据区间水环境保护目标位置、水环境功能区或水功能区及控制单元断面等情况进行调整。

（5）遵循地表水环境质量底线要求，主要污染物（化学需氧量、氨氮、总磷、总氮）需预留必要的安全余量。安全余量可按地表水环境质量标准、受纳水体环境敏感性等确定：受纳水体为 GB3838 Ⅲ 类水域，以及涉及水环境保护目标的水域，安全余量按照不低于建设项目污染源排放量核算断面（点位）处环境质量标准的 10% 确定（安全余量 ≥ 环境质量标准 ×10%）；受纳水体水环境质量标准为 GB3838 Ⅳ、Ⅴ 类水域，安全余量按照不低于建设项目污染源排放量核算断面（点位）环境质量标准的 8% 确定（安全余量 ≥ 环境质量标准 ×8%）；地方如有更严格的环境管理要求，按地方要求执行。

（6）当受纳水体为近岸海域时，参照 GB 18486 执行。

（7）按照以上要求预测评价范围的水质状况，如果预测的水质因子满足地表水环境质量管理及安全余量要求，污染源排放量即为水污染控制措施有效性评价确定的排污量；如果不满足地表水环境质量管理及安全余量要求，则需进一步根据水质目标核算污染源排放量。

四、生态流量确定

根据河流、湖库生态环境保护目标的流量（水位）及过程需求确定生态流量（水位）。河流应确定生态流量，湖库应确定生态水位。根据河流、湖库的形态、水文特征及生物重要生境分布，选取代表性的控制断面综合分析、评价河流和湖库的生态环境状况、主要生态环境问题等。生态流量控制断面或点位选择应结合重要生境、重要环境保护对象等保护目标的分布、水文站网分布以及重要水利工程位置等统筹考虑。

五、环保措施与监测计划

（一）一般要求

（1）在建设项目污染控制治理措施与废水排放满足排放标准与环境管理要求的基础上，针对建设项目实施可能造成地表水环境不利影响的阶段、范围和程度，提出预防、治理、控制、补偿等环保措施或替代方案等内容，并制订监测计划。

（2）水环境保护措施的论证应包括水环境保护措施的内容、规模及工艺、相应投资、实施计划，以及所采取措施的预期效果、达标可行性、经济技术可行性和可靠性分析等内容。

（3）对水文要素影响型建设项目，应提出减缓水文情势影响、保障生态需水的环保措施。

（二）水环境保护措施

对建设项目可能产生的水污染物，需通过优化生产工艺和强化水资源的循环利用，提出减少污水产生量与排放量的环保措施，并对污水处理方案进行技术经济及环保论证比选，明确污水处理设施的位置、规模、处理工艺、主要构筑物或设备、处理效率。采取的污水处理方案要实现达标排放，满足总量控制指标要求，并对排放口设置及排放方式进行环保论证。

达标区建设项目选择废水处理措施或多方案比选时，应综合考虑成本和治理效果，选择可行技术方案；不达标区建设项目选择废水处理措施或多方案比选时，应优先考虑治理效果，结合区（流）域水环境质量改善目标、替代源的削减方案实施情况，确保废水污染物达到最低排放强度和排放浓度。

对水文要素影响型建设项目，应考虑保护水域生境及水生态系统的水文条件以及生态环境用水的基本需求，提出优化运行调度方案或下泄流量及过程，并明确相应的泄放保障措施与监控方案。对于建设项目引起的水温变化可能对农业、渔业生产或鱼类繁殖与生长等产生不利影响的，应提出水温影响减缓措施。对产生低温水影响的建设项目，对其取水与泄水建筑物的工程方案提出环保优化建议，可采取分层取水设施、合理利用水库洪水调度运行方式等。对产生温排水影响的建设项目，可采取优化冷却方式减少排放量，并可通过余热利用措施降低热污染强度，合理选择温排水口的布置和形式，控制高温区范围等。

（三）监测计划

按建设项目建设期、生产运行期、服务期满后等不同阶段，针对不同工况、不同地表水环境影响的特点，根据 HJ 819、HJ/T92、相应的污染源源强核算技术指南和自行监测技术指南，提出水污染源的监测计划，包括监测点位、监测因子、监测频次、监测数据采集与处理、分析方法等。明确自行监测计划内容，提出应向社会公开的信息内容。

提出地表水环境质量监测计划，包括监测断面或点位位置（经纬度）、监测因子、监测频次、监测数据采集与处理、分析方法等。明确自行监测计划内容，提出应向社会公开的信息内容。

监测因子需与评价因子相协调。地表水环境质量监测断面或点位设置需与水环境现状监测、水环境影响预测的断面或点位相协调，并应强化其代表性、合理性。

建设项目排放口应根据污染物排放特点、相关规定设置监测系统。排放口附近有重要水环境功能区或水功能区及特殊用水需求时，应对排放口下游控制断面进行定期监测。对下泄流量有泄放要求的建设项目，在闸坝下游应设置生态流量监测系统。

六、评价结论

（一）水环境影响评价结论

根据水污染控制和水环境影响减缓措施的有效性评价、地表水环境影响评价结论，明确给出地表水环境影响是否可接受的结论。

（1）达标区的建设项目环境影响评价。依据评价要求，在同时满足水污染控制和水环境影响减缓措施有效性评价、水环境影响评价的情况下，认为地表水环境影响可以接受，否则认为地表水环境影响不可接受。

（2）不达标区的建设项目环境影响评价。依据评价要求，在考虑区（流）域环境质量改善目标要求、削减替代源的基础上，同时满足水污染控制和水环境影响减缓措施有效性评价、水环境影响评价的情况下，认为地表水环境影响可以接受，否则认为地表水环境影响不可接受。

（二）污染源排放量与生态流量

明确给出污染源排放量核算结果，填写建设项目污染物排放信息表。新建项目的污染物排放指标需要等量替代或减量替代时，还应明确给出替代项目的基本信息，主要包括项目名称、排污许可证编号、污染物排放量等。有生态流量控制要求的，根据水环境保护管理要求，明确给出生态流量控制节点及控制目标。

第五节　地下水环境影响评价

一、评价原则

评价应以地下水环境现状调查和地下水环境影响预测结果为依据，对建设项目各实施阶段（建设期、运营期及服务期满后）不同环节及不同污染防控措施下的地下水环境影响进行评价。地下水环境影响预测未包括环境质量现状值时，应叠加环境质量现状值后再进行评价；评价建设项目对地下水水质的直接影响，应重点评价建设项目对地下水环境保护目标的影响。

二、评价范围与评价方法

地下水环境影响评价范围一般与调查评价范围一致。

评价方法采用标准指数法。

三、地下水污染防治对策

（一）基本要求

地下水污染防治重在预防，环评是地下水污染预防的重要手段。"源头控制、分区防控、污染监测、应急响应"是地下水污染预防的基本原则。源头控制主要切断正常状况下的地下水污染源；分区防控主要控制非正常状况下的地下水环境污染状况，并辅以跟踪监测，提出相应的应急响应措施。

（二）建设项目污染防控对策

地下水环境污染防治，应采取源头控制和分区防控相结合的措施，加强地下水环境监测与管理体系。

源头控制主要包括提出各类废物循环利用的具体方案，减少污染物的排放量；提出工艺、管道、设备、污水储存及处理构筑物应采取的污染控制措施，将污染物跑、冒、滴、漏降到最低极限。

分区防控措施是结合地下水环境影响评价结果，对工程设计或可行性研究报告中的地下水污染防控方案提出优化调整建议，给出不同分区的具体防渗技术要求。地下水污染防控可分为主动防控与被动防控。主动防控是指工程本身的防渗要求；被动防控是利用包气带防污性能进行防控。分区防渗综合了主动防控与被动防控的相关内容，在充分考虑天然包气带防污性能的条件下，参照固体废物填埋和石油化工相关防渗技术要求，结合污染物特性和控制的难易程度，提出满足相应防渗等级的技术要求。

（三）制订地下水环境跟踪监测计划

防控的环境管理体系，包括地下水环境跟踪监测方案和定期信息公开等。环境跟踪监测是地下水环境监管的核心。

四、评价结论

评价建设项目对地下水水质的影响时,可采用以下判据评价水质能否满足标准的要求。

(一)以下情况应得出可以满足标准要求的结论

(1)建设项目各个不同阶段,除场界内小范围以外地区,均能满足标准要求。

(2)在建设项目实施的某个阶段,有个别评价因子出现较大范围超标,但采取环境保护措施后可以满足标准要求。

(二)以下情况应得出不能满足标准要求的结论

(1)新建项目排放的主要污染物,改扩建项目已经排放的及将要排放的主要污染物,在评价范围内地下水中已经超标的。

(2)环保措施在技术上不可行,或经济上明显不合理的。

第六节 土壤环境影响预测与评价

一、土壤环境影响预测的基本原则

(1)根据影响识别结果与评价工作等级,结合当地土地利用规划确定影响预测的范围、时段、内容和方法。

(2)土壤环境影响分析可定性或半定量地说明建设项目对土壤环境产生的影响及趋势。重点预测评价建设项目对占地范围外土壤环境敏感目标的累积影响,并根据建设项目特征兼顾对占地范围内的影响进行预测。

(3)建设项目导致土壤潜育化、沼泽化、潴育化和土地沙漠化等影响的,可根据土壤环境特征,结合建设项目特点,分析土壤环境可能受到影响的范围和程度。

二、预测评价范围、时段与情景设置

预测评价范围一般与现状调查评价范围一致。预测评价时段应根据建设项目土壤环境影响识别结果,确定土壤环境影响最为突出的时段,一般为运营期。在影响识别的基础上,根据建设项目特征设定预测情景。

三、预测与评价方法

污染影响型建设项目应根据环境影响识别出的特征因子选取关键预测与评价因子。对可能造成土壤盐化、酸化、碱化影响的建设项目,分别选取土壤盐分含量、pH 等作为预测与评价因子。

预测与评价方法应根据建设项目土壤环境影响类型与评价工作等级确定。可能引起土壤盐化、酸化、碱化等影响的建设项目,其评价工作等级为一级、二级的,预测方法可参见《环境影响评价技术导则土壤环境（试行）》（HJ 964—2018）附录 E 和 F 或进行类比分析。污染影响型建设项目，其评价工作等级为一级、二级的，预测方法可参见《环境影响评价技术导则土壤环境（试行）》（HJ 964—2018）附录 E 或进行类比分析。占地范围内，还应根据土体构型、土壤质地、饱和导水率等分析其可能影响的深度。评价工作等级为三级的建设项目，可采用定性描述或类比分析法进行预测。

四、预测评价结论

以下情况可得出建设项目土壤环境影响可接受的结论：①建设项目各不同阶段，土壤环境敏感目标处且占地范围内各评价因子均满足相关标准要求的；②生态影响型建设项目各不同阶段，出现或加重土壤盐化、酸化、碱化等问题，但采取防控措施后，可满足相关标准要求的；③污染影响型建设项目各不同阶段，土壤环境敏感目标处或占地范围内个别点位、层位或评价因子出现超标，但采取必要措施后，可满足 GB 15618、GB 36600 或其他土壤污染防治相关管理规定的。

以下情况不能得出建设项目土壤环境影响可接受的结论：①土壤盐化、酸化、碱化等对预测评价范围内土壤原有生态功能造成重大且不可逆影响的；②污染影响型建设项目各不同阶段，土壤环境敏感目标处或占地范围内多个点位、层位或评价因子出现超标，采取必要措施后，仍无法满足 GB 15618、GB 36600 或其他土壤污染防治相关管理规定的。

五、保护措施与对策

（一）土壤环境质量现状保障措施

对于建设项目占地范围内的土壤环境质量存在点位超标的，应依据土壤污染防治相关管理办法、规定和标准，采取有关土壤污染防治措施。

（二）源头控制措施

生态影响型建设项目应结合项目的生态影响特征、按照生态系统功能优化的理念、坚持高效适用的原则提出源头防控措施。

污染影响型建设项目应针对关键污染源、污染物的迁移途径提出源头控制措施，并与 HJ 2.2、HJ 2.3、HJ 19、HJ 169、HJ 610 等标准要求相协调。

（三）过程防控措施

建设项目根据行业特点与占地范围内的土壤特性，按照相关技术要求采取过程阻断、污染物削减和分区防控措施。

生态影响型项目的防控措施主要有：①涉及酸化、碱化影响的可采取相应措施调节土壤 pH，以减轻土壤酸化、碱化的程度；②涉及盐化影响的，可采取排水排盐或降低地下水位等措施，以减轻土壤盐化的程度。

污染影响型项目的防控措施主要有：①涉及大气沉降影响的，占地范围内应采取绿化措施，以种植具有较强吸附能力的植物为主；②涉及地面漫流影响的，应根据建设项目所在地的地形特点优化地面布局，必要时设置地面硬化、围堰或围墙，以防止土壤环境污染；③涉及入渗途径影响的，应根据相关标准规范要求，对设备设施采取相应的防渗措施，以防止土壤环境污染。

（四）跟踪监测

土壤环境跟踪监测措施包括制订跟踪监测计划、建立跟踪监测制度，以便及时发现问题，采取措施。

土壤环境跟踪监测计划应明确监测点位、监测指标、监测频次以及执行标准等。监测点位应布设在重点影响区和土壤环境敏感目标附近；监测指标应选择建设项目特征因子。评价工作等级为一级的建设项目一般每3年内开展1次监测工作，二级的每5年内开展1次，三级的必要时可开展跟踪监测。生态影响型建设项目跟踪监测应尽量在农作物收割后开展。

六、评价结论

土壤环境影响评价结论应包括建设项目的土壤环境现状、预测评价结果、防控措施及跟踪监测计划等内容，从土壤环境影响的角度，总结项目建设的可行性，并填写土壤环境影响评价自查表。

第七节　生态影响评价

生态环境是指除人口种群以外的生态系统中不同层次的生物所组成的生命系统。研究和评价生态环境，主要是针对生态环境质量而言的。所谓生态环境质量，是指生态系统在人为作用下总的变化状态。

一、生态影响相关定义及术语

（一）生态影响（Ecological Impact）

生态影响是指经济社会活动对生态系统及其生物因子、非生物因子所产生的任何有害的或有益的作用。生态影响可划分为不利影响和有利影响，直接影响、间接影响和累积影响，可逆影响和不可逆影响。

（二）直接生态影响（Direct Ecological Impact）

直接生态影响指经济社会活动所导致的不可避免的、与该活动同时同地发生的生态影响。

（三）间接生态影响（Indirect Ecological Impact）

间接生态影响是指经济社会活动及其直接生态影响所诱发的、与该活动不在同一地点或不在同一时间发生的生态影响。

（四）累积生态影响（Cumulative Ecological Impact）

累积生态影响指经济社会活动各个组成部分之间或者该活动与其相关活动（包括过去、现在、未来）之间造成生态影响的相互叠加。

（五）特殊生态敏感区（Special Ecological Sensitive Region）

特殊生态敏感区指具有极重要的生态服务功能，生态系统极为脆弱或已有较为严重的生态问题，如遭到占用、损失或破坏后所造成的生态影响后果严重且难以预防、生态功能难以恢复和替代的区域，包括自然保护区、世界文化和自然遗产地等。

（六）重要生态敏感区（Important Ecological Sensitive Region）

重要生态敏感区指具有相对重要的生态服务功能或生态系统较为脆弱，如遭到占用、损失或破坏后所造成的生态影响后果较严重，但可以通过一定措施加以预防、恢复和替代的区域，包括风景名胜区、森林公园、地质公园、重要湿地、原始天然林、珍稀濒危野生动植物天然集中分布区、重要水生生物的自然产卵场及索饵场、越冬场和洄游通道、天然渔场等。

（七）一般区域（Ordinary Region）

一般区域指除特殊生态敏感区和重要生态敏感区以外的其他区域。

二、生态环境影响的特点

（一）阶段性

项目建设对生态环境的影响往往从规划设计开始就有所表现，并贯穿于全过程，而且在不同建设阶段影响不同。因此，生态环境影响评价应从项目开始时介入，伴随整个建设过程。

（二）区域性和流域性

由于生态系统具有显著的地域特点，因此相同建设项目在不同区域和流域可能会产生不同的生态环境影响。这就要求我们在进行生态环境影响评价以及影响分析与提出相应措施时，应有针对性，分析项目所在区域或流域的主要生态环境特点与问题。

（三）高度相关性和综合性

生态因子间的关系错综复杂，生态系统的开放性也使各系统之间彼此密切相关，项目建设通常会影响到所在地整个区域或流域的生态环境，即使只是直接影响其中一部分，也可能通过该部分直接或间接影响其全部。因此，在进行生态环境影响评价时，应有整体论的观点，即不管影响到生态系统的什么因子，其影响效应是系统综合的。

（四）累积性

项目建设对生态系统的影响往往是长期的、潜在的、间接的，当影响积累到达一定程度，超过生态系统的承载能力时，生态系统的结构或功能将发生质变，开始退化，最终将导致生态系统不可逆的质的恶化或破坏。

（五）多样性

项目建设对生态系统的影响性质是多方面的，包括直接的、间接的、显见的、潜在的、长期的、短期的、暂时的、累积的，等等。有时间接影响或潜在影响比直接影响显见影响更大。如建设为发展水产养殖提供了良好条件，但同时淹没了大片土地，阻碍了河谷生命网络间的联系，影响了野生动植物原有生存、繁衍的生态环境，也阻隔了洄游性鱼类的通道，影响了物种交流；建坝改变了河流的洪泛特性，对洪泛区环境的不利影响主要表现在使洪泛区湿地景观减少、生物多样性减损、生态功能退化等。

三、生态环境影响评价原则

（一）生态环境影响评价的总体原则

（1）坚持生态文明思想的原则。牢固树立人与自然和谐共生的新生态自然观、绿水青山就是金山银山的新经济发展观、山水林田湖草沙是一个生命共同体的新系统观、环境就是民生的新民生政绩观等，切实用习近平生态文明思想武装头脑、指导实践，全面提升我国生态环境保护质量。

（2）坚持重点与全面相结合的原则。既要突出评价项目所涉及的重点区域、关键时段和主导生态因子，又要从整体上兼顾评价项目所涉及的生态系统和生态因子在不同时空等级尺度上结构与功能的完整性。

（3）坚持预防与恢复相结合的原则。预防优先，恢复、补偿为辅。恢复、补偿等措施必须与项目所在地的生态功能区划的要求相适应。

（4）坚持定量与定性相结合的原则。生态影响评价应尽可能采用定量方法进行描述和分析，当现有科学方法不能满足定量需要或因其他原因无法实现定量测定时，生态影响评价可通过定性或类比的方法进行描述和分析。

（二）生态环境影响评价的基本原则

（1）可持续性原则。生态环境影响评价应当保持生存环境资源和区域生态环境功能。

（2）科学性原则。生态环境影响评价应遵循生态学和生态环境保护的基本原理。

（3）针对性原则。生态环境保护措施必须符合开发建设活动特点和环境具体条件。

针对性是进行开发建设活动生态环境影响评价的灵魂，这主要是由环境的地域差异性所决定的。

（4）政策性原则。生态环境保护应当贯彻国家环境政策，实行法制管理。

（5）协调性原则。生态环境保护必须综合考虑环境与社会、经济的协调发展，特别注重人与自然的协调发展。

第八章　水污染控制

第一节　水体污染概述

　　水是一种宝贵的自然资源。水体是以陆地为相对稳定边界的天然水域，地球上全部水体总量为 13.86×10^9 亿立方米，其中海洋储水 13.38×10^9 亿立方米，占总水量的 96.5%；在总水量中，含盐量不超过 0.1% 的淡水仅占 2.5%，即 3.5×10^8 亿立方米，其余 97.5% 属于咸水。如果世界人口以 56 亿计，则世界人均占有水量约为 8400 立方米。世界水资源在陆地上淡水的分布是很不均衡的。我国是水资源较为丰富的国家之一，水资源总量为 2.8×10^4 亿立方米，居世界第 6 位，但人均水资源占有量只相当于世界人均资源占有量的 1/4，居世界第 110 位。

一、水体污染的定义

　　所谓水体，是指地球上所有水的聚集体，按类型划分为海洋水体和陆地水体，其包括：海、江、河、湖、溪、池塘、沼泽、水库、地下水等所有水系。在环境学中，水体被当作包括水中悬浮物、溶解物质、底泥和水生生物等的自然综合题。天然水体是一个动态平衡体系，对其中的各种物质具有一定的自动调节能力。

　　水体污染是指生活污水、工业废水、垃圾等有害物质通过某种方式进入水域，影响了水体的自身净化能力和容纳污染物的能力，从而导致水体中的各种组织受到严重损害，使水体自身不能正常工作，最后使水体不能被良好使用。在正常情况下，当水体接纳了一定量的有机污染物后，在无人干预的条件下，借助于水体自身的调节能力，可减少有害物质的浓度，使水质重新回到水体污染前的状态。这种水体自我净化作用叫作水体自净。水体的自净能力有一定的限度，每一类水体的自净作用都有一个最大值域，即自净容量。由于人类大规模的生产活动，往往使某些有害的物质进入水体，最终使大量的污染物超过了水体的自净容量，从而引起天然水体发生物理和化学上的变化，产生水体污染。

一般将水体的污染程度分为五级：一级水体水质良好，符合饮用水、渔业用水水质标准。二级水体受污染物轻度污染，符合地面水水质卫生标准，可作为渔业用水，经处理之后可作为饮用水。三级水体污染较严重，但可以作为农业灌溉用水。四级水体水质受到重污染，水体中的水几乎无使用价值。五级水体水质受到严重污染，水质已超过工业废水最高允许排放浓度标准。

造成水体污染的途径有许多种，比如城市生活废水以及工业废水的排放；农田中农民用的化肥、农药等农业化学产品，以及农村没有经过妥善处理的垃圾、废品、污染物不断受到雨水的冲刷，这些残留的有害物质不断流入水体，进而污染水体；空气中扩散的有毒物质由于重力沉降和降水等原因流入水体等。

尤其是 20 世纪 70 年代，全球工业化趋势日益增长，很多的工业废水和生活污水流入水体，使水体污染越来越严重。

二、水体污染分类

水体污染根据它的来源，可分为天然污染和人为污染。

（一）天然污染

天然污染是先天性的，是指自然界自行向水体中排放有害物质或造成有害影响的行为，如岩石和矿物的风化和水解、火山喷发、水流冲蚀地表、大气降尘的降水淋洗、绿色植物等在地球化学循环中释放的天然污染物质。例如，在含萤石、氟磷灰石等矿区，可造成地下水含有较多的矿物质，并导致高氟水、高硬度水、苦咸水等不宜饮用的水；由于潮汐海水倒灌而使近海河道的水变质；由于树叶飘落及动物尸体掉落水塘而使塘水腐败发臭等。

（二）人为污染

人为污染是由于人为的因素引起的水质污染，它又可以分为直接污染和间接污染。

直接污染是由于向水源中排放有毒有害物质引起的，例如，日本的水俣病（汞中毒）是震惊世界的水污染事件。水俣湾在 1925 年时建有一家氮肥厂，该工厂生产氮肥，有害工业废水未经环保处理就直接排放到水俣湾中，使水俣湾的海水受到严重的污染。经过取水样化验发现，水俣湾海水中含有罕见的有害化学物质汞。随着工业废水排入水俣湾的汞，在微生物的作用下转化为剧毒的甲基汞，并迅速在小鱼和贝类的体内富集起来。然后大鱼吃小鱼，甲基汞又在大鱼体内高度聚集。海鸟、猫和渔民吃了富含甲基汞的海鱼后自然也就因为中毒而产生奇怪的症状。

间接污染也是人为因素引起的，只是因果关系没有那么直接和明显，因而不能很快被人们发现，往往有较长的"潜伏期"，待到人们发现时，已造成相当大的危害，并无法在短期内克服和解决。最明显的例证是：人类砍伐森林，从而使水土流失，致使河水变混浊。远古时代的黄河流域山清水秀，森林茂密，气候宜人。由于森林植被遭人类破坏，河水常年冲刷黄土高原并带走大量黄土，致使今天的黄河水中含有大量的泥沙，河水变成黄色。

人为的水体污染的原因按照污染源可以分为工业废水污染、城市废水污染、农业回流水污染、固体废物污染及其他污染。

1. 工业废水污染

工业生产中大部分工作都离不开水，清洗产品、机器仪器的冷却、制造蒸汽、传输垃圾，以及稀释原材料等工作中，水都是占据主要地位的。工业生产稳定工作如此需要水，因此工业用水量约占全人类用水量的五分之四；占人类整个用水量的80%左右，而产生的工业废水占总废水量的67%左右。工业废水具有种类多、组成结构复杂的特点。常见的工业废水主要有以下几种。

（1）纸废水

纸浆是使用木材、稻草、芦苇、破布等含有纤维的物质作为原材料，再经过高温高压的蒸煮处理后，从中分理出纤维素的过程而制造的。造纸工业废水是一种水量大、色度高、悬浮物含量大、有机物浓度高、成分复杂且难处理的有机废水。在自制浆和抄纸两个环节中排出的废水呈黑褐色，称为黑水。黑水中含有大量纤维、无机盐和色素，污染物浓度很高。洗涤漂白过程中产生的水为中段水，这种水含有较高浓度的木质素、纤维素和树脂酸盐等较难生物降解的成分，且颜色较深。抄纸机排出的废水称为白水，它的里面含有大量纤维和在生产过程中添加的填料和胶料。造纸过程中，有机化学品用作添加剂或助剂，并不全保留在纸幅中，流失到废水中的部分对排水水质有一定的影响，导致排水的COD等指标升高。据统计，2003年造纸业在全国各工业行业中废水排放量居第1位，占全国工业废水统计排放量的16.8%。造纸废水危害很大，其中黑水所含的污染物占到了造纸工业污染排放总量的90%以上，由于黑水碱性大、颜色深、臭味重、泡沫多，并大量消耗水中溶解氧，严重地污染水源，给环境和人类健康带来了很大危害。而中段水对环境污染最严重的是漂白过程中产生的含氯废水，例如氯化漂白废水、次氯酸盐漂白废水等。此外，漂白废液中含有毒性极强的致癌物质二噁英，也对生态环境和人体健康造成了严重威胁。

（2）印染废水

来自纤维原料本身的夹带污以及加工过程中所用的化学助剂所形成的水质复杂的印染废水，具有水量大、有机污染物含量过高、颜色程度深、呈碱性、pH变化较大、水质变化猛烈等特点。随着纤维织物和印染处理技术的飞速发展，许多难以降解的有机污染物不断地流入印染废水中，增加了处理难度。据统计，2003年纺织印染业在全国各工业行业中的废水排放量居第5位，其废水排放量占全国工业废水统计排放量的7.5%。另外，2003纺织行业的废水排放量高达14.13亿吨，其中印染废水所占比例更为惊人，约占11.3亿吨，约占全国工业废水排放量的6%。印染废水的危害可分为两个方面：一是印染废水中的有机污染物溶解到水体中，会破坏生态平衡，影响生物的正常生存；二是沉到水底的有机污染物，由于厌氧会产生有害气体，恶化环境。

（3）药工业废水

医药废水是指制造抗生素、抗血清及有机无机医药等工厂排出的废水。抗生素、抗血清等生产废水，除含有以动物器官为主的动物性废水和以草药为主的植物性废水外，一般均含有氟、氰、苯酚、甲酚及汞化合物等有毒物质，同时含有大量的BOD、COD（母液可达数万毫克每升）及胶体物质。医药工业废水每年的排放量都高达2亿~3亿吨，化学需氧量也高达16万吨，它的平均处理率小于30%。对于生产抗生素的医药废水，废水中有很多难以生化降解的物质，其可在环境中存留相当长的时间。特别是对人类健康危害极大的"三致"（致癌、致畸、致突变）有机污染物，即使在水体中浓度低于9 ~ 10数量级时仍会严重危害人类健康。

（4）高浓度有机废水

高浓度有机废水的化学需氧量为6000~20000mg/L，生化需氧量为3000~10000mg/L，它主要是由于食品制造等产生的污染废水。

高浓度有机废水按其性质来源可分为：易于生物降解的高浓度有机废水和有机物可以降解但含有有害物质的废水；难生物降解的有机废水和含有有害物质的高浓度有机废水。它具有有机污染物含量高、成分复杂、颜色程度高、有异味、强酸强碱性的特点，而且这些有机废水中的有机污染物，结构较为复杂。废水中大多数的BOD5/COD极低，生化性差，且对微生物有毒性，难以用一般的生化方法处理。高浓度有机废水的危害主要表现在：需氧性危害、感官性危害、致毒性危害。其中，需氧性危害是由于生物降解产生的高浓度有机废水的出现，导致水体受到污染，严重时可能导致缺氧以及厌氧，最终使水生生物无法生存，水体因此受到污染；感官性危害是指废水破坏了水体使用价值，导致受污染水体的附近居民无法正常生活；致毒性危害是指废水中本来就含有大量的有害有机物，流入水体后，在大自然中不断积累，然后可能会经由某种方式进入人体，危害人类健康。

其他行业的有毒工业废水，对人体的健康具有很大的危害。工业废水中的具体污染物来源和对人体健康的危害见表5—1。

表5—1 工业废水中有毒有害污染物的来源和对人体健康的危害

污染物	主要来源	对人体健康的影响
汞	氯碱工厂、汞催化剂、浆及造纸工厂、杀菌剂、种子消毒剂、石油燃料的燃烧、采矿与冶炼、医药研究实验室等	对神经系统有积累性毒害影响（特别是甲基汞），摄取被汞污染的贝类和鱼后，因甲基汞中毒而死亡；影响酶及正铁血红素合成，也影响神经系统；在骨骼及肾中积累，有潜在的长期影响
铅	汽车燃料防爆剂、铅的冶炼、化学工业、农药、石油燃料的燃烧、含铅涂料、搪瓷等	进入骨髓，造成骨痛；可能成为心血管疾病的病因
铬	采矿及冶金生产、化学工业、金属处理、电镀、高级磷酸盐肥料、含镉农药	在食物及水中的亚硝酸盐能引起婴儿正铁血红蛋白血癌

187

硝酸盐及亚硝酸盐	城市废水、石油燃烧、硝酸盐肥料工业	低浓度时有益，浓度超过1mg/L时，引起齿斑，更高时能使骨骼变形
氟化物	化工生产、煤的燃烧、磷肥生产等	主要从食物中摄取，一年为10~20mg/kg
有机氯农药	农业杀虫、农药制造工业排出物	目前尚不清楚存在环境中的多氯联苯的浓度对人体有多大影响；长期工作在高浓度环境中可使皮肤损伤及肝破坏
多氯联苯	电力工业、塑料工业、润滑剂、多氯联苯的工业排放物与工业废水	日本曾发生多氯联苯的米糠油事件
多环芳香烃	有机物质的燃烧、煤气工厂、冶炼与化学工业的废物	长期接触苯并芘有致癌风险
可分解有机物	城市污水、垃圾、工业废弃物	无直接影响，废水中分解的某些有机物质与病菌有关
放射性	医药应用、武器生产、试验性核能生产、工业与研究方经常与放射性接触会引起疾病，并会遗传给后代	面放射性同位素与放射源的应用
油类	船只意外漏油燃烧、炼油厂、海上采油、工业废水废油	除对职业者外，环境中未见对人的直接影响；油类中有害物质如具有多种致癌作用的多环芳烃，可通过食物链进入人体诱发癌症

2. 生活污水污染

生活污水是指日常生活中，各单位各家庭排放出来的垃圾废水，排水水量惊人，城市每人每日排废水量与平均生活水平息息相关，比如美国每人每日排废水量为500L，日本为250L，BOD负荷量均为几十克（美国平均54g，日本为36g）。作为水体污染的主要源头之一，生活污水占据很大一部分空间。这类污水中不仅含有各种有机物质，还含有许多细菌微生物，这都会影响生物降解和氧化，从而使水体变臭。

3. 农业回流水污染

灌溉作为农业上最大用水，大部分农业工作都离不开它，而且一涉及农业，灌溉过程中必然使用农药、化肥等物质。可想而知，当使用过含有化学成分的水灌溉后，一部分蒸发，另一部分就会流入地表，进而流入水体，形成回流水，影响水质，造成水体污染。特别是像二氯苯基三氯乙烷（俗称DDT）这样的有机氯农药是造成水污染的最危险的物质之一。这种物质的化学稳定性特别高，分解为无害物质的周期长达十年；这种物质易溶于脂肪，因此会对动物和人体造成危害；这种物质又极难溶于水，因此可能会随着水漂流到其他地方，造成连环的水体污染。

4. 固体废物污染及其他污染

固体废物污染多来源于工业、城乡、农业工作中产生的垃圾，污染的途径也是多种多样的。比如工业废气的排放——二氧化硫，随雨水流入水体，因氧化作用生成硫酸，污染水体。这只是单一的废气流入水体。生活中由于各种工作的多元化，致使水体污染源同样多元化。比如包含无机汞的各种废物流入水体后，在水底沉淀，由于微生物分解，会转变成甲基汞，会引起水俣病。总之，各种途径都有可能危害到水体，导致水体污染。

水体污染按其本质可以划分为物理污染、生物污染和化学污染三类。

（1）物理污染，是指水中含有的悬浮物及机械杂质，如泥沙之类。例如，前述黄河水就是黄土被冲入水中造成的物理污染。

（2）生物污染，是指水中含有的细菌、藻类、霉菌等以及病毒、热源；各种浮游生物、寄生虫及卵。

（3）化学污染，是指水中由化学物质导致的水质污染，它又可以分为无机污染和有机污染，前者如水中含有的 Hg、Cr、Cd、Pb 等重金属和砷化物、氰化物、亚硝酸盐等无机物，后者如水中含有的农药、除草剂、合成洗涤剂、有机溶剂以及各种各样的有机物。

三、水体污染源分类

水体污染的罪魁祸首是水体污染源，而水体污染源多来自产生污染物的源头和场所。水体污染源可以从不同的方向进行分类。

（一）按水体类型分

水体污染按水体类型可分为：大气水污染源、地表水污染源和地下水污染源。

（1）大气水污染源。污染物质通过进入大气层，使大气层中的水分受到污染，从而影响到降水质量，使降水受到影响，而且大气水质量下降会导致大气质量下降，影响环境，影响工农业生产。尤其是当大气污染源通过降水等方法降至地面时，会导致对水体的二次污染。

（2）地表水污染源。地表水体作为我们赖以生存的源泉，一旦地表水体受到污染，人们的日常生活将无法安然继续。地表水污染源大都来自所有水污染源的污染物，他们经过各种途径流入地面水体中，造成地表水污染。

（3）地下水污染源。地下水作为地球的宝库，一般都有一定程度的保护层，保护地下水不被污染物侵蚀。如果地下水不幸被污染物破坏了、污染了，它的恢复周期一般会特别的长，严重影响到整个地下水系统。地下水污染源可以由大气水污染源和地下水污染源转化而成。

（二）按污染源的形态分

水体污染源按污染源的形态又可分为：点污染源、线污染源和面污染源。

（1）点污染源。点污染源分为固定点污染源和移动点污染源，其中固定的点污染源包括工厂、矿山、政府、居民住宅、垃圾站点等，移动的点污染源包括飞机、轮船、火车等。工业生产是点污染源的主要方式，如食品生产、皮革制造、印刷厂、化工厂、冶金厂、金属制品厂、炼钢、染色厂等都是典型的点污染源，并且为固定点污染源。这些点污染源要么就是直接将污水排进水体，要么就是经过下水道与城市生活废水混合后排入水体，要

么就是经过专门的排污渠道或渗井排至水体。

（2）线污染源。线污染源像公路、铁路、飞机航线、管道、沟道等呈线状的污染源，它通常不易形成，局部形成的话，危害较点污染源小一些，但如果线污染源一旦呈线状形成，后果不堪设想。

（3）面污染源。面污染源大多是针对农业环境来说的，是指农田中所施的农药和化肥等含有有害成分的化学物质，经过雨水冲刷进入水体，形成水体污染，它是成面积展开的污染，因此称为面污染源。

（三）按污染源的动力特性分

水体污染按污染源的动力特性又可分为：人为污染源和自然污染源。

（1）人为污染源。如今，很大一部分水体污染都是人为污染造成的，也就是说，由于人类生活和工作过程中所形成的大量污染物质，通过排放等方式流入水体，形成水体污染。

（2）自然污染源。自然污染源是指地下水非人为的酸碱程度变化，或者某水域中，藻类植物大量增长，造成水体过分营养，导致水体污染。

四、水体主要污染物质及来源

关于污染水质的污染物质有很多，覆盖面也很广泛，一般可归纳为以下几类。

（1）有害物质。有害物质大部分是来源于工业废水中的化学物质，包括化合物以及致癌物。

（2）耗氧废弃物。耗氧废弃物主要分为有机废弃物和无机废弃物两类，其中，有机废弃物多为天然有机物，可分解；无机废弃物多为还原性物质，像造纸厂、纤维厂、仪器厂所产生的亚硫酸盐、硫化物等有害物质都属于无机废弃物。

（3）植物营养物。谈到植物营养物，会想到氮、磷、碳等植物生长所需的营养成分，这些营养物多来自化肥、饲料和生活污水等污染物。

（4）油类物质。油类物质不溶于水，又比水轻，和水混合时漂浮在水面上，阻碍了水体中的氧化，减少了水中的溶解氧。这类物质多为石油业、机械生产、汽车和飞机的保养等工作产生的污染物。

（5）有机化学物质。此类物质包括多氯联苯（Polychorinated Biphenyls，PCB）、合成洗涤剂等，都是一些高稳定合成化学物质，难生物分解。这类物质能通过食物链浓缩造成危害，来源很广，如各种有机化工厂等。

（6）无机化合物和矿物质。包括各种水溶性氯化物、盐类和其他各种酸性、碱性物质。浓度过高会降低水质，危害水生生物，也有一部分因接受水体具有酸性或碱性，可腐蚀水下作业设备等。其主要来源是各种化工厂。

（7）冲击物和其他不溶性固体物。主要是由于水冲下的诸如砂土、黏土之类的物质，在水底沉积会淤塞水库、灌渠和河道等。

（8）热流出物。主要是热电厂和各种工业过程的冷却水等具有较高温度的物质。一般燃料热电厂只有 1/3 的热量转为电能，其余 2/3 的热量释放到大气中或冷却水中，而原子能发电厂几乎全部废热都释放到冷却水，约占其总热量的 75%。这样大量的热量导入水域会引起热污染，使局部生态系统发生剧烈变化。

（9）放射性物质。这是各种可裂变的物质在其裂变时放出放射线，造成危害。例如含硫化钠的废水与含硫酸的废水混合后，可以反应生成有毒物质硫化氢；含亚铁氰酸盐的废水，亚铁氰酸盐可以分解生成剧毒物质氰化物等。

五、水污染指标

对于被污染的水质，通常会用一系列的指标来表示水体的污染情况和污染程度。水污染指标可分为两大类，分别是理化指标、有机污染综合指标及营养盐。

（一）理化指标

理化指标中包含 13 项检测对象，根据每种检测对象污染程度的不同来划分受污染的程度。

1. 水温

水温可以影响水的理化性质，不同的水温，水的 pH、盐度、微生物和一些其他溶质等都不相同。

2. 色度

水又可分为纯水、天然水和清洁水三种。纯水无色透明；天然水会根据水内存在的例如泥土、浮游生物和一些金属离子等而使水体颜色发生改变；清洁水也根据水层深浅而颜色不同，水层浅为无色，水层深为浅蓝绿色。

3. 臭

水中会发出臭味，主要是由于水体受到了污染所致，大多来自生活污水和工业废水的排放，小部分原因是水内的天然物质分解或者微生物和生物活动的结果。

4. 浊度

浊度是由水体中沉积速度慢或难以沉积的悬浮物质造成的，比如泥沙、黏土、浮游生物、微生物和一些有机、无机物等。

5. 透明度

水质的清澈程度即为水的透明度。它也受水中的悬浮物质影响，与浊度不同，水中悬浮物质越多，水的透明度就越低。洁净的水透明度很高，但也会随着供水环境条件的不同而随之变化。

6.pH

水中氢离子浓度的负对数值称为pH。天然水的pH为6～9，这个数值也用来作为我国检测污水排放的标准。由于水中溶解物质的因素，因此pH对水中生物的生命活动也有重要的影响。

7.残渣

残渣又包括总残渣、可滤残渣和不可滤残渣这三种，而总残渣又等于可滤残渣加上不可滤残渣。把水或者污水用实验器皿在一定温度下蒸发、烘干，之后残留在实验器皿上的物质为总残渣。继续把所有的总残渣通过滤器，能通过滤器的为溶解性固体，也就是可滤残渣；不能通过滤器的为悬浮物，也叫不可滤残渣。不可滤残渣对水体的透明度、水底植物和生物光合作用及正常运动影响很大。

8.矿化度

水中所含无机矿物成分的总量为矿化度。通常用来测定水的化学成分和评价水中盐量的总和，是能否用作农田灌溉水的重要指标。

9.电导率

用数字表示溶液传导电流的能力称为电导率。电导率受离子的性质和浓度以及溶液的温度和黏度影响，随着温度每升高1℃而增加大约2%，电导率的标准温度为25℃，通常用电导率来推测水中离子成分的总浓度。

10.氧化还原电位

水体中存在许多个氧化还原电位，是多个氧化物质与还原物质发生氧化还原的综合结果，对水中污染物的迁移转化具有重要意义。

11.酸度

水中能与强碱发生中和作用的全部物质的总量为酸度。酸度是衡量水体变化的一项重要指标。化工行业中排放出来的含酸废水进入地表水后，使水的pH降低，由于酸具有腐蚀性，含酸废水可造成鱼类及农作物死亡、腐蚀管道、破坏物体等。

12.碱度

水中能与强酸发生中和作用的全部物质的总量为碱度。碱度指标经常用来检测水体的缓冲能力及金属在其中的溶解性和毒性，是对水和废水处理过程控制的判断性指标。地表水的碱度基本上是碳酸盐、重碳酸盐及氢氧化物含量的函数，也就是这些成分浓度的总和，因此也用来衡量是否适宜作为农田及作物的灌溉使用。

13.二氧化碳

二氧化碳以溶解气体分子的形式存在于水中，也有小部分与水作用形成碳酸。根据水中二氧化碳的含量可算出水体遭受污染的程度。由于二氧化碳有可溶解性，因此对调节天然水的pH和组成有重要的作用。

（二）有机污染综合指标及营养盐

测定水体污染状况的重要指标，包括10项检测对象。

1. 溶解氧

溶解氧是测量水质的重要指标之一。由于受空气中氧的分压、大气压力、水温等一系列关系的影响，当水中藻类等植物生长时，溶解氧可能会饱和；当大气中的氧不能够及时补充时，水中溶解氧会逐渐降低直至为零，这时会出现厌氧菌大量繁殖导致水质恶化而使水中鱼虾类生物死亡的现象。

2. 化学需氧量（COD）

在规定条件下使水样中能被氧化的物质氧化所需耗用氧化剂的量称为化学需氧量。国内测量污水使用重铬酸钾法，测得的值为重铬酸盐需氧量（COD_{Cr}）。一般水中受还原性物质污染的程度用化学需氧量来反映，但由于实验的方法、条件不同，因此测出的化学需氧量也不同。

3. 高锰酸盐指数

在酸性或碱性介质中，以高锰酸钾为氧化剂处理水样时所消耗的量称为高锰酸盐指数。通常被用来指示地表水受到污染的综合指标。与此同时，由于不同条件下测出的化学需氧量不同，因此高锰酸盐指数和COD_{Cr}都被称为化学需氧量。

4. 生化需氧量（BOD）

在有氧条件下，好氧微生物氧化分解单位体积水中有机物所消耗的游离氧的量为生化需氧量（BOD），利用微生物代谢作用所消耗的溶解氧量来间接表示水体的污染度。

5. 磷和总磷

磷以各种磷酸盐的形式存在于自然界中，占地壳中质量百分含量约为0.118%。磷作为评价水质的重要指标，是生物生长的重要元素之一，但同时元素磷也属于剧毒物质，如果水体中的含磷量过高，会造成藻类过度繁殖，使水质透明度降低，水质变坏。

6. 凯氏氮

用凯氏法测得的水中氮含量为凯氏氮。同时也包括氨氮在此条件下能被转化为氨盐的有机氮化合物，凯氏氮和氨氮的差值为有机氮。氨氮和有机氮也是测量水体受污染情况的重要指标。

7. 总氮

水中各种形态无机和有机氮的总量称为总氮，它包含NO_3、NO_2和NH^+等无机氮和蛋白质、氨基酸和有机胺等有机氮。

8. 硝酸盐氮

硝酸盐氮是含氮有机物在经过无机作用最终的分解产物。在有氧条件下，硝酸盐氮比亚硝氮、氨氮更稳定。清洁的地下水中硝酸盐氮的含量很低，而污染的水质和较深的地下水中硝酸盐氮的含量较高，当人体摄入过量的硝酸盐后可转变成亚硝酸盐而出现中毒现象。

9. 亚硝酸盐氮

氮循环的中间产物我们称为亚硝酸盐氮，亚硝酸盐氮具有不稳定性，可根据环境条件的不同被氧化成硝酸盐或还原成氮。亚硝酸盐可与仲胺类反应生成具有致癌作用的亚硝胺类物质，也可使人体中正常的血红蛋白氧化成高铁血红蛋白，从而失去血红蛋白在人体内输氧的能力，进而出现组织缺氧的症状。

10. 氨氮

氨氮以游离氨或铵盐形式存在于水中，当水中的 pH 高时游离氨比例较高，当 pH 低时则相反。水中的氨氮主要来自生活污水中一些含氮的有机物的分解产物。

综上所述，以上每项指标偏高或偏低都会作为水体污染的测定指标。

第二节　水体富营养化及其综合治理

一、水体富营养化

（一）定义

水体富营养化（eutrophication）是指在人类活动的影响下，生物所需的氮、磷等营养物质大量进入湖泊、河湖、海湾等缓流水体，引起藻类及其他浮游生物迅速繁殖，水体溶解氧量下降，水质恶化，鱼类及其他生物大量死亡的现象。在自然条件下，湖泊也会从贫营养状态过渡到富营养状态，不过这种自然过程非常缓慢。而人为排放含营养物质的工业废水和生活污水所引起的水体富营养化则可以在短时间内出现。水体出现富营养化现象时，浮游藻类大量繁殖，形成水华（淡水水体中藻类大量繁殖的一种自然生态现象）。因占优势的浮游藻类的颜色不同，水面往往呈现蓝色、红色、棕色、乳白色等。这种现象在海洋中则叫作赤潮或红潮。

（二）机理

在地表淡水系统中，磷酸盐通常是植物生长的限制因素，而在海水系统中往往是氨氮和硝酸盐限制植物的生长以及总的生产量。导致富营养化的物质，往往是这些水系统中含量有限的营养物质，例如，在正常的淡水系统中磷含量通常是有限的，因此增加磷酸盐会导致植物的过度生长。但在海水系统中磷是不缺的，而氮含量却是有限的，因而含氮污染物加入就会消除这一限制因素，从而出现植物的过度生长。生活污水和化肥、食品等工业的废水以及农田排水都含有大量的氮、磷及其他无机盐类。天然水体接纳这些废水后，水中营养物质增多，促使自养型生物旺盛生长，特别是蓝藻和红藻的个体数量迅速增加，而其他种类的藻类则逐渐减少。水体中的藻类本来以硅藻和绿藻为主，蓝藻的大量出现是富

营养化的征兆，随着富营养化的发展，最后变为以蓝藻为主。藻类繁殖迅速，且生长周期短。藻类及其他浮游生物死亡后被需氧微生物分解，不断消耗水中的溶解氧，或被厌氧微生物分解，不断产生硫化氢等气体，从两个方面使水质恶化，造成鱼类和其他水生生物大量死亡。藻类及其他浮游生物残体在腐烂过程中，又把大量的氮、磷等营养物质释放入水中，供新一代的藻类等生物利用。因此，富营养化了的水体，即使切断外界营养物质的来源，水体也很难自净和恢复到正常状态。

（三）危害

富营养化会影响水体的水质，会造成水的透明度降低，使得阳光难以穿透水层，从而影响水中植物的光合作用，可能造成溶解氧的过饱和状态。溶解氧的过饱和以及水中溶解氧少，都对水生动物有害，造成鱼类大量死亡。同时，因为水体富营养化，水体表面生长着以蓝藻、绿藻为优势种的大量水藻，形成一层"绿色浮渣"，致使底层堆积的有机物质在厌氧条件分解产生的有害气体和一些浮游生物产生的生物毒素也会伤害鱼类。因富营养化水中含有硝酸盐和亚硝酸盐，人畜长期饮用这些物质含量超过一定标准的水，也会中毒致病。

在形成"绿色浮渣"后，水下的藻类会因得不到阳光照射而呼吸水内氧气，不能进行光合作用。水内氧气会逐渐减少，水内生物也会因氧气不足而死亡。死去的藻类和生物又会在水内进行氧化作用，这时水体就会变得很臭，水资源也会被污染。

二、水体富营养化综合治理

水体富营养化治理措施有：工程性措施、生物性措施、化学方法、控制外源性营养物质输入、减少内源性营养物质负荷、微生物投加方法、投放水生动物、建立人工生态体系、人工浮岛修复、沉水植物的修复。

（一）工程性措施

包含发掘底泥堆积物、开展水体深层次爆气、灌水冲稀及在底泥表层铺设塑胶等。发掘底泥，可以减少甚至清除不可逆性内部结构污染物；深层次爆气，可定期或者不定期采用人为因素使湖中深层次爆气而填补氧，使水和底泥页面中间没有出现厌氧发酵层，常常维持有氧运动情况，有益于抑止底泥磷释放出来。除此之外，在具备条件时，把含磷量和氮浓度值低的水引入湖水，也可以起到稀释营养物质浓度的功效。

（二）生物性措施

利用水生物消化吸收氮、磷元素开展新陈代谢活动以清除水体中氮、磷营养物质的办法。有的国家开始实验用大中型水生植物污水处理设备净化处理水体富营养化的水体。大中型水生植物包含凤眼莲、芦苇叶、狭叶香蒲、加拿大海罗地、多穗尾藻、丽藻、破铜币等不同种类，可针对不同的自然条件和污染物特性开展合适的选栽。水生植物净化处理水体的特点就是以大中型水生植物为主体，绿色植物和根区微生物相互依存，造成协同作用，净化处理废水。通过绿色植物立即消化吸收、微生物转换、物理吸附和沉淀功效去掉氮、磷和悬浮物，并且对重金属超标分子结构也是有溶解实际效果。水生植物一般发育快，收种后复解决可以作为燃料、精饲料，或经发酵造成沼液，这也是世界各国整治湖水水体富营养化的主要对策。

（三）化学方法

这也是一类包含凝结地基沉降和用化学剂杀藻的办法，比如有很多种正离子能使磷高效地从溶液中置换出去，其中最宝贵的是价钱便宜一点的铁、铝与钙，它们都能和聚磷酸盐形成不可溶沉淀而沉降出来。

（四）控制外源性营养物质输入

绝大部分水体富营养化通常是外部输入营养物质在水体中聚集所造成的。假如降低或是断开外界输入营养物质，就会使水体失去营养物质聚集的概率。因此，首先要降低或是断开外界营养物质的键入，操纵外源营养物质，需从操纵人为因素污染物下手，应精确查清楚排进水体营养物质的重要排放源，检测排进水体的污水和废水里的氮、磷浓度值，从而测算出年排出的氮、磷总产量，为执行操纵外源营养物质的举措给予可信赖的科学论证。

（五）减少内源性营养物质负荷

输到湖水等水体的营养物质在空间分布上是比较复杂的。氮、磷元素在水体中会被水生物消化吸收利用，或以溶解度酸盐方式溶解于水里，或是通过繁杂的物理学反应生物功效而地基沉降，并且在底泥中积累沉淀，或从底泥中释放出来进到水里。

（六）微生物投加方法

投加适度的适量微生物（各种菌苗），可以加快水里污染物溶解，具有水体净化的作用。微生物的繁育速率令人震惊，呈几何级增长。微生物在繁育的过程当中溶解水体里的有机化合物，消化吸收溶解后的营养物质作为自己的营养成分由来，其发育受自然环境影响非常大，比如pH、环境温度、标准气压、水体里的溶氧等。

（七）投放水生动物

螺、蚌等底栖动物可过滤悬浮物质，进食生物碎渣，其分泌物有絮凝作用，螺有刮食着生藻类植物作用，虾和多个类型鱼种可进食藻类植物、碎渣、浮游生物等。这些小动物，作为水生态系统的补充构成，也是有重要意义。依据水体的特殊自然环境，推广相匹配的水生物，如鱼种、底栖动物。

（八）建立人工生态体系

人工生态系统利用栽种水生植物、喂鱼、养鸭子、养殖鹅等产生相应的食物网。在其

中不但有原生生物、经营者生物，也有骨科生物，三者分工合作，对废水里的污染物质开展更高效的解决与利用，组成错落有致的生态系统。假如在各个生命系统中间维持合适的总数比和动能比，就能树立良好的生物多样性系统软件。

（九）人工浮岛修复

生态浮岛技术性便是人力把水生植物或改进驯化的陆生植物移栽到河面浮海岛，绿色植物在浮岛生长发育，根据根茎消化吸收水体里的硝氮等营养物质，以达到改善水质的效果。

第三节 污染水体的生物—生态修复

微生物—生态修复技术是利用培养和接种的微生物或培育的植物的生命活动，对水体中污染物进行转化、降解及转移，最终能实现水体净化的技术。这种技术近年来发展迅速，国外已经积累了一系列观测数据，实现了工程实用化。

微生物—生态修复技术按水处理方式的不同，可以分为原位修复技术和易位修复技术两大类。

一、原位修复技术

（一）原位修复技术的原理

河流的治理一般会利用原位修复技术，这种技术是指在不改变原有河床的基础上，直接采用微生物、酶与载体的自固定化技术的方法，对污染河流进行原位处理的河水净化处理工艺。

（二）原位修复技术的方法

在不改变原有河道泄洪、排污的原则下，通过设置挡水墙和格栅减小水体的流速，并对水体中较大的固体悬浮物进行沉降；经沉降后的水体通过升流进入含有专性微生物载体的生化处理区，通过微生物的吸附、沉降和降解作用对污水进行净化。

在利用原位修复技术时，挡水墙和格栅的设计要符合一定的工程学原理，而微生物菌种的筛选配伍和固定技术的应用是处理成败的关键。

（三）原位修复技术的特点

1. 优点

原位修复技术将游离微生物细胞以及生物酶固定在特定的载体上，使其保持活性并可反复利用，其具有费用低、环境影响小、反应迅速、生物密度高、生物流失量少和反应容易控制等优点。

2.局限性

微生物不能降解所有进入环境的污染物，而只能降解特定的污染物；对环境状况的调查需详细，需由多方研究人员合作进行；修复效果的好坏与环境条件关系紧密。

二、易位修复技术

易位修复技术可以分为土地处理、微生物塘和湿地处理三类。本小节主要阐述微生物塘修复技术。

微生物塘又名生物氧化塘或稳定塘，它是类似于自然水体的污水净化过程，是利用藻类和细菌两类生物间功能上的协同作用处理污水的一种水生生态系统。

由藻类的光合作用产生的氧以及来自空气中的氧来维持好气状态，使池塘内污水中的有机物在微生物作用下进行生物降解。

（一）微生物塘的工作原理

微生物塘中的细菌吸收藻类产生的氧，分解进入塘内的有机物。藻类又将这些分解过程中产生的二氧化碳、氮、磷等无机物，以及一部分小分子有机物作为营养源，实现菌体与藻类增殖，增殖的菌体与藻类细胞又会被微型动物捕食。氧化塘内的转化过程实际上是一个连续的生物循环过程，基本的损失仅限于气体的逸出、飞虫的离去、候鸟及过往动物的迁移、植物的收获以及水的排放。在氧化塘内发生的反应过程主要有：厌氧条件下的还原反应（不存在分子氧），如硝酸盐还原反应（反硝化作用）、硫酸盐还原反应（反硫化作用）、有机碳还原反应（发酵反应）和二氧化碳还原反应；好氧条件下的氧化反应如氮氧化作用、硫酸的氧化和氮的固定。

由藻类光合作用产生的氧，比来自水体表面的溶解氧量要大得多。在一定光照下，1mg 藻类可放出 $1.62mgO_2$。因此，氧化塘内好气状态的维持，主要靠藻类的充分生长，而不是另外消耗动力进行曝气。

污泥是由塘中生物残体和污水中的沉降性固体沉积于塘底而构成的，在产酸细菌的作用下，它们会被分解成小分子有机酸、醇、NH_3 等物质。它们当中一部分会进入上层好氧层被继续氧化分解，而另外一部分会被污泥中产甲烷细菌分解成 CH_4。

由于氧化塘中藻类起着重要作用，所以在去除 BOD_5 的同时，营养盐类也能被有效地去除。效果良好的氧化塘不仅能使污水中 $80\% \sim 95\%$ 的 BOD_5 被去除，而且对氮磷的去除率也高达 80% 以上。

（二）微生物塘内的生物组成

氧化塘与自然界的富营养化水体基本类似，其中所出现的生物种类多样性相对较高，有细菌，也有大型生物。与其他生物处理法不同的是，藻类生物量极高，而且浮游动物（甲壳类）大量出现。

1. 藻类

氧化塘表层主要为藻类生物，其中常见的藻类有小球藻属、栅藻属、衣藻属（Chln-mydomonas）和裸藻属（Euglena）以及蓝藻门的颤藻等约 56 个属、138 个种。

在有机物含量较丰富的塘内，可见异养代谢的裸藻、小球藻、衣藻等大量生长。这些种类能直接摄取污水中的小分子有机物。

夏季，藻类产量最高时可达 $100 \times 10^4 \sim 500 \times 10^4$ 个 /mL，而冬季大约是夏季的 1/2 ~ 1/5。以干重计，每年每平方米水面的藻类产量可达 10×10^4 kg 左右。

2. 细菌

氧化塘中细菌大量存在于下层。在 BOD 负荷较低，维持着好氧状态的氧化塘内，常有无色杆菌、假单胞菌、黄杆菌、产碱杆菌和芽孢杆菌等作为细菌的优势种而大量生长，且在塘底部的厌氧层，能见到硫酸还原细菌和产甲烷细菌。

在 BOD 负荷较高、有硫化氢产生的氧化塘内，可见着色菌科光合细菌的大量生长，其数量最高可达 $1 \times 10^8 \sim 5 \times 10^9$ 个 /mL，对有机酸、硫化物、硫酸盐等具有良好的去除效果。

3. 微型动物

氧化塘中常见的纤毛虫类主要有钟虫、膜袋虫等，其数量最高可达 1000 个 /mL。轮虫类中臂尾轮虫、狭甲轮虫、腔轮虫及椎轮虫等出现频率较高。

在 BOD 负荷高的氧化塘，常大量出现波多虫、屋滴虫等鞭毛虫类原生动物。在氧化塘底泥中还存在摇蚊幼虫，它以藻类和底泥的微生物为食，羽化后离开池塘，所以也起着去除水中污染物质的作用。摇蚊幼虫在早春约 400 个 /m²，晚秋可达 10000 个 /m²。

氧化塘中也常有甲壳类动物出现，频度较高的有：裸腹蚤、锯顶低额蚤、水蚤等种类。这些甲壳类在氧化塘中以悬浮颗粒及微生物为食，因此对降低污水的浊度有一定的作用。为得到透明的出水，甲壳类是氧化塘中不可缺少的生物。

（三）微生物塘的分类

微生物塘按塘内的微生物类型、供氧方式和功能等可以划分为以下几种。

1. 好氧塘

好氧塘的深度一般在 1m 以下，阳光可以穿透至塘底，整个塘水都有溶解氧的存在，藻类和菌类在塘内共同生存。溶解氧主要靠藻类提供，而净化污水则主要靠好氧微生物。好氧塘根据在处理系统中的效用又可分为高负荷好氧塘、普通好氧塘和深度处理好氧塘三类。高负荷好氧塘具有水深较浅、水力停留时间较短、有机负荷高的特点，一般设置在处理系统的前部，主要作用是生产藻类和处理污水。普通塘具有水深较高负荷好氧塘深、水力停留时间较长、有机负荷较高的特点，主要起二级处理作用。深度处理好氧塘具有水深较高负荷好氧塘深、有机负荷较低的特点，一般设置在二级处理系统之后或处理系统的后部。

2. 兼性塘

兼性塘的水深一般为 1 ~ 2m，通常分为三层，上层是好氧区，中层是兼性区，底层是厌氧区。好氧区与好氧塘对有机物的净化方式基本相同。兼性区的塘水溶解氧时有时无，溶解氧含量低。在兼性区的微生物大多为异养型兼性细菌，在水中有溶解氧的情况下，它们可以氧化分解有机污染物，在无分子氧的情况下，可以以 NO_3^-、CO_3^{2-} 作为电子受体进行无氧代谢。在厌氧区，死亡的藻类和沉降性物质、菌体在此形成污泥层，该区无溶解氧，厌氧微生物会对污泥层中的物质进行厌氧分解，包括两个过程：酸发酵和甲烷发酵。发酵过程中如脂肪酸、醛、醇等未被甲烷化的中间产物会进入塘的上、中层，将继续由好氧菌和兼性菌降解，而 CO_2、NH_3 等代谢产物将进入好氧层，一部分参与藻类的光合作用，另一部分逸出水面。

因为兼性塘的净化机制复杂，所以，去除污染物的范围兼性塘比好氧处理广泛。在去除一般有机污染物的基础上，它还可以有效地去除氮、磷等营养物质，甚至可以去除某些如木质素、合成洗涤剂、有机氯农药、硝基芳烃等难降解的有机污染物。

3. 厌氧塘

厌氧塘降解有机污染物，是由两类厌氧菌通过产酸和甲烷发酵阶段来实现的，这与所有的厌氧生物处理设备一样。就是先由兼性厌氧产酸菌通过对复杂的有机物进行水解，将其转化为如有机酸、醇、醛等简单的有机物，再由绝对厌氧菌（甲烷菌）将有机酸转化为甲烷和二氧化碳等。因为甲烷菌具有世代时间长、增殖速度缓慢、对 pH 和溶解氧敏感等特点，所以，厌氧塘必须以甲烷发酵阶段的要求作为控制条件来进行设计和运行，并且为保持产酸菌与甲烷菌之间的动态平衡，必须严格控制有机污染物的投配率。厌氧塘的有机负荷很高，BOD 的表面负荷一般为 33.6 ~ 56g/m^2，BOD_5 的去除率为 50% ~ 80%。

4. 曝气塘

曝气塘是在塘面安装有人工曝气设备的稳定塘。塘内长有活性污泥，污泥可回流也可不回流。微生物生长的氧源来自人工曝气和表面复氧，以前者为主。曝气塘有完全混合曝气塘和部分混合曝气塘两种类型。完全混合曝气塘中应有充足的溶解氧供微生物分解有机污染物，并且曝气的强度应能使塘内的全部固体呈悬浮状态。部分混合曝气塘中的部分固体可沉降到塘底进行厌氧消化，并不要求全部固体呈悬浮状态。曝气塘的有效水深一般为 2 ~ 6m，水力停留时间一般为 3 ~ 10d。由于曝气塘的水力停留时间较长、塘面积较大、所用的功率大于常规活性污泥的曝气池，所以目前应用较少。

除上面介绍的几种生物塘外，还有精制塘、深度处理塘、生态塘等，也正在被广泛研究、开发和应用。其中生态塘是运用生态学原理，将各具特点的生态单元按照一定的比例和方式组合起来的新型稳定塘技术。它同时具有污水净化和污水资源化双重功能。其特点是占地面积较小，净化效率较高，并能够做到"以塘养塘"。因此，它符合中小城镇的经济、技术和管理水平，是一种有较好发展前途的生物塘。

第九章 水土保持

第一节 水土流失与水土保持

一、我国的水土流失

水土流失是指在水力、风力、重力和冻融等侵蚀营力及不合理人为活动的作用下，水土资源和土地生产力的破坏和损失，包括地表侵蚀和水的损失。水土流失是一个古老的自然现象，在人类出现以前的漫长岁月里，仅表现为水力、风力、冻融和重力作用下产生的自然侵蚀。人类出现以后，随着人口的不断增加以及对水土、植物资源的开发利用，自然生态平衡被打破，侵蚀速率超过了自然侵蚀成百上千倍，产生了加速侵蚀，破坏了人类正常的生产生活秩序，甚至对人类的生存与发展构成威胁。现在所讲的水土流失，主要是指的这种加速侵蚀。

（一）演变历史

我国曾经是森林茂密的国家，无论在高山还是在低丘，到处都是原始森林，全国森林覆盖率高达 60% 以上，尤其是东北和西南地区高达 80% ~ 90%。几千年来，随着自然气候的变化，社会发展、人口膨胀、农业生产区扩展、军屯民垦、毁林开荒、采矿冶炼等人为活动频繁，导致水土流失不断加剧。西汉时期，全国农业区大致格局基本形成，而与之相应的是吕梁山以西、六盘山以东的黄土丘陵区的水土流失已经比较严重。《汉书·沟洫志》中就有"泾水一石，其泥数斗""河水重浊，号为一石水而六斗泥"的记载。至东汉时期，水土流失加剧，黄河水患频发，有关大水的记载不绝于史。明末清初，人口激增，全国各地山地开发明显加速，致使大量陡坡旱地、山坡地、丘陵地被开发，水土流失加重。到 20 世纪初，中国已成为世界上水土流失最严重的国家之一。

黄土高原水土流失加剧过程和生态环境的变迁过程是全国的一个缩影。据考证，西周时期黄土高原大部分为森林，其余则是一望无际的肥美草原。秦汉时期以"山多林多，民以板为室"著称。战国时期的榆林地区是著名的"卧马草地"。公元 4 世纪，西夏国位于无定河上游红柳河畔的靖边县，建都于统万城，那里曾是"临广泽而带清流"。在公元 10 世纪以前，曾有 13 个王朝在陕西建都，就因为那里曾是林茂草丰、土壤肥沃、河水充沛的繁荣富庶之地。随着人口的增加，军屯民垦，毁林垦荒，森林、草原植被都遭到严重破坏，常常是"野火燎原一炬百里"，烧林狩猎更是司空见惯，伐木阻运、焚林驱兵则是战争常用的手段。加上统治者大兴土木，砍伐森林，致使森林越来越少，植被越来越稀，水土流失加剧，地貌支离破碎，沟壑纵横。

据记载，秦汉至南北朝时期，黄土高原森林面积不少于 25 万 km^2，唐宋时期减少到 20 万 km^2，明清时期减少到 8 万 km^2，新中国成立前期仅存 3.7 万 km^2，森林覆盖率降至 3%，个别地方甚至更低。而保存下来的也是林相残败，草场退化。榆林地区由"卧马草地"变成不毛之地，流沙越过榆林城 30km 有余，曾经拥有 10 万人口的统万城已变成沙漠废墟。

唐代后期大昌至庆阳间的董志塬，唐朝时称为彭原。据《元和郡县志》卷三《宁州》记载，那里南北长 40km 有余，东西宽 30km 有余，总面积 1300km² 有余，到现在南北大体如旧，而东西最宽处只有 18km，最窄处只有 0.5km，1300 多年间损失平原近 600km²。塬面遭到严重切割和侵蚀，生态环境遭受严重破坏，土地退化，洪涝、干旱灾害日趋严重。

古代丝绸之路南道的塔克拉玛干沙漠南缘，古代曾是人丁兴旺的绿洲，拥有发达的灌溉农业，由于植被遭到破坏，沙漠扩大，绿洲早已消失。华北平原和太行山一带，两千年前到处是"山幽人迹少，树密鸟声多，绿树绿翠壁，松林撼晨风"的森林景观，森林覆盖率达 60%～70%。而到 20 世纪中叶，仅残存一些天然次生林，森林覆盖率只有 5% 左右。太行山不少地方岩石裸露，寸草不生。科尔沁沙地在 300 年前还是"长林丰草……凡马驼牛羊之孳息者岁以千万计"的森林草原，后来成为"沙地旱海八百里"。越是到了近代，人类活动对生态环境的破坏越烈。1644 年清代开始时，全国森林覆盖率为 21%，到 1949 年仅剩下 8.6%。全国不少地方光山秃岭，风沙四起，水土流失严重，生态环境恶化。

20 世纪上半叶，国内外社会矛盾激化，政局动荡变革，水旱灾害频繁，水土流失十分严重。新中国成立之初，全国水力侵蚀面积约为 150 万 km^2。

新中国成立以后，党和国家高度重视水土保持工作，组织开展了大规模水土流失治理工作，水土保持工作成效明显。但是，人们由于认知水平不高，对人与自然关系的认识受到自然、经济、社会等多方因素限制，以致水土流失防治工作经历了一个曲折发展的过程。全国第一次土壤侵蚀调查结果显示，20 世纪 80 年代末，全国土壤侵蚀面积达到 367.03 万 km^2，其中水力侵蚀面积为 179 万 km^2，比 50 年代中期增加了 26 万 km^2。

自改革开放以来，国家进一步提高了对水土保持工作的重视程度，加大了在水土保持方面的投入力度，有计划、有组织地开展了水土流失综合防治工作。20 世纪 90 年代，第

二次土壤侵蚀遥感调查结果显示，与第一次全国土壤侵蚀统计调查数据相比，全国水土流失面积减少了 11 万 km²。但是，随着我国经济建设速度的不断加快，大规模生产建设活动引发了新的水土流失，"边治理，边破坏"现象十分突出。

20 世纪 90 年代以来，国家进一步加强了水土保持工作，实施了多项水土保持重点治理工程，建立了生产建设项目水土保持"三同时"制度，以控制人为水土流失。各类水土保持措施逐渐发挥作用，水土流失预防和治理成效显著。

（二）主要特征

我国 2/3 以上的陆地为山地，气候类型丰富多样，加之农耕文明由来已久，大量土地遭到过度开垦，使我国成为当今世界上水土流失最严重的国家之一。水土流失呈现面广、量大、强度高等显著特征。

1. 面积大，分布范围广

据《全国水利第一次普查水土保持普查情况报告》，全国现有水土流失面积 294.91 万 km²，约占国土总面积的 1/3。其中，水力侵蚀面积 129.32 万 km²，风力侵蚀面积 165.59 万 km²。水土流失在我国分布范围十分广泛，在广大农村地区非常普遍，在城镇和工矿区大量存在；在山地丘陵区存在，在高原和平原也普遍存在。

2. 程度剧烈，流失量大

中国水土流失与生态安全综合考察成果显示，全国多年平均土壤侵蚀总量约为 45 亿 t，主要江河的多年平均土壤侵蚀模数约为 3400t/（km²·a），部分区域侵蚀模数甚至超过 30000t/（km²·a），侵蚀强度远高于土壤容许流失量。从省级行政区看，山西、内蒙古、重庆、陕西、甘肃、新疆 6 省（自治区、直辖市）的水土流失面积都超过了其总土地面积的 1/3。

3. 成因复杂，类型多样

我国复杂多变的气候类型和地形地貌特征，造成水土流失形式多样，几乎涵盖了全世界所有的水土流失类型。水力、风力、冻融、重力侵蚀、混合侵蚀特点各异。在水力侵蚀区，溅蚀、面蚀、沟蚀等十分普遍；在风力侵蚀区，以风沙流为主，严重时发展为沙尘暴；在冻土区和雪线以上，主要有冻融侵蚀和冰川侵蚀；在重力侵蚀区，崩塌、溜砂、崩岗、陷穴、泻溜等都比较常见；在混合侵蚀区，则以滑坡、泥石流为主要表现形式。

4. 时空分布不均，区域分异显著

受地形、地貌、降水、大风等因素的影响，我国水土流失在时间、区域和地类分布上存在较大差异，呈现出一定的规律性。

从时间分布来看，水力侵蚀主要发生在 6—9 月的主汛期，土壤流失量一般占年均流失量的 80% 以上，常常几场暴雨就能达到；风力侵蚀主要发生在冬、春季。

在区域分布上，水力侵蚀以长江、黄河两大流域最为严重，水土流失面积分别占流域总面积的 30% 和 60%，特别是黄河中上游地区，水土流失面积占比更高；风力侵蚀主要分布在西北地区几大沙漠及其邻近地区、内蒙古草原和东北的低平原地区，约占全国风蚀总面积的 90% 以上。

在地类分布上，黄河流域特别是西北黄土高原，水土流失主要分布在沟道，占总侵蚀量的 50% ~ 85%；长江流域主要分布在坡耕地和荒山荒坡。风力侵蚀主要集中在农牧交错区。

严重的水土流失导致耕地减少，土地退化，江河湖库泥沙淤积，影响水资源的有效利用，加剧洪涝灾害，恶化生态环境，危及国土和国家生态安全，给国民经济发展和人民群众生产、生活带来严重危害，其已成为我国重大生态环境问题。加快水土流失治理进程，改善生态环境，有效保护和合理利用水土资源，是关系中华民族生存和发展的长远大计，是我国生态文明建设中一项十分紧迫的战略任务。

二、我国的水土保持

我国的水土保持源远流长，最初为保护农耕地而产生。可以得知，我国农耕文明绵延数千年，水土保持与之相伴相生、经久不衰。在古代，黄河流域就有"平治水土"之说，从西周到晚清，人民群众创造了保土耕作、沟流梯田、造林种草、打坝淤地等一系列水土保持方法，当代有关水土保持的理论和方法，很多都是我国历史上水土保持实践的发展和延续。新中国成立后，在党和国家的重视和关怀下，水土保持事业进入了一个全新的发展时期。改革开放以来，特别是进入 21 世纪以来，随着经济社会的快速发展，国家对水土保持的投入力度持续加大，全社会水土保持意识逐渐增强，水土保持事业迎来了黄金发展期，且水土保持各项工作取得了举世瞩目的巨大成就。

（一）发展现状

1. 成为一门独立完整的学科

水土保持逐渐从土壤保护学科中分离出来，水土保持理论体系逐步得到丰富和完善。从最初仅对侵蚀分类、侵蚀过程及其影响因素的基本、碎片化的认知，到通过长期数万计的现场试验、观察和测试，积累了大量宝贵的科学数据，建立了土壤侵蚀、水土流失演变、生态系统演变过程与恢复重建、土壤侵蚀监测预报等理论。同时，水土保持规划学、水土保持工程学、水土保持植物学、生产建设项目水土保持等方面的理论逐步完善，诸多学者在水土保持生态补偿、城市水土保持等研究方面进行了有益探索。这些都极大地丰富和发展了水土保持理论基础，建立了较为完整的水土保持理论体系，使水土保持逐步成为一门独立完整的学科。

2. 建立了专门的机构队伍

水土保持行政管理、科学研究、学科教育、技术服务等体系逐步发展壮大。为做好水

土保持工作，从中央到地方相继成立了水土保持行政管理、监督执法、监测培训、科学研究、学科教育、学术团体等专门机构。目前，全国 7 个流域机构都成立了水土保持局（处），全国有 30 个省（自治区、直辖市）水利厅（局）成立了水土保持局（处），有近 3000 家水土保持技术服务企业和科技公司，从业人员达 6 万余，为水土保持各项工作有序开展提供了重要的人力资源基础。

3. 已融入国民经济的诸多领域

水土保持作为国家生态文明建设的重要组成部分，随着国家经济的不断发展，已经突破了传统的"保土、保肥、保水"的农业耕作领域，扩展到了交通、电力、资源与能源开发、基础设施建设、城镇建设、公共服务设施建设等数十个国家重要的经济部门和新兴发展领域。各类生产建设项目水土保持、城市水土保持已经成为国民经济健康运行和可持续发展不可或缺的重要支撑，在国民经济和社会发展中的地位不断提升，发挥着越来越重要的作用。

4. 形成了独具中国特色的综合防治方略

水土流失预防和治理实践从试验示范到全面实施，实现了 8 个重大转变：水土保持从典型示范到全面发展；从单项措施、分散治理到以小流域为单元，分区防治、分类指导、综合治理；从单纯治理到以防为主、防治结合；从传统的治理方法到依靠科技，采用和引进新技术、新方法和先进的管理模式；从防护性治理到治理、开发相结合，生态、经济和社会效益统筹兼顾，协调发展；从单纯依靠政府行为组织到采取行政、经济、法律手段相结合；从单纯依靠人工重点治理到人工治理和生态自然修复相结合；从单纯依靠经验开展治理到依靠水土保持技术标准体系、实行标准化治理。由此，水土保持走出了一条具有中国特色的水土流失综合防治的新路子。

（二）主要特点

在长期的实践中，我国水土保持工作者积累了丰富的防治经验，形成了一整套符合我国自然地理特征和经济发展方式的水土流失预防和治理体系，彰显了中国特色。

1. 在防治战略上，协调推进预防保护与综合治理

我国水土流失防治任务非常艰巨，既要治理历史上自然和人为原因造成的严重水土流失，也要预防新的水土流失发生。因此要制定预防保护与综合治理协同推进战略，一方面，针对历史遗留的严重流失区，投入大量人力、财力、物力进行综合治理，加快治理进程；另一方面，针对经济社会快速发展，大规模经济建设活动可能引发新增水土流失的地区，坚决贯彻预防为主、保护优先的方针，实施大规模的预防保护措施，有效控制新增人为水土流失。

2. 在指导思想上，坚持人与自然和谐，妥善处理生态保护与经济、社会发展的关系，

实现生态、经济和社会效益协调统一

长期的实践证明，水土保持各项工作能否顺利开展、水土保持事业能否持续健康发展，关键在于能否处理好人与自然的关系。相关部门既要保护和改善生态环境，又要坚持以人为本，充分考虑水土流失区群众发展生产、改善生活的迫切需求，协调好治理保护与开发的关系。单纯就水保论水保、就生态论生态，脱离经济、社会发展需求搞生态建设难以奏效。只有将开发寓于治理措施之中，使两者紧密结合，实现经济、生态、社会三大效益的统一，才能充分调动各方面的积极性，治理成果才能巩固持久，水土保持才有生命力。

3. 在技术路线上，坚持以小流域为单元，因地制宜，科学规划，工程、生物和农业技术措施优化配置，山、水、田、林、路、村综合治理

小流域是一个完整的自然集水区和水土流失单元，是大江大河产水、产沙的源头。以小流域为单元，以提高生态效益和社会经济持续发展为目标，上、中、下游兼顾，山、水、田、林、路、村统一规划，根据不同自然地理和社会经济条件，合理安排农、林、牧、副各业用地，多项水土保持措施对位配置、优化组合，形成各具特色的多功能、多目标的水土保持综合防护体系和小流域经济体系。治本清源，减缓和拦蓄地表径流，做到水不乱流、土不位移，有效控制水土流失、改善生态环境，实现流域内经济、社会的可持续发展。

4. 在防治布局上，以大流域为骨架，以国家重点工程为依托，人工治理与生态修复有机结合，集中连片、规模推进

我国水土流失量大面广，在资金投入相对有限、治理需求相对无限的前提下，按照全国和区域水土保持规划，以国家投资的重点治理工程为依托，采取集中连片、规模治理的方式，集中投入，连片规模推进，形成规模效应。以国家水土保持重点工程为示范，引导、辐射带动周边地区以及社会各方投入水土流失预防和治理，加快水土流失综合防治进程。

以中等尺度和大尺度流域为规划单元，以小流域为设计单元，以区域水土流失防治的关键点为突破口，在小流域这个基本设计单元内优化配置各项措施，最大限度地获取水土保持生态、经济和社会效益。坚持人工治理与生态自然修复相结合，对水土流失严重、治理需求迫切的小范围地区开展人工治理，进行人工干预，有效控制水土流失；对水土流失相对较轻或治理需求相对较低的大范围地区实施生态修复，采取封育保护等措施，促进生态环境改善。

5. 在实施保障上，坚持依法开展水土流失预防与治理工作

《中华人民共和国水土保持法》及其配套法规制度是保护生态环境、遏制人为新增水土流失的法律武器。目前，我国正处在一个经济和社会发展较快的时期，对大规模的交通设施建设、矿产资源开发、农林开发等活动如不依法加强管理，必将加剧人为水土流失，进一步恶化本来就很脆弱的生态环境。法律是保障，执法是关键，长期不懈依法防治水土流失是根本。同时，通过推进水土保持机构、职能、权限、程序、责任法定化，推行权力清单制度，以及推行公众参与、专家论证、风险评估、信用管理等制度，为强化水土流失

预防和保护夯实基础。

6. 在防治投入上，坚持发挥政策灵活性作用，调动社会各方力量

水土保持是一项规模宏大和任务艰巨的工程，需要大量的资金和劳动投入，完全靠国家投资远远不够，关键在于调动群众的积极性。改革开放40多年的实践证明，调动群众的积极性关键在于改革，改革的关键在于依靠政策不断地建立适应市场经济运行规律的新机制。从20世纪80年代开始的户包，到90年代的拍卖"四荒"使用权、股份合作等多种治理形式，水土保持通过深化改革，不断创新机制，充分发挥政策的推动作用，极大地调动了农民和社会各界投入治理的积极性，使水土保持充满了生机和活力，形成了治理主体多元化、投入来源多样化、资源开发产业化的多渠道、多层次投资治理，全社会共同参与水保的新格局。

（三）地位与作用

随着我国经济和科技的快速发展，人口、资源、生态与环境问题的日益突出，水土保持在我国经济社会发展中的地位和作用越来越凸显。实践表明，水土保持是生态文明建设的重要内容、是实现可持续发展的重要保证、是实现人与自然和谐的重要手段、是我国全面建设小康社会的基础工程、是关系中华民族生存发展的长远大计。

1. 水土保持是生态文明建设的重要内容

生态文明建设是中国特色社会主义事业的重要内容，关系人民福祉，关乎民族未来，事关"两个一百年"奋斗目标和中华民族伟大复兴中国梦的实现。建设生态文明就是要坚持节约资源和保护环境的基本国策，全面促进资源节约利用，加大自然生态系统和环境保护力度。水土资源是生态环境的构成要素，是决定生态环境质量和演替发展进程的重要因素。水土保持是维持和改善水土资源状况的重要工程，是维护和改善生态环境的基础保障，是建设生态文明的重要内容。

2. 水土保持是可持续发展的重要保证

实施可持续发展战略是我国的一项基本国策。选择可持续发展道路，是人类社会在面临人口、资源、环境等一系列重大问题时进行长期反思的结果。相对于传统的发展观，可持续发展观强调的是发展的可持续性，其核心是经济发展应当建立在资源可持续利用、环境可持续维护的前提下，既能满足当代人的需要，又不会对后代人满足其需要的能力构成威胁。水土资源和生态环境是一切生命机体繁衍生息的根基，是人类社会发展进步过程中不可替代的物质基础和条件。实现水土资源的可持续利用和生态环境的可持续维护，是经济社会可持续发展的客观要求，也是当前我国亟须破解的两大问题。

水土流失导致资源基础被破坏、生态环境恶化，加剧了自然灾害和贫困，危及国土和国家生态安全，对经济社会可持续发展构成严重制约。从古代的"平治水土"到现在的预防为主、防治结合，乃至近年来总结形成的人工治理与生态修复相结合的防治方略，水土

保持一直是几千年来人们保护和合理利用水土资源、改善生态环境不可或缺的有效手段，也是可持续发展的重要保证。

3. 水土保持是实现人与自然和谐的重要手段

实现人与自然和谐是人类对人与自然关系认识的一次质的飞跃，是社会发展史上的一个重大研究成果，已经成为全球范围的广泛共识。人与自然和谐是我国构建社会主义和谐社会的重要内容，是社会主义现代化建设的客观要求，是经济社会可持续发展的一个必然选择。水土保持是人类在不断追求人与水土和谐的基础上产生的一门科学，人与自然和谐的理念始终贯穿于水土保持的整个发展过程，水土保持的发展史就是一部人与自然和谐相处的发展史。

4. 水土保持是全面建设小康社会的基础工程

党的十八大报告提出，到 2020 年全面建成小康社会的伟大目标。党的十八届五中全会对全面建成小康社会的目标作了新的阐述，突出了更加注重发展质量、更加强调全面协调可持续的特征。更加注重质量和可持续的发展，不是以破坏水土资源、牺牲生态环境为代价换取速度的发展，而是在水土资源、生态环境可承载范围内的发展，是与水土资源可持续利用和生态环境可持续维护相协调的发展。加强水土保持工作，加快水土流失防治进程，一方面控制水土流失区生态环境脆弱、恶化趋势，另一方面预防经济建设过程中可能新增的水土流失，改善生态环境，提高生态环境承载能力，为全面建成小康社会打下坚实的基础。

5. 水土保持是中华民族生存发展的长远大计

江河水患是长期困扰中华民族的心腹大患，粮食问题事关国计民生社稷安危。随着人口的增加，以及经济社会的快速发展，饮水安全、生态安全等一系列新问题接踵而来。这些问题的产生都与水土资源有着极为密切的关系。人类文明的兴衰与水土资源的状况休戚与共、息息相关，水土资源是人类生存发展的基础和文明的根基，是人与人、人与自然、人与社会和谐共生、良性循环、持续发展的基础。可以断言，水土保持不仅是我国治理江河、根除水患的治本之策，整治国土保证粮食安全的重要保证，应对饮水安全问题、实现水资源可持续利用的有效手段，而且是推动中国走向生态文明、实现中华民族伟大复兴的必然选择。

第二节　水土保持基本原理

降落到陆地上，这种局部的循环称为小循环。可见，大循环是一个包含了许多小循环的复杂过程。

一、生态系统平衡原理

生态系统（Ecosystem）就是在一定空间中共同栖居着的所有生物（生物群落）与其环境之间由于不断地进行物质循环和能量流动过程而形成的统一整体。地球上的森林、草原、荒漠、海洋、湖泊、河流等，都可视为不同的生态系统。修复和重建水土流失造成的退化生态系统时，应遵循生态系统平衡原理。

（一）生态系统

1. 生态系统的组成成分

无论是陆地还是水域，或大或小，都可概括为非生物和生物两大部分，或者分为非生物环境、生产者、消费者和分解者 4 种基本成分。它们就是生态系统的组成成分。

在生态系统中，非生物成分主要是为生物成分提供生存的场所和空间，以及能量与物质。生产者（Producer）是能用简单的无机物制造有机物的自养生物（Autotroph），包括所有的绿色植物和某些细菌，是生态系统中最基础的成分；消费者（Consumer）是不能用无机物质制造有机物质的生物，它们直接或间接地依赖于生产者所制造的有机物质，因此为异养生物（Heterotroph）；分解者（Decomposer）均属于异养生物，如细菌、真菌、放线菌、土壤原生动物和一些无脊椎动物，这些异养生物在生态系统中连续地进行着分解作用，把复杂的有机物逐步分解为简单的无机物，最终以无机物的形式回到环境中。因此，这些异养生物又常被称为还原者（Reductor）。

2. 生态系统的结构

（1）整体性

整体性（Holism）是指系统的有机整体，其存在的方式、目标、功能都表现出统一的整体性。它是生态系统最重要的一个特征。

（2）有序性

生态系统是一个全方位开放的系统，系统的各组分之间以及与环境之间，都不断地相互作用和进行交流，使生态系统本身的结构和功能得到发生和发展。生态系统本身处于非平衡状态，并具有通过与外界的交换试图向平衡目标发展的趋势。生态系统的各要素之间存在复杂的非线性（non—linear）相互作用的机制，这说明生态系统各要素之间并不完全是简单的因果关系，或线性依赖关系，而是存在着正反馈的倍增效应，也存在着限制成员增长的饱和效应，即负反馈。

（3）时空结构

生态系统在结构的布局上具有一致性，上层阳光充足，集中分布着绿色植物的树冠或藻类，有利于光合作用，故称为绿带（Green Belt）或光合作用层。绿带以下为异养层或分解层，又常被称为褐带（Brown Belt）。如草地生态，上层绿草稀疏，而且喜阳光；下层绿草稠密，较耐阴；最下层有的就匍匐在地面上。生态系统中的分层有利于生物充分利

用阳光、水分、养料和空间。

生态系统的结构和外貌也会随时间的推移而变化，这是生态系统在时间上的动态表现。对其可以用 3 个时间长度进行考察。一是长时间量度，以生态系统进化为主要内容；二是中等时间量度，以群落演替为主要内容；三是以昼夜、季节和年份等短时间量度为周期变化。生态系统短时间结构的变化，反映了植物、动物等为适应环境因素的周期性变化，而引起整个生态系统外貌上的变化。这也是环境质量高低的变化。所以，对生态系统时间变化的研究有利于水土保持生物措施种类的选择和布设。

（4）营养结构

生态系统的营养结构主要体现为食物链（Food Chains）、食物网（Food Webs）两个方面，它们是生态系统中非生物成分和生物成分的纽带，控制着系统的结构和功能的发挥。

食物链是生态系统中由食性关系所建立的各种生物之间的营养联系，形成一系列猎物与捕食者的锁链现象。像"大鱼吃小鱼，小鱼吃虾米"就是食物链的形象描述。但是，自然界中很少有一种生物完全依赖于另一种生物，并且食物链有捕食食物链（放牧食物链）、碎食食物链、寄生食物链和腐生食物链之分。生存常常是一种动物可以多种生物为食物，同一种动物可以占据几个营养层次，这就形成了食物网结构。

（二）生态系统平衡

生态平衡（Ecological Balance）是生态系统在一定时间内结构与功能的相对稳定状态，其物质和能量的输入、输出接近相等，在外来干扰下，能通过自我调节（或人工控制）恢复到原初稳定状态。当外来干扰超越生态系统自我调节能力，而不能恢复到原初状态时，谓之生态失调，或生态平衡的破坏。生态平衡是动态的，维护生态平衡不只是保持其原初状态。生态系统在人为有益的影响下，可以建立新的平衡，达到更合理的结构、更高效的功能和更好的生态效益。

1. 生态能量学特征

幼年期生态系统总生产量 P/群落呼吸量 R>1，而成熟稳定的生态系统中 P/R 接近于 1。由此可见，P/R 比率是表示生态系统相对成熟的最好的功能性指标。在发展早期，如果 R 大于 P，就称为异养演替（Beterotrophic Succession）；相反，如果 P 大于 R，也就称为自养演替（autotrophic succession）。但从理论上讲，上述两种演替中，P/R 比率都随着演替发展而接近于 1。换言之，在成熟的或"顶极"的生态系统，固定的能量与消耗的能量趋向平衡。

2. 食物网特征

幼年期生态系统的食物链结构简单，往往是直线的，随后发展为以放牧食物链为主；到成熟期，食物链结构十分复杂，大部分通过腐生食物链途径形成。成熟系统复杂的营养结构，使它对物理环境的干扰具有较强的抵抗能力。这也是处于平衡的动态系统自我调能

力的表现。

3. 营养物质循环上的特征

在生态系统发展的过程中，生物地球化学循环朝着更加稳定的方向发展，成熟系统就具有更大的网络和保持氮、磷、钾、钙等主要营养物质的功能。营养物质丧失量越少，输入量和输出量越接近平衡。

4. 群落结构的特征

在演替过程中，一般认为物种多样性趋向于增加，某一物种或少数类群占优势的情形减少，即均匀性有增加的趋势。但到达顶极时期，多样性指数可能有所下降。物种多样性增加，营养结构复杂化，种间竞争更为激烈，导致生态分化，物种生活史更为复杂。

有机化合物多样性增加，不但表现在生物量上，而且有机代谢物在调节生态系统组成和稳定上发挥着重要作用。

5. 选择压力

岛屿生态学研究证明，在生物移植早期，即物种数少而不拥挤时期，具有高增殖潜力的物种（选择者）有较大生存的可能性；相反，在系统接近平衡的晚期，选择压力有利于低增殖潜力具有较强竞争力的物种（K 选择者）。因此，量的生产是幼年期生态系统的特征，而质的生产和反馈控制则是成熟生态系统的标志。

6. 稳态

成熟期的生态系统的稳态，主要表现在系统内部的生物间相互联系或内部共生发达，保持营养物质能力的提高，对外界的干扰抵抗力较强和具有较多的信息和较低的熵值。

（三）生态经济系统及平衡

1. 流域生态经济系统的一般特征

流域生态经济系统由人口、环境、资源、物资、资金和科学技术等 6 大要素所组成。其中，人是该系统的核心成员。由于人类活动具有两重性，因此人口要素在流域生态经济系统中起着促进或延续生态发展的作用。

人在生态经济系统中，若具备了一定的身体素质、科学知识、生产经验和劳动技能，他们经过对环境的改造、资源的开发、物质资料的利用和资金的循环流通等，会使系统保持良好的生态环境，并最大限度地满足人们日益增长的物质、文化和生态的需求，实现持续发展，反之亦然。

可见，流域生态经济系统各要素是以人的需求为结合动力、以投入产出为结合渠道和以科学技术为结合手段的。在其再生产过程中，充分体现了自然、经济和人口再生产的统一。

流域生态经济系统是一个远离平衡状态的开放系统，系统内部不同元素之间存在非线性的机制。因此，流域生态经济系统是一个典型的有序的组织结构，即耗散结构。系统中各要素之间的相互结构，不但是点的结合和单链条的结合，而且是纵横交织的网络结构。

人们通过对太阳能的充分利用，使系统中的植物（含作物）种植具有立体的层状结构。因此，流域生态经济系统结构是一个有序、网络、立体的结构。

流域生态经济系统的生产和再生产过程是物流、能流、信息流、价值流的交换和融合过程。因此，流域生态经济系统具有物质循环、能量流动、价值增值和信息传递4大功能。

2. 流域生态经济系统的平衡

流域生态经济系统的平衡（Balance Of Eco—economic System In Watershed）是保持生态平衡条件下的经济平衡，是生态平衡与经济平衡有机结合、相互渗透的矛盾统一体，是在自然选择与人工选择的进化过程中,流域管理的生态目标和经济目标相统一的平衡状态。这种平衡主要表现在结构平衡、机制平衡和功能平衡3个方面。王礼先根据生态目标和经济目标的不同组合，将生态经济系统平衡总结为以下3种模式。

（1）稳定的生态经济平衡模式

在这种平衡状态下，系统自我调节力因抵偿外部不当的干预力而减弱，但能够勉强维持系统原来的结构功能，同时生态系统和经济系统都处于保持原有水平和规模的再生产运动中，并且不会出现非正常的异变。

（2）自控的生态经济平衡模式

在这种平衡状态下，各种内外因的激发使生态经济系统出现各种异变时，系统可凭借自我调节机制，迅速恢复生态经济系统的稳定状态，保证生态经济系统的正常运行和生态经济功能的正常发挥，并保持原来的生态经济平衡状态。

（3）优化的生态经济平衡模式

在这种平衡状态下，系统中各要素以及结构与功能之间都处于融洽协调的关系中，生态经济系统在自控、稳定的同时，不断得到完善和进化。生态系统与经济系统同步协调发展，并进行良性循环。

3. 受损生态系统的恢复

生态系统的受损，主要来自干扰。按照来源，干扰可分为自然干扰和人为干扰。自然干扰如火、冰雹、洪水、干旱、泥石流等，它对环境的影响是局部的和偶然发生的。而人为干扰的影响可以涉及种群乃至整个生物圈。正常的生态系统是生物群落与自然环境取得平衡的自我维持系统，各种组分的发展变化是按照一定规律并在某一平衡位置做一定范围的波动，从而达到一种动态平衡的状态。但是，生态系统的结构和功能也可以在自然干扰和人为干扰的作用下发生位移（displacement），位移的结果打破了原有生态系统的平衡状态，使系统的结构和功能发生变化和遇到障碍，形成破坏性波动或恶性循环，这样的生态系统称为受损生态系统（Damaged Ecosystem）。

受损生态系统的恢复可依据两种模式或途径进行：一种是当生态系统受损未超过负荷且没有发生不可逆的变化，压力和干扰被移去后，恢复可在自然过程中发生，如退化草场

的围栏保护。另一种是生态系统的受损是超负荷的，并发生了不可逆的变化，只依靠自然过程并不能使生态系统恢复到初始状态，必须依靠人的帮助，必要时需用非常特殊的方法，至少要使受损状态得到控制。

二、景观生态学原理

景观生态学（landscape Ecology）是研究景观单元的类型组成、空间配置及其与生态学过程相互作用的综合性学科。其理论体系虽还在完善中，但它在环境保护、土地利用规划和资源管理等方面得到了广泛应用。

（一）景观

景观（landscape）的定义有狭义和广义两种。狭义的景观是指在几十千米至几百千米范围内，由不同类型生态系统所组成的、具有重复性格局的异质性地理单元。反映气候、地理、生物、经济、社会和文化综合特征的景观复合体则称为区域（Region）。广义的景观则包括出现在从微观到宏观不同尺度上的，具有异质性或斑块性的空间单元。它强调空间异质性，景观的绝对空间尺度随研究对象、方法和目的的不同而变化，这体现了生态系统中多尺度和等级结构的特征，有助于进行多学科研究。

（二）格局、过程、尺度

格局（Pattern）是指空间格局，广义地讲，它包括景观组成单元的类型、数目以及空间分布与配置。与格局不同，过程强调事件或现象的发生、发展的动态特征，如种群动态等。尺度（Scale）是指在研究某一物体或现象时所采用的空间或时间单位，同时又指某一现象或过程在空间和时间上所涉及的范围和发生的频率。尺度可分为空间尺度和时间尺度。在景观生态学中，尺度往往以粒度（Grain）和幅度（Extent）来表达。粒度是指景观中最小可辨识单元所代表的特征长度、面积或体积；时间粒度指某一现象或事件发生的（或取样的）频率或时间间隔。幅度是指研究对象在空间或时间上的持续范围或长度。

（三）空间异质性

空间异质性（Spatial Heterogeneity）是指某种生态学变量在空间分布上的不均匀性及复杂程度。空间异质性在依赖于尺度（粒度和幅度）的同时，还与数据类型有关。

（四）干扰

干扰是指发生在一定地理位置上，对生态系统结构造成直接损伤的、非连续性的物理作用或事件。干扰直接改变生态学系统结构，它的判别依赖于尺度、事件强度及系统的本质。

（五）斑块—廊道—本底

斑块（Patch）泛指与周围环境在外貌或性质上不同，并具有一定内部均质性的空间单元，它可以是植物群落、湖泊、草地或居民区等。廊道（Corridor）是指景观中与相邻

两边环境不同的线性或带状结构，如林带、河流、道路等。本底（matrix）则是指景观中分布最广、连续性最大的背景结构，如森林本底、草原本底、农田本底、城市用地本底等。

第三节　水土保持工程措施

一、水土保持工程措施的类型

水土保持工程措施（Project Measures Of Water And Soil Conservation）是指为保持水土，合理利用山区水土资源，防治水土流失危害而修筑的各种建筑物。它是流域水土保持综合治理措施体系的主要组成部分，是改善流域环境的措施之一，与水土保持生物措施及其他措施同等重要。

水土保持工程措施根据兴修目的及其应用条件，可以分为以下4种类型。

（一）山坡防护工程

山坡防护工程是指为防治山坡水土流失而修筑的一些工程措施。这类工程主要有梯田、拦水沟埂、水平沟、水平阶、水簸箕、鱼鳞坑、山坡截流沟、水窖（旱井）、蓄水池以及稳定斜坡下部的挡土墙等。梯田是山区、丘陵区常见的一种基本农田，因地块按等高线排列呈阶梯状而得名，是在坡地上沿等高线修成台阶式或坡式断面的田地；水平沟、水平阶、鱼鳞坑等属陡坡造林工程，水平沟又叫沟式梯田，修成后呈浅沟状，故叫水平沟，水平阶修成后如台阶，鱼鳞坑的平面形状为一半月牙形呈品字形排列似鱼鳞，故叫鱼鳞坑；水窖、蓄水池是指在地表径流集中的地方，为防止水土流失，就地拦蓄坡面径流的工程，容积较大且呈开敞式者叫蓄水池，容积较小且设于地下者叫水窖。山坡防护工程在流域水土流失治理中，实施简单、投资少、效果好，易于被群众接受。

（二）山沟治理工程

山沟治理工程是指为固定沟床、拦蓄泥沙、防止或减轻山洪及泥石流灾害而在山区沟道中修筑的各种工程措施。这类工程主要有沟头防护工程、谷坊工程、以拦蓄调节泥沙为主要目的的各种拦沙坝和以拦泥淤地、建设基本农田为目的的淤地坝及沟道护岸工程等。沟头防护工程是指在沟头采取一些工程措施，目的是保护沟头，以防径流侵蚀引起沟头前进、沟道下切和沟岸扩张；谷坊是在沟道所建的小堤坝。山沟治理工程在流域水土流失治理中，实施技术要求较高，投资较大。

（三）山洪导排工程

山洪导排工程主要是防止山洪、泥石流的危害，保护村庄、道路、工矿企业及生产安全。这类工程主要有排洪沟、导流堤、泄水建筑物等。在流域水土流失治理中，实施技术

要求较高、投资较大。

（四）小型水利工程

这类工程主要有小水库、塘坝、淤滩造田、引洪漫地、引水上山等。在流域水土流失治理中，实施技术要求较高，投资较大。在实际应用中，它往往可以兼有山坡防护工程、山沟治理工程、山洪导排工程的作用，不但能防止和减轻水土流失，而且可有效利用水沙资源。

二、水土保持工程的作用

（1）山坡防护工程的作用在于用改变小地形的方法防止和减轻坡地土壤流失，将雨水或融雪水就地拦蓄，使其渗入农地、草地或林地，减缓或防止坡面径流形成，增加农作物、牧草以及林木可以利用的土壤、水分。同时，将未能就地拦蓄的坡地径流引入小型蓄水工程。在有发生重力侵蚀危险的坡地上，可以修筑排水工程或支挡建筑物，防止滑坡。

（2）山沟治理工程的作用在于防止沟头前进、沟床下切，减缓沟床纵坡，调节山洪洪峰流量，降低山洪或泥石流的固体物质含量，使山洪安全排泄，不至于对沟口冲积锥造成灾害。

（3）山洪导排工程的作用在于防止山洪或泥石流危害沟口冲积锥上的房屋、工矿企业、道路、农田及具有重大意义的防护对象等。

（4）小型水利工程的作用在于将坡地径流及地下潜流拦蓄起来，在减少水土流失危害的同时，灌溉农田，提高作物产量。

三、坡面治理工程规划

（一）规划原则

区域性水土保持规划应从小流域开始。小流域综合治理规划，应当考虑水土保持工程措施与生物措施、农业耕作措施之间合理配置的原则；应全面分析坡面工程、沟道工程、山洪导排工程及小型水利工程之间的相互联系，工程与生物相结合，坚持沟道、山坡兼治，上、下游治理相配合的原则；应坚持"预防为主、全面规划、综合治理、因地制宜、加强管理、注重效益"的原则。

（二）规划目标

根据指导思想和规划原则，按照小流域的实际情况，因地制宜地采取各种有效治理措施，最终应达到的目标为：减少水土流失，恢复地表植被，合理利用水土资源，实现经济效益、社会效益、环境效益的协调发展。

（三）规划内容

坡面治理工程规划主要内容为土地利用规划、灌溉工程规划、排水工程规划、小型水利工程、支挡工程规划、田间道路工程规划等。

土地利用规划（Land Use Plan）是根据小流域的自然条件，按当地的社会、经济、环境条件对土地进行合理的分配，即对耕地、林地、城镇、交通、水面等占地进行规划，其中耕地、城镇、交通、人工水面面积在满足社会、经济发展的条件下，应尽可能小，而林地应尽可能大。

灌溉工程规划（Irrigation Engineering Plan）是根据耕地灌溉要求来配置基础设施，规划中应注意节约水土资源、使用寿命长和管理方便，如山地集水、蓄水和低压管道灌溉。

排水工程规划是根据小流域的地形、地质、河流等自然条件，充分利用原有的排水条件，补充区内排水工程的不足，有效地将区内地表径流和洪水引导至承泄区，以减轻地表径流和洪水对土地的侵蚀。

小型水利工程（Small Water Conservancy Projects）是根据小流域的自然条件和耕地灌溉要求进行规划，即以蓄水、引水为主的"五小"水利工程规划。

支挡工程规划是根据小流域内的工程地质问题，采取相应的工程措施，防止水土流失和土壤侵蚀进一步扩大，即挡墙、护坡等工程规划。

田间道路工程规划是根据小流域的自然条件和农业生产要求进行规划，一般是小型机耕道和生产道的规划。

四、坡面治理工程设计

坡面在山区生产中占有重要地位，同时又是泥沙和径流的策源地，水土保持要坡、沟兼治，其中坡面治理是基础。坡面治理工程包括斜坡固定工程、山坡截流沟和沟头防护工程等。

（一）斜坡固定工程

斜坡的稳定性直接关系到斜坡上和斜坡附近的工矿、交通设施和房屋建筑等安全。因此，实施必要的工程措施是十分重要的。

斜坡固定工程是指为防止斜坡岩土体的运动，保证斜坡稳定而布置的工程措施，包括挡墙、抗滑桩、削坡、反压填土、排水工程、护坡工程、滑动带加固工程和植物固坡措施等。

1. 挡墙

挡墙（Retaining Wall）又称挡土墙，可防止崩塌、小规模滑坡及大规模滑坡前缘的再次滑动。挡墙的构造包括重力式、半重力式、倒 T 形或 L 形、扶壁式、支垛式、棚架扶壁式和框架式等。

重力式挡墙可以防止滑坡和崩塌，适用于坡脚较坚固、允许承载力较大、抗滑稳定较好的情况。根据建筑材料和形式，重力式挡墙又分为片石垛、浆砌石挡墙、混凝土或钢筋混凝土挡墙和空心挡墙（明洞）等。片石垛可就地取材，施工简单，透水性好，适用于滑动面在坡脚以下不深的中小型滑坡，不适用于地震区的滑坡。浅层中小型滑坡的重力式挡墙宜建在滑坡前，若滑动面有几个且滑坡体较薄，可分级支挡。

其他几种类型的挡墙多用于防止斜坡崩塌，一般用钢筋混凝土修建。倒T型因自重轻，需利用坡体的重量，适用于4~6m的高度；扶壁式和支垛式因有支挡，适用于5m以上的高度；棚架扶壁式只用于特殊情况。

框架式也称垛式，是重力式的一个特例，由木材、混凝土构件、钢筋混凝土构件或中空管装配成框架，框架内填片石。它又分叠合式、单倾斜式和双倾斜式。框架式结构较柔韧，排水性好，滑坡地区采用较多。

加筋土挡土墙是由土工合成材料与填土构成的一种新型挡土墙。该种挡土墙不用砂石料和混凝土，对环境有利，施工方便，透水性好，对边坡稳定有利。

2. 抗滑桩

抗滑桩（Friction Pile）是穿过滑坡体将其固定在滑床的桩柱。使用抗滑桩，土方量小，施工需有配套机械设备，且工期短，是被广泛采用的一种抗滑措施。

根据滑坡体厚度、推力大小、防水要求和施工条件等，选用木桩、钢桩、混凝土桩或钢筋（钢轨）混凝土桩等。木桩可用于浅层小型土质滑坡或对土体进行临时拦挡，但强度低，抗水性差。滑坡防治中常用钢桩和钢筋混凝土桩。

抗滑桩的材料、规格和布置要能满足抗断、抗弯、抗倾斜、阻止土体从桩间或桩顶滑出的要求，因而要有一定的强度和锚固深度。桩的设计和内力计算可参考有关文献。

3. 削坡（Scaling）和反压填土

削坡主要用于防止中小规模的土质滑坡和岩质斜坡崩塌。削坡可减缓坡度，减小滑坡体体积，减轻下滑力。滑坡可分为滑动部分和抗滑部分，滑动部分一般是滑坡体的后部，它产生下滑力；抗滑部分即滑坡前端的支撑部分，它产生抗滑阻力。削坡的对象是滑动部分，当高而陡的岩质斜坡受节理缝隙切割，比较破碎，有可能崩塌坠石时，可剥除危岩，削缓坡顶部。

当斜坡较高时，削坡常分级留出平台。反压填土是在滑坡体前面的抗滑部分堆土加载，以加大抗滑力。填土可筑成抗滑土堤，土要分层夯实，外露坡面应干砌片石或种植草皮，堤内侧要修渗沟，土堤和老土间修隔渗层，填土时不能堵住原来的地下水出口，要先做好地下水引排工程。

4. 排水工程

排水工程（Drainage Works）可减免地表水和地下水对坡体稳定的不利影响，一方面能提高现有条件下坡体的稳定性，另一方面允许坡度增高而不降低坡体的稳定性。排水工程包括地表水排除工程和地下水排除工程。

（1）地表水排除工程

地表水排除工程（Surface Drainage Works）的作用：一是拦截地表水；二是防止地表

水大量渗入，并尽快汇集排走。它包括防渗工程和排水沟工程。

防渗工程包括整平夯实和铺盖阻水，可以防止雨水、泉水和池水的渗透。当斜坡上有松散土体分布时，应填平坑洼和裂缝并整平夯实。铺盖阻水是一种大面积防止地表水渗入坡体的措施，铺盖材料有黏土、混凝土和水泥、砂浆，其中黏土一般用于较缓的坡。

排水沟布置在斜坡上，充分利用自然沟谷，一般呈树枝状。当坡面较平整，或治理标准较高时，需要开集水沟和排水沟，构成排水系统。排水沟工程可采用砌石、沥青铺面、半圆形钢筋混凝土槽、半圆形波纹管等形式，有时采用不铺砌的沟渠，其渗透力和冲刷力较强，效果差。

（2）地下水排除工程

地下水排除工程（Underground Drainage Works）的作用是排除和截断渗透水。它包括渗沟、明暗沟、排水孔、排水洞和截水墙等。

渗沟的作用是排除土壤水和支撑局部土体，比如可在滑坡体前布置渗沟。在有泉眼的斜坡上，渗沟应布置在泉眼附近和潮湿的地方。渗沟深度一般大于2m，以便充分疏干土壤水。沟底应置于潮湿带以下较稳定的土层内，并应铺砌防渗。

排除浅层（3m以上）的地下水可用暗沟和明暗沟。暗沟分为集水暗沟和排水暗沟。集水暗沟用来汇集浅层地下水，排水暗沟连接集水暗沟，把汇集的地下水作为地表水排走。其底部布置有孔的钢筋混凝土管或石笼，底部可铺设不透水的杉皮、聚乙烯布或沥青板，面和上部设置树枝及沙砾组成的过滤层，以防淤塞。

明暗沟即在暗沟上同时修明沟，可以排除滑坡区的浅层地下水和地表水。排水洞的作用是拦截、储备、疏导深层地下水。排水洞分截水隧洞和排水隧洞。截水隧洞修筑在危险斜坡外围，以用来拦截旁引补给水；排水隧洞布置在危险斜坡内，用于排泄地下水。滑坡的截水隧洞洞底应低于隔水层顶板，或在滑坡后部滑动面之下，开挖顶线必须切穿含水层，其衬砌拱顶又必须低于滑动面，截水隧洞的轴线应大致垂直于水流方向。排水隧洞洞底应布置在含水层以下，在滑坡区应位于滑动面以下，平行于滑动方向布置在滑坡前部，根据实际情况选择渗井、渗管、分支隧洞和仰斜排水孔等措施进行配合。排水隧洞边墙及拱圈应留泄水孔和填反滤层。

如果地下水向滑坡区大量流入，可在滑坡以外布置截水墙，将地下水截断，再用仰斜孔排出。

5. 护坡工程

为防止崩塌，可在坡面修筑护坡工程进行加固，这比削坡节省投工，速度快。常见的护坡工程（Works For Protecting Slopes）有干砌片石和混凝土砌块护坡、浆砌片石和混凝土护坡、格状框条护坡、喷浆和混凝土护坡、锚固法护坡等。

干砌片石和混凝土砌块护坡用于坡面有涌水、边坡小于1:1、高度小于3m的情况，

涌水较大时应设反滤层，涌水很大时最好采用盲沟。

防止没有涌水的软质岩石和密实土斜坡的岩石风化，可用浆砌片石和混凝土护坡。边坡小于1∶1的用混凝土，边坡为1∶0.5～1∶1的用钢筋混凝土。上文已提到，浆砌片石护坡可以防止岩石风化和水流冲刷，适用于较缓的坡。

格状条护坡是用预制构件的现场直接浇制混凝土和钢筋混凝土，修成格式建筑物，格内可进行植被防护。有涌水的地方干砌片石。为防止滑动，应固定框格交叉点或深埋横向框条。

在基岩裂隙小，没有大崩塌发生的地方，为防止基岩风化剥落，应进行喷浆或混凝土护坡。若能就地取材，用可塑胶泥喷涂则较为经济，可塑胶泥也可作喷浆的垫层。注意不要在有涌水和冻胀严重的坡面喷浆或喷混凝土。

在有裂隙的坚硬的岩质斜坡上，为了增大抗滑力或固定危岩，可用锚固法，所用材料为锚栓或预应力钢筋。在危岩土钻孔直达基岩一定深度，将钢筋末端固定后要施加预应力，为了不把滑面以下的稳定岩体拉裂，事先要进行抗拉试验，使锚固末端达滑面以下一定深度，并且相邻锚固孔的深度不同。根据坡体稳定计算求得的所需克服的剩余下滑力来确定预应力大小和锚孔数量。

6. 土工网植物固坡工程

坡面铺土工网后，种植植物能防止径流对坡面的冲刷，降低径流速度，增加入渗，在坡度不大于50°的坡上，能在一定程度上防止崩塌和小规模滑坡。植物根系有利于控制坡面面蚀、细沟状侵蚀、浅层块体运动及增加土体抗剪强度，增加斜坡稳定性，减缓地表径流，减轻地表侵蚀，保护坡脚。

坡面生物—工程综合措施，即在布置的拦挡工程的坡面或工程措施间隙种植植被。例如，在挡土石墙、石笼墙、铁丝链墙、格栅和格式护墙上加上植物措施，可以增加这些挡墙的强度。

除了上述固坡工程之外，护岸工程、拦沙坝、淤地坝也能起到固定斜坡的作用。如在滑坡区的下游沟道修拦沙坝，可以压埋坡脚。这些工程将在后面予以介绍。

（二）山坡截流沟

山坡截流沟（Catch Drain，Cut—off Drain）是在斜坡上每隔一定距离，在平行等高线或近平行等高线修筑的水沟。

1. 山坡截流沟的作用

山坡截流沟能截断坡长，阻截径流，减缓径流冲刷，将分散的坡面径流集中起来，输送到蓄水工程里或直接输送到农田、草地或林地。山坡截流沟与等高耕作、梯田、涝池、沟头防护以及引洪漫地等措施相配合，对保护其下部的农田，防止沟头前进，防治滑坡，维护村庄和公路、铁路的安全有重要作用。

2. 山坡截流沟的布置

一般情况下，坡地均可修截流沟。截流沟与纵向布置的排水沟相连，可把径流排走。截流沟在坡面上均匀布置，间距随坡度增大而减小。实地勘查定线时，要查明蓄水工程的位置和容积、坡面地形、植被等特点，收集降雨资料，先大致确定截流沟的线路，以便将集水区的最大暴雨径流全部输导至蓄水工程。

为防治滑坡，在滑坡可能发生的边界以外 5m 处可设置一条截流沟。若坡面面积大，径流量大，则设置多条。如果有公路或多级削坡平台，则应充分利用其内侧设置截水沟。

沟道、道路或凹地，雨季常发生集中的暴雨径流，可在适当地点修土石坝或柳桩坝等建筑物，再挖截流沟截引山洪。

（三）沟头防护工程

沟头（Gully Head）侵蚀的防治，应按流量的大小和地形条件采取不同的沟头防护工程。根据沟头防护工程的作用，可将其分为蓄水式沟头防护工程和排水式沟头防护工程两类。

1. 蓄水式沟头防护工程

当沟上部来水较少时，可采用蓄水式沟头防护工程，即沿沟边修筑一道或数道水平半圆环形沟埂，拦蓄上游坡面径流，防止径流排入沟道。沟埂的长度、高度和蓄水容量按设计来水量而定。蓄水式沟头防护工程又分为沟埂式与埂墙涝池式两种类型。

沟埂式沟头防护：是在沟头以上的山坡上修筑与沟边大致平行的若干道封沟埂，同时在距封沟埂上方 1.0 ~ 1.5m 处开挖与封沟埂大致平行的蓄水沟，拦截与蓄存从山坡汇集而来的地表径流。沟埂式沟头防护，在沟头坡地地形较完整时，可做成连续式沟埂；若沟头坡地地形较破碎，可做成断续式沟埂。在设计中，应注意的问题是封沟埂位置的确定、封沟埂的高度、蓄水沟的深度、封沟埂的长度及道数。

在上方封沟埂蓄满水之后，水将溢出。为了确保封沟埂的安全，可在埂顶每 10~15m 的距离挖一个深 20~30cm、宽 1~2m 的溢流口，并以草皮铺盖或石块铺砌，使多余的水通过溢流口流入下方蓄水沟埂内。

埂墙涝池式沟头防护：当沟头以上汇水面积较大，并有较平缓的地段时，则可开挖涝池群。各个涝池应互相连通，组成连环涝池，以最大限度地拦蓄地表径流，防止和控制沟头侵蚀作用，同时涝池之内存蓄的水也可得以利用。涝池的尺寸与数量等应该与设计来水量相适应，以避免水少池干或水多涝池容纳不下的现象。一般可按 10 ~ 20 年一遇的暴雨来设计。

2. 泄水式沟头防护工程

沟头防护以蓄为主，做好坡面与沟头的蓄水工程，变害为利。但在下列情况下可考虑修建泄水式沟头防护工程：当沟头集水面积大且来水量多时，沟埂已不能有效地拦蓄径流；

受侵蚀的沟头临近村镇,威胁交通,而又无条件或不允许采取蓄水式沟头防护时,必须把径流导至集中地点通过泄水建筑物排泄入沟,沟底还要有消能设施以免冲刷沟底。一般泄水式沟头防护工程有支撑式悬臂跌水、圬工式陡坡跌水和台阶式跌水三种类型。

支撑式悬臂跌水头防护:在沟头上方水流集中的跌水边缘,用木板、石板、混凝土或钢板等做成槽状,使水流通过水槽直接下泄到沟底,不让水流冲刷跌水壁,同时沟底应有消能措施,可用浆砌石做成消力池,或将碎石堆于跌水基部以防冲刷。

圬工式陡坡跌水沟头防护:陡坡是用石料、混凝土或钢材等制成的急流槽,因槽的底坡大于水流临界坡度,所以一般容易发生急流。陡坡式沟头防护一般用于落差较小、地形降落线较长的地点。为了减小急流的冲刷作用,有时采用人工方法来增加急流槽的粗糙程度。

台阶式跌水沟头防护:此种泄水工程可用石块或砖加砂浆砌筑而成,施工技术主要是清基砌石,不太困难,但需石料较多,要求质量较高。

台阶式跌水沟头防护,按其形式不同可分为两种:单级式和多级式。单级台阶式跌水多用于跌差不大(1.5 ~ 2.5m 或更小)而地形降落比较集中的地方;多级台阶式跌水多用于跌差较大而地形降落距离较长的地方。在这种情况下,如采用单级台阶式跌水,因落差过大,下游流速快,必须做很坚固的消力池,但建筑物的造价高。

(四)梯田工程

梯田(Terrace)的修筑不仅历史悠久,而且普遍分布于世界各地,尤其是在地少人多的第三世界国家的山丘地区。中国是世界上最早修筑梯田的国家之一。据不完全统计,目前全国共修梯田 667 万多公顷,其中黄土高原新建和改造旧梯田约 267 万公顷(内有条田约 100 万公顷),成为发展农业生产的一项重要措施。

梯田可以改变地形坡度,拦蓄雨水,增加土壤水分,防治土壤流失,达到保水、保土、保肥目的,同改进农业耕作技术相结合,能大幅度提高产量,从而为贫困山区退耕陡坡、种草种树、促进农林牧副业全面发展创造前提条件。所以,梯田是改造坡地,保持水土,全面发展山区、丘陵区农业生产的一项重要措施。法律规定 25° 以下的坡地一般可修成梯田种植农作物,25° 以上的则应退耕植树种草。

1. 梯田的分类

梯田按断面形式可分为水平梯田(Bench Terrace)、坡式梯田、反坡梯田(Adverse Slope Terrace)、隔坡梯田和波浪式梯田等几种类型。水平梯田田面水平,坡式梯田田面具有一定的坡度,隔坡梯田田面和原坡面相间隔。

按田坎建筑材料,可分为土坎梯田、石坎梯田、植物田坎梯田;按利用方式分,有农用梯田、果园梯田和林木梯田等;按施工方法分,有人工梯田和机修梯田。

一般以道路、渠道为骨干划分耕作区,每个耕作区面积以 3 ~ 6hm² 为宜。在每个耕作区内,根据地面坡度、坡向等因素,进行具体的地块规划。一般应掌握以下几点要求。

地块的平面形状，应基本上顺等高线呈长条形、带状布置。

地块布置必须注意"大弯就势，小弯取直"，不强求一律顺等高线，以免把田面的纵向修成连续的 S 形，不利于机械耕作；

田面应保留 1/300 ~ 1/500 的比降，以利自流灌溉；田块长度一般是 150 ~ 200m，如地形限制，地块长度最好不要小于 100m。

2. 梯田的断面设计

梯田断面设计的基本任务是确定在不同条件下梯田的最优断面。其要求有：一是要适应机耕和灌溉要求；二是要保证安全与稳定；三是要挖（填）土方平衡。

一般根据土质和地面坡度先选定田坎高和侧坡（指田坎边坡），然后计算田面宽度，也可根据地面坡度、机耕和灌溉需要先定田面宽，然后计算田埂高。

田面越宽，耕作越方便，但田坎越高，挖（填）土方量越大，用工越多，田坎也越不稳定。在黄土丘陵区、一般田面宽以 30m 左右为宜，缓坡上宽些，陡坡上窄些，最窄不要小于 8m；田坎高以 1.5 ~ 3m 为宜，缓坡上低些，陡坡上高些，最高不要超过 4m。

丘陵陡坡地区：坡度在 10° ~ 30°，一般采用小型农机进行耕作，8 ~ 10m 宽的田面是合适的，田埂高度在 1m 左右为宜，这一宽度无论对于畦灌还是喷灌都可以满足。

总之，田面宽度设计，既要有原则性，又要有灵活性。原则性就是必须在适应机耕和灌溉的同时，最大限度地省工。灵活性就是在保证这一原则的前提下，根据具体条件，确定适当的宽度，不能采用某一具体宽度而一成不变。

在一定的土质和坎高条件下，埂坎外坡缓，稳定性好，但占地多；反之，埂坎外坡陡，占地少，稳定性较差。合理的外坡必须进行埂坎稳定坡度的土力学分析。

第四节　水土保持生物措施

一、水土保持生物措施概述

水土保持生物措施（Biological Measures Of Soil And Water Conservation）是指在山地、丘陵区以控制水土流失、保护和合理利用水土资源、改良土壤、维持和提高土地生产潜力为主要目的所进行的造林种草措施，也称为水土保持林草措施。它是治理水土流失的根本措施。

（一）水土保持林草措施的种类

水土保持林草措施种类的划分与地貌密切相关，同时也受灾害性质及社会经济需求的影响。水土流失区造林种草的主要作用是控制水土流失，但在不同的地貌立地条件下，造林种草的目的有所区别，如塬面以改善农田小气候，保护和促进农业生产为主；在山地丘

陵区的陡坡，以防止土壤侵蚀为主；在一些海拔较高的山地，又以涵养水源为主；在水库、河川地区，以护库、护岸、固滩为主；在饲草能源缺乏的地方，还要充分考虑改善群众生活、提高经济水平、解决农村能源和饲草等问题。因此，水土保持林草措施除可保持水土外，还具有多种功能。

水土保持林草措施种类的划分要具有科学性、实践性和系统性。所谓科学性，就是要符合林学、生态学、地貌学、土壤侵蚀学及经济学的基本原理，所划分的种类概念清晰，相互之间具有明显的界限。实践性就是要符合生产实际，便于操作，每一个类型和种类，在造林种草实践中都能得以充分体现。系统性是指所划分的类型和种类之间的隶属关系明确，在宏观上和微观上都可形成完整的体系。

在生产实践中，水土保持林草措施种类大多用地形（或小地貌）+防护性能+生产性能，或地形（小地貌）+防护性能（或生产性能）进行命名，如护坡薪炭林、护坡经济林、梁峁顶防护林、坡面水土保持林等。

（二）水土保持林草措施的作用

在水土流失区造林种草不仅可以保持水土，涵养水源，保护农田和水利水保工程，还可以调节气候，减轻或防止环境污染，改善生态环境，保护生物多样性，为农牧业生产创造良好的条件；同时，水土保持造林种草又具有生产性。通过造林种草，可获得"四料"（木料、燃料、饲料和肥料）、果品及其他林草副产品，为发展多种经营广开门路，促进农林牧副业全面发展。造林种草的水土保持作用主要表现在以下几个方面。

1. 林冠截留降雨，减少土壤侵蚀

造林后形成的林分，枝叶重叠，树冠相接，像一把伞一样，承接降雨，保护地面。据观测，林冠截留降雨一般为15%～40%，截留的雨水除一小部分蒸发到大气中外，其余大部分经过枝叶一次或几次截留以后，缓慢滴落或沿树干下流，改变了雨水落地的方式。林冠的截留作用，一方面，减少了林下的径流量、降低了径流速度；另一方面，又推迟了降雨时间和产流时间，缩短了林地土壤侵蚀的过程，使侵蚀量大大减少。另外，树干径流的雨水顺枝干到达地面后，一般会在树干附近渗入土壤，这有利于树木根系的吸收，可避免雨滴击溅侵蚀。

2. 枯枝落叶层吸水下渗，调节径流

（1）林草地枯枝落叶层吸收调节地表径流的作用

林草地大量的枯枝落叶层，像一层海绵覆盖在地面，直接承受落下的雨水，保护地表免遭雨滴的溅击。枯枝落叶层结构疏松，具有很强的吸水能力和透水性。据测定，1kg的枯枝落叶可以吸收2～5kg的降水。当其吸水饱和以后，多余的水分通过枯枝落叶层渗入土壤，变成地下水，大大减少了地表径流。此外，枯枝落叶层还能增加地表粗糙度，又形成无数细小栅网，分散水流，拦滤泥沙，大大降低了径流速度，减少了泥沙的下移，它的挡雨、吸水和缓流作用具有非常重要的意义。林草地保持水土的大小，取决于枯枝落叶层

的多少。因此，保持林草地的枯落物是水土保持林草经营的重要措施之一。

（2）林草地土壤的渗透作用

林草地每年可形成大量的枯枝落叶，加之土壤中还有相当数量的细根死亡，能增加土壤的有机质和营养物质。有机质被微生物分解后，形成褐色的腐殖质，与土粒结合成团粒结构，可以减小土壤容重，加大土壤孔隙度，改善土壤的理化性质。同时，林草根系的活动，也使土壤变得疏松多孔，这样有利于水分的下渗。大量的雨水渗入并蓄存于土内，变成地下水，在枯水期流入河川，不但大大减少了地表径流及其对土壤的冲刷，而且改善了河川的水文状况，起到了调节径流和理水的作用。

3. 固持和改良土壤，提高土壤的抗蚀性和抗冲性

（1）固持土壤作用

林木和草本植物的根系均有固持土壤的作用。许多乔木树种主根粗壮，侧根发达，其上又生出大量的须根，形成密集的根网。浅根性的树种和灌木树种侧根发达，须根密集，交织成网，这样的根系网络能固持土体，大大增强土体的抗冲防蚀能力。不同树种组成的混交林（mixed forest），特别是深根性和浅根性树种的混交及乔灌混交林，根系纵横交错，且多层分布，在相当大的范围内固持土体，消除了土体滑坡面的形成，为减轻或防止重力侵蚀、泥石流和山洪创造了条件。

在河流两岸和水库周围栽植一些耐水湿的杨柳和灌木等树种，其密集发达的根系固土能力强，可以缓冲或防止水流对岸边的冲淘破坏作用。同时，庞大的根系从深层吸水，可以减少土体的含水量，使土体滑动面的潜流减少，从而防止滑坡的产生。

草本植物具有丛密发达的根系，纵横交错成根网，对固结土壤和保持水土起着很大的作用，特别是禾本科植物的根系固土能力更为明显。在侵蚀坡面和沟底种草，对于防止土壤侵蚀和水流冲刷作用很大。

（2）改良土壤的作用

森林改良土壤的作用主要表现在通过制造有机物质和枯落物、腐根分解改善土壤的理化性质等方面。森林通过庞大的树冠，进行光合作用，制造有机质，为林地土壤肥力改善提供了良好的条件。林木从土壤中吸收的有机质少，而归还给土壤的有机质多。

林地中根系数量很多，对土壤的理化性质影响很大。林木根系直接与土壤接触，交织成网，不仅加大了土壤的孔隙度，而且向土壤内分泌碳酸和其他有机化合物，促进了土壤微生物的活动，加速了土壤有机化合物的分解。同时根系不断更新，腐根分解后也增加了土壤有机质，改善了土壤结构。

林内大量的枯枝落叶聚积在地表，形成了有机质，经过微生物的分解作用，增加了土壤腐殖质的含量。据测定，有林地土壤腐殖质含量比无林地多4% ~ 10%。林地土壤腐殖质含量的增加，大大改善了土壤的质地、结构和其他理化性质。

草本植物茎叶繁茂，枯落物丰富，给土壤聚积了大量的有机质。牧草的根系也能增加

土壤的氮、磷、钾养分，尤其是豆科牧草的根系具有根瘤菌，能固定空气中的氮素。此外，草本植物在减弱径流过程中，将径流携带的泥沙过滤沉积，也能增加土壤肥力。一般来说，种植牧草可使土壤有机质含量增加10%～20%。草本植物的枯落物和腐根经微生物分解后，形成土壤腐殖质，加之密集的根系交织成网，促进了土壤团粒结构的形成，增强了土壤的吸水性、保水性和透气性，改善了土壤的理化性质。

（3）提高土壤的抗蚀性和抗冲性

土壤的抗蚀性（Anticorrosion of soil）是指土壤抵抗径流对土壤分散和悬浮的能力，其强弱主要取决于土粒间的胶结力及土粒和水的亲和力。胶结力小且与水亲和力大的土粒，容易分散和悬浮，结构易受破坏和分解。土壤抗蚀性指标主要包括水稳性团聚体含量、水稳性团聚体风干率（风干土水稳性团粒含量/毛管饱和土水稳性团粒含量×100）和以微团聚体含量为基础的各抗蚀性指标，如团聚状况（微团聚体中大于0.05mm的颗粒含量—机械组成分析中大于0.05mm的颗粒含量）、团聚度（团聚状况/微团聚中大于0.05mm的颗粒含量×100）、分散系数（微团聚体中小于0.001mm的颗粒含量/机械组成分析中小于0.001mm的颗粒含量×100）、分散率（微团聚体中小于0.05mm的颗粒含量/机械组成分析中小于0.05mm的颗粒含量×100）等。上述土壤抗蚀性指标的应用因不同区域而异。孙立达等在黄土高原的研究表明，水稳性团聚体含量是本区最适宜的抗蚀性指标，而水稳性团聚体风干率可用于本区东南部，不适于西北部，以微团聚体为基础的抗蚀性指标不适宜在黄土高原地区的应用。

土壤的抗冲性（Anti—scouring of soil）是指土壤抵抗径流的机械破坏和搬运的能力。王佑民等（1994年）研究结果显示，林地抗冲性最强，草地次之，农地最差。多年生的天然草地在茎叶十分茂密的情况下，土壤表层抗冲性高于林地，但在20cm土壤以下不会超过林地。林草植物增强土壤抗冲性的作用主要表现在其地被物层对地面径流的调蓄和吸收，以及根系对土壤的固持作用方面。地被物包括活地被物和枯落物，二者均有抗冲作用。当单位面积上活地被物茎叶数量多和枯落物厚度大时，其土壤的抗冲性就越强。另外，林草地发达的根系网络能固结土壤，根系层是继枯落物层之后，对土壤抗冲性产生重大影响的又一活动层。根系提高土壤抗冲性的作用与≤1mm的须根密度关系极为密切，须根密度越大，增强土壤抗冲性效应就越大。因此，一旦植被遭到破坏，特别是地被层和根系遭到破坏，土壤抗冲能力会迅速下降，若遇暴雨冲刷，会导致沟蚀发生。

二、水土保持林规划设计与造林技术

（一）水土保持林规划设计

1.水土保持林规划设计的内容

（1）立地条件类型的划分（Division of Site Types）

划分立地条件类型是选择树种、制定造林技术措施的主要依据。立地条件类型划分的正确与否，直接关系到造林工作的成败。划分立地条件类型的方法有生活因子法、立地指数法和主导环境因子法。由于水土流失区地形复杂，通常采用主导环境因子法划分立地条件类型。

划分立地条件类型时，首先对影响林木成活与生长的环境因子进行调查与分析。环境因子包括：①地形：海拔高度、坡向、坡位、坡度、地貌部位等。②土壤：土壤类型、土层厚度、腐殖质层厚度及含量、土壤侵蚀程度、石砾含量、机械组成、结构、pH 等。③水文：地下水位深度及季节变化、有无季节性积水及积水持续期等。④生物：造林地植物群落名称、结构、盖度及其生长情况，病虫、兽害情况，有益动物及微生物状况等。另外，还需掌握一些特殊环境因子，如造林地是否处在风口和冰雹带、有无大气污染源等。划分立地条件类型时，在上述诸多环境因子中找出主导因子，可从两个方面进行探索。一方面，要逐个分析各环境因子与林木生长所需的生态因子光、热、水、气、养分之间的关系，从分析中找出对生态因子影响面最广、影响程度最大的那些环境因子；另一方面，要找出那些处于极端状态且有可能限制林木生长的环境因子，如干旱、严寒、强风和高的土壤含盐量等。把这两个方面结合起来，从保证林木生长所需的光、热、水、养分等生态因子着手，逐个分析各环境因子的作用程度，注重各因子之间的相互联系，特别要注意那些处于极端状态有可能成为限制因素的环境因子，从而找出主导环境因子。

划分立地条件类型的步骤如下。

①绘制平面图

小流域平面图是划分立地条件类型最基本的图面资料，已经做过水土保持规划设计的流域可利用该规划设计平面图，未进行规划设计的流域可利用 1/1000 地形图对坡勾绘或者测绘，绘制平面图。

②划分小班

小班（Subcompartment）是造林设计的基本单位，其地类、权属和立地条件基本一致。在平面图确定的宜林地上，根据地面明显的标志（如山脊、道路、流水线和地类界）划分小班，小班面积一般为 1~20hm²，小班号自上而下、自左向右排列。

③确定划分立地条件类型的方法

按主导环境因子法划分。

④确定小班调查的因子

根据主导环境因子法的要求，确定小班调查的具体因子，如地形（地貌）、土壤、水文等。

⑤划分立地条件类型和命名

根据小班调查资料，通过分析找出主导因子，如：黄土区主导因子有坡向、地貌部位和土壤种类；土石山区有海拔高度、坡向和土层厚度；河滩地区有地下水位、土壤质地等。

找出主导环境因子后，要进行分级并组合成不同立地条件类型，然后进行命名，如梁峁阳坡黄增土、冲风口峁顶黄增土、阳向沟坡下部姜石粗骨土、低山阳坡紫色土、海拔800m以上阳坡厚层土等。

（2）造林典型设计

造林典型设计（Typical Design of The Forestation）是对各立地条件类型的造林树种、造林密度、配置方式、混交、整地、造林方法等进行设计。

造林典型设计的具体内容一般采用图、表和文字相结合的形式表示，称其为造林类型配置图。

例如，造林类型配置图。

造林类型名称：油松 × 沙棘水土保持林。

立地条件类型：阳向斜缓坡。

地形：土石荒山，海拔1200~1400m；阳坡或半阳坡，坡度15°～25°。

土壤：碳酸盐褐土，黄土母质，土层厚50cm以上。

树种规划主要按照适地适树的原则，兼顾防护和群众的需要来选择树种。选择树种时，必须坚持以当地优良乡土树种为主，乡土树种与引进外地良种相结合。在树种搭配上，尽量做到针阔相结合、乔木和灌木相结合。在典型设计的基础上，统计各树种的面积。

林种是按森林所起的作用来划分的。《中华人民共和国森林法》将我国森林分为防护林、用材林、薪炭林、经济林及特种用途林五类。虽然水土保持林是防护林的一种，但是从广义上讲，在水土流失区，能够产生防护及水土保持作用的林木均可归入水土保持林体系的范畴。其主要包括分水岭防护林、坡面水土保持林、护坡薪炭林、护坡用材林、护坡经济林、坡面护牧林、梯田护埂林、塬面农田防护林、塬面农林复合经营林、护路护渠林、沟头沟边防护林、沟底防冲林、水库防护林、护岸固滩林等。

在树种规划的基础上，按各树种的防护和生产性能，统计各林种的面积。

2. 水土保持造林规划设计的工作程序

通过水土保持外业综合调查，对规划区域的主导环境因子和林木生长状况有了较为详细的了解，在此基础上根据土地利用规划结果，对宜林地进行水土保持林内业规划设计，应按以下几个程序进行。

（1）准备阶段

该阶段主要包括对规划人员的技术培训和对规划指导思想、规划原则、规划内容、规划要求及有关指标的统一等。

（2）资料的分析研究阶段

根据土地利用规划结果具体落实宜林地的面积和位置，以及外业调查资料，分析和研究影响当地造林成活及林木生长的主导环境因子，总结造林技术等方面的经验和教训，为具体规划设计提供依据。

（3）规划与设计阶段

该阶段包括造林立地条件类型的划分、造林典型设计、树种和林种规划、造林顺序安排、种苗规划、幼林抚育规划、投入劳力和投资预算等。

（4）规划设计图的绘制和规划设计报告的编写

在基本图或现状图的基础上，按立地条件类型、树种和林种等绘制规划设计图，规划设计图要用大比例尺成图，并显示小班界、小班号及面积，标出造林树种和施工年限，同时用颜色表示林种。

规划设计报告的编写是规划设计最重要的内容，也是造林施工的主要依据，其内容的详简程度可根据规划设计的目的、要求及范围大小而定。

（二）水土保持造林技术

1.适地适树

要做到适地适树，首先要了解树种的生物学和生态学特性，熟悉造林地的生态环境，使二者达到统一。适地适树有三条途径：一是选树适地或者选地适树，即把具有一定生物学和生态学特性的树种栽植在适合它生长的地方，使其成活成林，充分发挥生产潜力和提高生态经济效益。二是改地适树，通过改善立地条件使地和树相适应，如采用集流整地、客土、施肥、排盐碱等措施。三是改树适地，通过选育和引种驯化等方法来改变树种的某些特性，使造林树种与立地条件相适应。

2.混交造林

混交造林能充分利用造林地的营养空间，改良土壤，促进各树种的生长，减缓火灾和病虫害的发生和蔓延，在保持水土、涵养水源等方面具有显著的作用。

在营造水保混交林时，要为主要树种选择混交树种。混交树种一般指的是起辅佐、改良土壤和护土作用的次要树种，包括伴生树种和灌木树种。选择适宜的混交树种，是调节种间关系的重要手段，也是保证顺利成林和增强林分稳定性的重要措施。混交树种选择不当，有时会被主要树种从林中排挤掉，更多的可能是压抑或代替主要树种，使造林的目的落空。

3.整地工程

整地（Site Preparation）能改善造林地小气候和土壤的理化性质，增强土壤蓄水保墒和保肥能力，减少杂草和病虫害，有利于保持水土。

4.造林方法

造林方法（Forestation Method）按所使用的造林材料（种子、苗木、插穗等）不同，一般分为植苗造林、播种造林和分殖造林。

（1）植苗造林

植苗造林是营造水土保持林最广泛的一种造林方法，其最突出的优点是不受自然条件的限制，如水土流失地区、气候干旱的地方、杂草繁茂、鸟兽害及冻害比较严重的造林地

上都可以采用植苗造林。此外，植苗造林可以节省种子，在种源不足的情况下，应先育苗再造林。

（2）播种造林

播种造林也叫直播造林，可分为人工播种造林和飞机播种造林。

（3）分殖造林

分殖造林是利用树木的营养器官（如茎、枝条、根、地下茎等）直接进行造林的方法。该造林方法只适用于营养器官具有萌芽能力的树种，如杉木、竹类、杨、柳等。分殖造林不需要种子和育苗，能保存母本植株的特性，但因没有现成的根系，故要求具有较湿润的土壤条件。

5. 抚育管理

抚育管理（Tending And Management）是巩固造林成果，加速林木生长的重要措施。抚育管理主要是在造林整地的基础上，继续改善土壤条件，使之满足林木生长的需要，对林木进行保护，使其免受各种自然灾害及人畜破坏；调整林木生长过程，使其适应立地条件和人们的要求。"三分造林，七分管""一日造林，千日管""有林无林在于造，活多活少在于管"，都生动地说明了造林后抚育管理的重要性。

三、农田防护林规划与经营

农田防护林（Farmland Protection Forest）是以抵御自然灾害、改善农田小气候、促进作物生长发育和高产稳产为主要目的，将一定组成和结构的树种成带状或网状配置在田块四周所形成的复合生态系统。

（一）农田防护林的规划设计

农田防护林的规划设计是否合理，将直接影响到农田防护林效能的大小和农牧业生产效率的高低。因此，农田防护林规划设计必须贯彻"因地制宜、因害设防、宜带则带、宜网则网"的原则，同时要考虑当地群众生产生活和国民经济发展的需要。

1. 林带结构的选择

林带结构（Structure of Forest Belt）是指林带树冠上下组成的层次、宽度、纵断面形状、枝叶状况、密度和透光度状况等综合情况。不同的林带密度、宽度、树种组成，构成防护效能不同的林带结构。根据防护的需要，通常把林带结构划分为三种基本类型，即紧密结构、疏透结构和通风结构。

2. 林带走向

林带走向（Direction of Forest Belt）取决于害风的风向，确定林带走向时，首先应掌握和了解害风风向的特点。

3. 林带间距的确定

林带间距包括主林带（Main Forest Belt）间距和副林带（Secondary Forest Belt）间距。

4. 林带宽度

林带宽度（Width of Forest Belt）以能够形成适宜的林带结构和适宜的疏透度为标准，其中疏透度指林带纵断面透光孔隙面积占纵断面总面积的百分数。

（二）农田防护林的营造与管理技术

1. 农田防护林营造技术

（1）农田防护林的树种选择和配置

适宜于农田防护林的树种较多，但主要树种有北京杨、新疆杨、箭杆杨、合作杨、泡桐、白榆、楸树、紫穗槐、白蜡、杞柳等。核桃、桑树、柿树等多用于山地林网。

树种配置（Tree Species Layout）通常采取树种的株间或行间混交方式进行，常见的类型有：乔木和乔木混交配置；乔木和灌木混交配置；阔叶树和针叶树混交配置。其中以乔木和灌木混交配置最好，可以形成复层林冠，亦可防止病虫害的发生蔓延。

由于农田防护林所处的立地条件较好，在考虑以上3种混交配置时，除最大限度地发挥农田防护林的作用外，还应为当地提供一定数量的木材、林副产品和干鲜果品。

（2）整地

造林前的细致整地可以改善造林地土壤的理化性质，消灭杂草，蓄水保墒，为幼林的成活和生长创造良好的条件。

（3）造林方法

造林方法包括植苗造林和埋干造林。

2. 农田防护林的抚育与经营管理

（1）抚育

抚育的任务主要是通过植树行间和行内的锄草松土，促使幼林正常生长和及早郁闭。

（2）经营管理

①林带的修枝

修枝（Pruning）的主要目的是维持林带的适宜疏透度，改善林带结构，提高木材质量。

②间伐

间伐必须坚持少量多次、砍劣留优、间密留稀、适度间伐的原则，主要伐除病虫害木、风折木、枯立木、霸王树以及生长过密处的窄冠、偏回千冠木、被压木和少量生长不良的林木。据调查，对 3～4 行乔木林带，只能砍去枯立木、严重病虫害木和被压木的小部分。其间伐的株数，加上未成活的缺株，第一次、第二次均不能超过原植株数的 15%。至于双行林带，除极个别枯立木、严重病虫害木外，不需进行间伐。

③林带的更新

树木的寿命是有限的，当达到自然成熟年龄时，树木的生长速度开始减慢而出现枯梢、

枯干，最后全株自然枯死。随着林带树木逐渐衰老、死亡，林带的结构也逐渐疏松，防护效益也逐渐降低。要保证林带防护效益的持续性，就必须建立新的林带，代替自然衰老的林带，这便是林带的更新（Regeneration of Forest Belt）。

林带的更新主要有植苗更新、埋干更新和萌芽更新三种方法。植苗更新、埋干更新与植苗造林和埋干造林的方法相同。萌芽更新是利用某些树种萌芽力强的特性，采取平茬或断根的措施进行更新的一种方法，在以杨树、柳树为主要树种的护田林带中已有应用。

四、生物固沙技术

（一）生物固沙概述

生物固沙又称植物固沙，它的功能主要表现在以下几个方面。

（1）植物固沙能提高植被覆盖率，防止土地的风蚀，促进流动沙丘→半固定沙丘→固定沙丘→稳定沙地的转化。

（2）植物固沙可改善植被覆盖沙域的生境条件，促进沙地植物群落向良性方向发展，形成稳定的生态系统，有利于增加生物多样性。

（3）通过植物固沙技术改造后的沙丘系统（包括沙丘、丘间低地、沙丘群间的平坦滩地和沙质平地），一旦控制了流沙前移和风蚀危害，可把植被防护的丘间平地开辟为基本农田、果园、瓜地或饲草料基地，提供适量的植物资源，可适度放牧、樵采和提供民用建筑材料，建立居民新村，逐步建立绿洲体系，完成沙漠向绿洲的转化。

不同的沙地类型，有其适宜的植物固沙措施，应用时应有针对性地选择，使各种措施相互结合、相互补充，共同构成完备的技术体系。

（二）流动沙丘固沙造林技术

1. 设置沙障，辅助植物固沙

实施植物固沙前，要先为流动沙丘设置人工沙障，减缓侵蚀，改善沙地条件，为固沙植物创造适生环境。

2. 造林树种的选择

选择适宜的树种对于保证固沙目标的实现十分重要。适宜于半干旱草原与荒漠草原的树种，主要有白榆、沙柳、踏郎、花棒、多枝柽柳、柠条、沙棘、苦豆子、猫头刺等；适宜于干旱、极干旱荒漠的树种，主要有旱柳、沙拐枣、头状沙拐枣、柽柳、梭梭、红砂等。

（三）绿洲防护林体系营造技术

绿洲防护林体系主要由三部分组成：一是绿洲外围的灌草固沙带；二是防风阻沙林带；三是绿洲内部农田林网。

1. 绿洲外围的灌草固沙带

灌草固沙带为绿洲外围第一道防线，它接壤沙漠戈壁，地表疏松，处于风蚀、风积都很严重的生态脆弱带。为制止就地起沙和拦截外来流沙，需建立宽阔的抗风蚀、耐干旱的灌草带。其方法有：一靠自然繁生；二靠人工种植，实际上常是二者兼之。灌草带必须占有一定空间范围，有一定的高度和盖度才能发挥固沙防蚀、削弱风速的作用。有条件时，宽度越宽越好，至少不应少于200m。

2. 防风阻沙林带

防风阻沙林带（Forest Belt for Check Wind And Control Sand）是绿洲的第二道防线，位于灌草固沙带和农田之间。其作用是继续削弱越过灌草固沙带的风速，沉降沙流中的剩余沙粒，进一步减轻风沙危害。

（1）防风阻沙林带的布设原则

防风阻沙林带布局是否合理，对于林带的成功与效益的发挥作用极大。其布局应考虑以下两个原则。

第一，因地制宜、因害防设原则。防风阻沙林带以沙丘的丘间低地、风蚀地、平缓沙地块、片、带状造林为主，应尽可能少占用绿洲周边耕作或宜农土地，也不能远离绿洲，否则生境水土条件差，造林不易成活，即使一时灌水成活，成林也会因缺水枯死。

第二，由近及远、先易后难原则。先在绿洲周边造林，逐渐向外扩展加宽。若为沙丘地段，先在丘间低地造林，前挡后拉，以丘间团块状林分隔包围沙丘；随着沙丘前移，丘顶被风力削平，在退沙畔再进行造林，以扩大丘间林地面积。这样，在不采取沙障工程措施直接固沙的情况下，能够形成较为稠密的防风阻沙林带。

（2）防风阻沙林带的树种选择和林带结构

我国西北绿洲周边营造防风阻沙带的乔木树种主要有沙枣、小叶杨、二白杨、新疆杨、钻天杨、箭杆杨、青杨、旱柳、白柳、榆树等，灌木树种主要有梭梭、柽柳、酸枣、柠条、花棒及沙拐枣等。

防风阻沙林带由乔灌木树种组成，以行间混交为宜，越接近外来沙源一侧，耐沙埋的灌木比重应该越大，使之形成紧密结构，以便把前移的流动沙丘和远方来的风沙流阻挡在林带外缘，不至于侵入林带内部及背风一侧的耕地。

（3）防风阻沙林带的宽度

防风阻沙林带的宽度取决于沙源状况，在大面积流沙侵入绿洲的前沿地区，风沙活动强烈，农业利用暂时有困难，应全部用于造林，林带宽度小者为200～300m，大者为800～900m乃至1km以上。流沙靠近绿洲，前沿沙丘排列整齐的地区，可贴近沙丘边缘造林，林带宽度为50～100m。绿洲与沙丘接壤地区若为固定、半固定沙丘，林带宽度可缩小到30～50m。绿洲与沙源直接毗接地带，若为缓平沙地或风蚀地，因风成沙不多，防风阻沙林带的宽度可为10～20m，最宽不超过30～40m。

3. 绿洲内部农田林网

农田林网（Forest Network in Farmland）是绿洲的第三道防线，位于绿洲内部，在绿洲

内部建成纵横交错的防护林网络。其目的是改善绿洲的生态环境，有利于作物生长发育，提高作物产量和质量。

林带宽度影响林带结构，过宽结构太紧密。按透风结构要求不宜过宽，小网格窄林带防护效果好。一般 3 ~ 6 行乔木，5 ~ 15m 宽即可。"一路两沟四行树"是常用格式。

（四）沙漠沙源带封沙育草保护技术

1. 封沙育草带的宽度与规模

因干旱沙区沙源物质、风力强度、绿洲规模、绿洲水源和植被破坏程度不同，封沙育草带的宽度与规模也应有所差别。各地应根据绿洲迎风侧沙源状况和残留植物多少确定封沙育草带的宽度和规模。如果沙源广（流动沙丘高大，连绵分布），残留植物少，植被覆盖度低（<10%），封育带宽度应在 1000m 以上；如果沙丘较低矮，残留植物覆盖度较高（>10%），则封育宽度可规划为 500 ~ 1000m。在能对绿洲生存构成威胁的地段，均应划出封沙育草带，形成绿洲外围的生物保护屏障。通过封育，可以促进沙生植物的生长和固沙效益的发挥。

2. 封沙育草类型的划分

依据沙地类型，封沙育草可分为重点封育和一般封育两个类型。流动沙丘及危害绿洲的沙丘的主要风口地段，应划入重点封育类型治理区，进行重点投入，未治理好前进行全封闭管理，严禁一切形式的开发利用。其他区段可划入一般封育治理类型，主要是进行监护，促进天然植物的自然更新。

育草技术的使用要因地制宜，在春季或秋季可以进行人工撒播沙生旱生草种，促进植物繁殖。条件许可和立地条件较好的地段，可辅以飞机播种；有些地段可以利用绿洲灌溉、尾水灌溉，改善育草环境。

3. 封沙育草带的管理

（1）封沙育草带的法规管理

利用法规进行规范管理，是建立健全管理体系的重要环节。各地应依据《中华人民共和国草原法》《中华人民共和国环境保护法》，以及地方法规，进行有效的管理，对违法违规行为施以法律约制，只要对人类行为进行规范，封沙育草目标就容易实现。

（2）封沙育草带的行政管理

各地应明确不同行政级别领导的责任和不同部门的管理分工，实行管理目标责任制，运用奖惩、监督、职务升降手段，调动一切管理部门的积极性，使封沙育草尽快取得成效。

五、水土保持种草

（一）草种的选择与配置

选择草种是建植草地的重要环节。由于我国地域辽阔，气候条件和地貌类型多样，不同区域生境条件差异明显，因此在选择草种时，应根据当地的气候、地貌和土壤等生境特点，按照适地适草的原则，选择适生的草种。同时，还要考虑种植和管理成本等经济状况。

选择草种有两种方法：一是对现有草地，特别是人工草地进行调查，获得不同草种生长状况的资料，如生长量、生物量、盖度及适应能力等，通过比较分析，选出不同生境条件下的适生草种。二是种植或引进不同草种进行对比试验，观察其生长发育状况，筛选出适宜的草种。

（二）种植技术

1. 播种方式

指种子在土壤中的布局方式。草的播种方式有以下几种，可根据草种、土壤条件和栽培条件选用。

（1）条播

这是草地栽培中普遍采用的一种方式，机械播种即多属于此种方式。它是按一定行距一行或多行同时开沟、播种、覆土一次性完成的方式。

（2）撒播

撒播是指把种子均匀地撒在土壤表面并轻耙覆土的播种方式。该方式无株行距，因而播种能否均匀是关键。为此，撒播前应先将播种地用镇压器压实，撒上种子后轻耙并再镇压，目的是保证种床紧实，以控制播种深度。撒播易于在降水量较充足的地区进行，但播前必须清除杂草。目前采用的大面积飞播种草就是撒播的一种方式，它是利用夏季降水或冬季降雪自然地把飞播种子埋在土壤里。就播种效果而言，只要整地精细，播种量和播种深度合适，撒播不比条播差。

（3）带肥播种

带肥播种是指播种时把肥料条施在种子下 4 ~ 6cm 处的播种方式。此方式是使草根系直接扎入肥区，有利于幼苗迅速生长，结果既能提高幼苗成活率，又能防止杂草滋生。常用肥料为磷肥，尤其是豆科牧草，这样既可促进牧草的生长，又可降低土壤对磷素的固定，从而提高对磷肥的利用率。当然，根据土壤供应其他营养元素的能力，还可施入氮、钾及其他微肥。

（4）犁沟播种

犁沟播种指开宽沟，把种子条播进沟底湿润土层的抗旱播种方式。此方法适用于在干旱或半干旱地区，通过机具、畜力或人工开挖底宽 5 ~ 10cm、深 5 ~ 10cm 的沟，躲过干土层，使种子落入湿土层中便于萌发，同时便于接纳雨水，这样有利于保苗和促进生长。待当年收割或生长期结束后，再用耙覆土耙平，可起到防寒作用，从而提高牧草当年的越冬能力。此方法在高寒地区具有特别重要的意义。

2. 播种要求

种子萌发要求有足够的水分，一般豆科牧草的萌发吸水量为其种子本身重量的一倍

以上，禾本科牧草为其种子本身重量的90%左右。二者萌发对土壤最适含水量的要求也不一样，豆科牧草要求为田间持水量的40%~80%，而禾本科牧草要求为田间持水量的20%~60%。除考虑土壤墒情之外，播种时也应考虑当地杂草和病虫害发生规律，尽量在发生少、危害轻的时候进行。

（1）播种深度

播种深度兼有开沟深度和覆土厚度两层含义，覆土厚度对于牧草更有实际意义。开沟深度视当时土壤墒情而异，原则上在干土层以下；覆土厚度视草种类及萌发能力和顶土能力而异。一般小粒种子（如苜蓿、沙打旺、草木樨、草地早熟禾等）为1~2cm；中粒种子（红豆草、毛苕子、无芒雀麦、老芒麦等）不超过3~4cm。总之，牧草以浅播为宜，若过深则会因子叶和幼芽不能突破土壤而被闷死。此外，播种深度与土壤质地也有关系，轻质土壤可深些，黏重土壤可浅些。

（2）播种量

适宜的播种量取决于牧草的生物学特性、栽培条件、土壤条件、气候条件及播种材料的种用价值等方面。适量播种，合理密植。牧草的生物学特性主要指对养分吸收利用状况及株高、冠幅和根幅等因素。

3. 草田轮作技术

在水土流失地区，科学合理地实行作物与牧草之间的轮作，对提高农牧业生产和改善土壤的理化性质都有实际意义和深远影响。

牧草的种类很多，但用在草田轮作方面主要有禾本科与豆科两大类。一年生牧草有苏丹草、春箭筈豌豆等。多年生牧草有紫花苜蓿、沙打旺、红豆草、黑麦草等。牧草，尤其是多年生豆科牧草，对改良土壤和控制水土流失的作用是很大的。在某个地区实行草田轮作时，为了使作物和牧草的生物产量最高和控制土壤侵蚀作用最大，要认真考虑作物与牧草种的选择和配置。据甘肃天水水土保持试验站在13°~14°坡耕地采用了三年四熟草田轮作方式，即冬麦撒播→草木樨→冬麦条播→黑豆、谷子这种草田轮作方式，三年平均减少地表径流60.8%，减少土壤冲刷量64.9%。

我国许多地方早已普遍采用了草田轮作制度，比如甘肃省基本上采用的轮作方式是：冬小麦混种草木樨→草木樨→冬小麦→冬小麦；冬小麦混种草木樨→草木樨→玉米、黄豆→马铃薯→扁豆或禾田。陕西延安采用荞麦混种草木樨→草木樨→冬小麦→扁豆、冬小麦的轮作方式。

为了提高土壤肥力和使土壤形成良好的团粒结构，在草田轮作制度中应多种植多年生豆科牧草，因为多年生豆科牧草对改良土壤的作用较显著。当然，多年生禾本科牧草也是草田轮作制中的选择，在适宜条件下最好将多年生豆科牧草与禾本科牧草按一定比例配置，其作用和经济效益则更为显著。

（三）草地管理与开发

1. 草地经营管理

（1）新建草地管护

第一，围栏建设与保护。人工草地与农田不一样，由于所种牧草极易引诱禽畜啃食，尤其是幼苗和返青芽，所以在有散养畜禽的地方建植人工草地时，建设防护设施是非常必要的。所用材料依据当地条件和投资情况可选用砌围墙、土筑围栏、刺丝围墙等。

第二，生长期间。播种当年苗全后，应尽量在有限的栽培条件下促进其成株及成长发育，使其根部储藏足够的营养物质以备越冬之用。

第三，越冬前后。为保证牧草播种前后能够安全越冬，冬前追施草木灰有助于减轻冻害。这是因为草木灰呈黑色，具有很强的吸热力，且含有大量的钾可被牧草利用，以每公顷施用750～1500kg为宜。此外，冬前每公顷施用7500～15000kg马粪，也有助于牧草安全越冬。

结冻前少量灌水，可降低土温变化幅度，但不应多灌，否则会增加冻害。结冻后进行冬灌有助于保温防害。此外，在仲冬期间进行燃烧、熏蒸、施用化学保温剂及加盖覆盖物等也均有利于牧草防寒越冬。

越冬期间，通过设置雪障、筑雪埂、压雪等措施有助于更多地积存降雪。雪被可使土温不致剧烈变化，从而保护牧草不受冻害。

（2）成熟草地管理

第一，利用技术。牧草一般具有良好的再生性，在水肥条件较好时，且在合理利用的前提下，一个生长季可利用多次，利用方式有刈割和放牧两种。

第二，病虫草害防治。牧草在生长发育过程中，由于气候条件和草地状况的变化，如空气湿度过大、气温较高的情况下容易发生病虫害，草地植被稀疏的情况下易发生杂草危害。因此，对于病虫草害，应以预防为主。一旦有病虫草害发生，可以利用其天敌控制其种群数量，也可采用一些物理方法减轻其危害，但最有效的方法是化学防治。

第三，更新复壮技术。人工草地利用多年后，牧草根系大量絮结蓄存，使得表土层通气不良，进一步影响到牧草的生长，或者逐年从收获物中掠夺养分使土壤地力下降，从而导致产量下降，草丛密度变稀，出现自我衰退的现象。面对这种情况，应及时采取更新复壮技术，变更利用方式，重耙疏伐、补播。

第四，翻耕技术。人工草地的利用年限依利用目的和生产能力而定。轮作草地以改良土壤为主要目的，在大田轮作中2～4年即可起到作用，在饲料轮作中因有饲草料生产而延至4~8年。永久性人工草地尽管利用年限长，但普遍出现退化，且有1/3以上退化严重，应该彻底翻耕，重新播种建植。

2. 草地资源开发

（1）直接加工的高蛋白绿色饲料产业。经过快速高温烘干加工的苜蓿草粉含蛋白质

20% 以上，另有胡萝卜素等多种营养成分，每公斤相当于 0.9 个饲料单位，国际价格是每吨 250 美元左右。人工草地每公顷可产 15t 草粉，成本在千元左右。该产业国内市场好，效益显著。

（2）发展高效牧业。牧区建立人工草地可将生产力提高 10 倍至几十倍，有利于高效牧业的发展。

（3）促进农、林、果、渔各业的发展。中低产田引种豆科牧草，通过改瘤固氮、培肥土壤，可将单产提高 30% 至 1 倍。河南商丘、开封地区黄河古道在种植 20 年的小老头树林间种植豆科牧草沙打旺，3 年后胸径增粗 20cm，树高增加 3 ~ 5m。我国不少地区果园生草起着增肥、除莠、调节气温等作用，果产量提高 30% ~ 50%，质量上乘。以牧草作饵料，可使鱼产卵和孵化率各提高 30%，有利于鱼的繁殖和生产。此外，利用草地资源发展养殖业，可促进奶制品、皮革、毛纺、药用产品加工及商贸等产业的发展，并能取得显著的经济和社会效益。

第五节　水土保持农业技术措施

一、水土保持农业技术措施的特征及发展

（一）以改变小地形增加地面糙率为主的农业技术措施

1. 等高耕作

等高耕作（Contour Plouging）又称横坡耕作技术，是指沿等高线垂直于坡面倾向进行的横向耕作。它是坡耕地实施其他水土保持耕作措施的基础。

2. 等高沟垄耕作

（1）水平沟种植

水平沟种植（Contour Trench Cropping）又称套犁沟播。其具体做法为：在犁过的壕沟内再套犁一耕，然后将种子点在沟内，施上肥料，结合碎土，镇压覆盖种子，中耕培土时仍保持垄沟完整。

（2）垄作区田

垄作区田（Contour Check）是干旱和半干旱地区采用的蓄水保土耕作法。其具体做法为：在坡地上从下往上进行，先在下边沿等高线耕—犁，接着在犁沟内施肥播种，然后在上边浅犁一道，覆土盖种，再空出一道的距离继续犁耕施肥播种，依次进行，直至种完。这样使坡面沟垄相间，有利于拦蓄地表径流。为了防止横向水土流冲刷，可在沟内每隔 1 ~ 2m 横向修一道小土挡。

（3）平播起垄

平播起垄是用犁沿等高线隔行条播种植，并进行镇压，使种子和土壤密接，以利于出苗、保墒；在早期保持平作状态，在雨季到来以前，结合中耕，将行间的土培在作物根部形成沟垄，并在沟内每隔 1～2m 加筑上挡，以分段拦蓄雨水。这种方法的优点是，在春旱地区，它可以避免因早起垄而增加蒸发面积造成缺苗现象，影响产量。它还能在雨季充分接纳和拦蓄雨水，故蓄水保土和增产作用较显著。

3. 区田

区田也叫掏钵种植，是我国一种历史悠久的耕种法。其具体做法为：在坡耕地上沿等高线划分成许多 1m² 的小耕作区，每区掏 1～2 钵，每钵长、宽、深各约 50cm。掏钵时，用铣或镢，先将表层熟土刮出，再将掏出的生土放在钵的下方和左右两侧，拍紧成埂，最后将刮出的熟土连同上方第二行小区刮出的熟土全部填到钵内，同时将熟土与施入的肥料搅拌均匀，掏第二行钵时将第三行小区的表层熟土刮到坑内，依次类推。这样自上而下地进行，上下行的坑呈品字形错开，坑内作物可实行密植。每掏一次可连续种 2～3 年，再重掏一次。掏钵 1hm² 需 45～60 个工。在实践中，群众还创造了人工加畜力的掏钵方法，值得推广。

4. 圳田

圳田是宽约 1m 的水平梯田。其具体做法为：沿坡耕地等高线作成水平条带，每隔 50cm 挖宽、深各 50cm 的沟，并结合分层施肥将生土放在沟外拍成垄，再将上方 1m 宽的表土填入下方沟内。由于沟垄相间，便自然形成了窄条台阶地。此法亦可人畜相结合，以提高工效。

5. 水平防冲沟

水平防冲沟也叫等高防冲沟。这是在田面按水平方向，每隔一定距离用犁横开一条沟。为了使所开犁沟能充分保持水土，在犁沟时每走若干距离将犁抬起，空很短的距离后再犁，这样在一条沟中便留下许多土挡，使每段犁沟较为水平，可以起到分段拦蓄的作用。同时应注意，上下犁沟间所留土挡应错开。犁沟的深浅和宽窄，在 20° 的坡地上沟间距离约 2m，沟深 35～40cm。为了经济利用田面，犁沟内亦可点播豆类作物，并照常进行中耕除草。此法也可用在休闲地上，特别是夏闲地上。

（二）增加植物被覆为主的耕作措施

1. 草田轮作（Grassland Rotation）

在农业生产过程中，将不同品种的农作物或牧草按一定原则和作物（牧草）的生物学特性在一定面积的农田上排成一定的顺序，周而复始地轮换种植就是轮作。在轮作的农田上，把作物安排为前后栽植顺序的是轮作方式。轮作方式中或全部栽植农作物，或按一定比例栽植作物与多年生牧草即草田轮作，种植一遍所历经的时间称为轮作周期。轮作有空

间上的轮换种植与时间上的轮换种植，前者是将同一种农作物（或牧草）逐年轮换种植，而后者是在同一块农田上的轮作周期内，按轮作方式栽植不同品种的农作物或豆科牧草。

依据水土保持作用，可将草田轮作制中的农作物和牧草分为三大类：第一类是保持水土作用小的玉米、高粱、棉花、谷子、糜子等禾本科的中耕作物；第二类为保持水土作用大的小麦、大麦、莜麦、荞麦、豌豆、大豆、黑豆等禾本科和豆科的密播作物；第三类是一年生和多年生的牧草，如苏丹草、紫花苜蓿、沙打旺、红豆草、黑麦草等。

2. 间作、套种与混作

间作（Intercropping）是在同一田块于同一生长期内，分行或分带相间种植两种或两种以上作物的种植方式。农作物与多年生木本作物（植物）相间种植，也称为间作，还有人称之为多层间作或农林复合（Agroforestry）。

混作（Mixed Cropping）是在同一块地上，同期混合种植两种或两种以上作物的种植方式。一般混作在田间无规则分布，可同时撒播，或在同行内混合、间隔播种，或一种作物实施行种植，另一种作物撒播于其行内或行间。

套种（Relay Cropping）是在前季作物生长后期的株行间播种或移栽后季作物的种植方式，也称为串种。如在小麦生长后期，每隔 3~4 行小麦播种一行玉米。如果它们同时出现在一块农田上，就构成所谓的立体种植（Multistorey Cropping）。

间作、套种和混作，本来是增产措施，但由于提高了植物覆被率和延长了植被覆盖时间，因而仍属于水土保持农业技术措施的范畴。

3. 等高带状间作

等高带状间作（Contour Strip Intercropping）是沿着等高线将坡地划分成若干条带，在各条带上交互和轮换种植密生作物与疏生作物或牧草与农作物的一种坡地保持水土的种植方法。它利用密生作物带覆盖地面、减缓径流、拦截泥沙来保护疏生作物生长，从而起到比一般间作更大的防蚀和增产作用；同时，等高带状间作也有利于改良土壤结构，提高土壤肥力和蓄水保土能力，便于确立合理的轮作制，促使坡地变梯田。

4. 沙田

砂田是甘肃等省干旱区采用的一种蒸水保墒的特殊耕作法。其具体做法为：一要选择离砂源近、土壤肥沃、坡度缓的土地；二要选择含土少、沙粒大小适中的沙源；三要事先平整土地，施足底肥，精耕细作；四要掌握铺沙厚度，旱沙田铺 12cm 厚，水沙田铺 6cm 厚，每公顷需沙 150 万 kg 以上；五要防止沙土混合，要采用不再进行翻动土层的耕作法。

（三）改善土壤物理性状的耕作措施

1. 深耕（Deep Tillage）

一般在夏、秋两季进行，深耕 21 ~ 24cm，其功能主要是增强入渗和蓄水保水能力，

同时改善土壤的通透能力，有利于调节土壤中的水、气、热等要素。

2. 少耕（Minimum Tillage）

这是指在常规耕作基础上尽量减少土壤耕作次数或在全田间隔耕种，减小耕作面积的一类耕作措施。它是介于常规耕作和免耕之间的中间类型。

3. 免耕（No—tillage）

免耕又称零耕、直接播种，是 20 世纪六七十年代世界上普遍重视的一种耕作措施，其核心是不耕不耙，也不中耕。它是依靠生物的作用进行土壤耕作，用化学除草代替机械除草的一种保土耕作法。

免耕的作业过程是：在秋季收获玉米的同时，将玉米秸秆粉碎并撒在地表覆盖，近冬或早春将硝酸铵、磷肥、钾肥均匀地撒在冻土地，播种时用开沟机开沟（宽 6 ~ 7cm，深 2 ~ 4cm）并播种玉米，同时施入土壤杀虫剂与其他肥料，除草剂在播种后喷洒。同时，在玉米收获之前用飞机撒播覆盖地面的草种，翌春用除草剂杀死返青的杂草，就地作为覆盖物。可见，残茬与秸秆覆盖是免耕法的两个重要作业环节。西北农林科技大学在陕西淳化县对小麦收割后留茬的水土保持作用进行了观测研究，发现其减沙效果特别明显。中国科学院地理研究所曾在山东禹城于棉田上利用秸秆保持秋冬两季的土壤水分，在春季播种棉花可以不浇水而保持苗齐。

（四）水土保持耕作措施的进展

随着农业技术的不断发展和生产上的要求，人们在生产实践中以上述一些措施的设计原理为基础，又创造出几种新的水土保持耕作措施。

1. 等高带状间轮作

等高带状间轮作是卢宗凡领导的课题组在延安市安塞区茶坊水土保持实验区试验的一种方法，试验的全称为"山坡地粮草带状间轮作试验"。这一试验要求将坡地沿等高线划分成若干条带，根据粮草轮作的要求，分带种植草和粮，一个坡地至少要有二年生（4 区轮作）或四年生（8 区轮作）草带三条以上，沿崭边线则种植紫穗槐或柠条带。

利用此法的好处，一是促进了坡地农田退耕种草，即一半面积种草、一半面积种粮；二是把草纳入正式的轮作之中，固定了种草的面积；三是保证粮食作物始终种在草茬上，可减少优质厩肥上山的负担，以节省大批劳力畜力；四是既改良了土壤结构，又提高了土壤蓄水保土能力；五是既确立了合理的轮作制，又促使坡地变成缓坡梯田。

2. 蓄水聚肥改土耕作法

蓄水聚肥改土耕作法又称抗旱丰产沟，是山西省水土保持科学研究所史观义等在吕梁山区经过多年研究试验，吸取了坑种、沟垄种植和传统的旱农优良耕作技术之长，因地制宜创造的一种科学耕作方法。此法由"种植沟"和"生土垄"两个主体部分组成，"种植沟"把耕作层表土集中起来，改善耕地的基础条件。"生土垄"把径流就地拦蓄，就地入

渗。故此法既能培肥地力,抗旱丰产,又能防治水土流失。

此法的主要优点:一是有效控制水土流失。"生土垄"好似拦洪坝,"种植沟"相当于蓄水库,因此蓄水保肥,提高了抗旱能力。二是经济利用天然降水,提高了降水利用率。据测定,种植高粱、玉米,降水利用率可提高69.9%。三是集中使用表土、肥料,即把地面所有表土集中在"种植沟"内,使原来16.7cm的熟土层增加到33cm左右,加之沟底深翻,活土层达50cm上下。同时,把撒施在田面的有机肥,全部掺混在种植作物的熟土沟内,土肥集中融为一体,形成良好的"土壤水肥库",使作物根系分布最多的部位正好是养分集中的地方,大大提高了水肥利用率,加大了土壤孔隙度,提高了土壤入渗能力。四是加快生土熟化。五是充分发挥边行优势。蓄水聚肥耕作形成带状种植,沟内种植作物1~2行,生土垄上种豆科绿肥,高低搭配,每行作物都相当于边行,通风透光很好,减弱了叶茎之间互相遮阴,扩大了根系吸收范围。

3. 旱地小麦沟播侧位施肥耕作法

旱地小麦沟播侧位施肥耕作法是利用2BFG—6(S)谷物沟播机进行耕种的一种方法。它能一次性完成开沟、施肥、播种、覆土、镇压等多道工序,实现了沟播集中施肥等项农艺要求。其特点有:一是有利于提高播种质量,培育壮苗;二是改善了小麦生长发育的水、肥、光、温等基本条件,使小麦植株发育健壮;三是沟播结合集中施肥,可省工节能,提高肥效,从而达到小麦增产和保持水土的作用。

4. 地膜种植与套种

此方法是"九五"期间,西北农林科技大学在淳化县泥河沟流域8°坡耕地上试验研制的一种水土保持耕作法。其具体做法为:地膜小麦采用人工起垄,水平种植覆膜,覆膜宽1.0m,点种小麦6行,再留空白带0.3m,春季套种马铃薯、甘薯秋作物,小麦收割后留茬。通过试验,证明它的特点有:一是形成良好的生境;二是提高水、肥利用率;三是侵蚀期地面能得以覆盖,防止水土流失。

二、水土保持农业技术措施的作用

水土保持农业技术措施的直接作用有:一是防止水土流失;二是增加作物产量。

(一)农业技术措施与水土流失的关系

1. 耕作措施对侵蚀的影响

水土保持农业技术措施均有减少和防止水土流失的作用。

对休闲地采用不同的翻耕方法,可对径流进行不同程度的调节,并由于地表微地形的改变,进而影响到径流所引起的土壤流失量的不同。在小坡度(3°)、20m坡长地表裸露情况下,耕作措施采用水平犁沟,其径流量是普通翻耕的71.3%,产沙量是16.2%。在坡度较陡(20°),采用等高垄作种植玉米,并在丰水年情况下(生长季节产流降水

410.2mm），其径流量是平作的 50.9%，产沙量是 22.0%；在枯水年（生长季节产流降水 14.0mm），其径流量是平作的 90.0%，产沙量是 12.2%。

可见，在土地裸露坡度较小的情况下，采用水平犁沟；在坡度较大，以种植玉米等秋作物为主的情况下，采用等高垄作措施，对于减少地表径流、增大下渗水量，进而降低由此而引起的土壤流失，效果较好。

2. 耕作措施对侵蚀过程的影响

不同的耕作措施其径流过程、产沙过程差异显著，说明耕作措施在坡耕地上对土壤侵蚀有着较为明显的影响与作用。

产流时间以顺坡耕作为最早，随后依次为平整坡面、人工掏挖、等高耕作；从同一时刻的产流量看，也是顺坡耕作最大，次序不变，因此从拦蓄径流、增加入渗的角度讲，人工掏挖、等高耕作相对于无措施的平整坡面效果要好，为正效应；而顺坡耕作则为负效应，增大了径流量，不但不利于土壤水分的蓄积，更提高了侵蚀发生的可能性及强度。

耕作措施的水土保持作用，就是其对雨水及径流的调节，如果某一措施能够有利于雨水入渗，能够增大径流前进方向上的糙率，它就可以起到拦沙、蓄水的作用，增加的幅度越大，其作用也就越强。因此，选择恰当的耕作方式（如等高耕作、人工掏挖等）有利于坡耕地的水土保持。

（二）农业技术措施与农作物产量的关系

水土保持的各项农业技术措施均有提高农作物产量的作用，一般可增产粮食 20% ~ 50%。例如，四川省内江市水土保持试验站证实，采用等高耕作可增产粮食 25%，沟垄种植可使玉米增产 25.7%、红薯增产 71%、甘蔗增产 12%，垄作区田法可增产粮食 10% ~ 100%；甘肃绥德、天水站证实间作套种可增产 37.5%，等等。

第十章　大气污染控制

第一节　大气污染概述

一、大气污染的概念

大气层又叫大气圈，地球就被这一层厚厚的大气层包围着。大气层主要由氮气（占78.1%）和氧气（占20.9%）组成，还有少量的二氧化碳、稀有气体（氦气、氖气、氩气等）和水蒸气等。大气层的空气密度随高度增加而减小，即越高空气越稀薄。大气层的厚度在1000km以上，但没有明显的界线。整个大气层随高度不同表现出不同的特点，可分为对流层、平流层、中间层、暖层和散逸层，再上面就是星际空间了。大气中绝大多数天气现象都发生在对流层中。此外，从污染源排放的污染物也直接进入对流层，这些污染物的迁移转化过程也发生在这一层中。

人类活动或自然过程，使得排放到大气中物质的浓度及持续时间足以对人的舒适感、健康以及设施或环境产生不利影响时，称为大气污染。2013年《大气污染防治行动计划》（简称"大气十条"）启动了$PM_{2.5}$攻坚战，2018年《打赢蓝天保卫战三年行动计划》以京津冀及周边地区、长三角地区、汾渭平原等区域为重点，持续开展了大气污染防治行动。近年来，我国环境空气质量改善效果显著，但我国大气环境形势依然严峻，大气污染物排放量仍居世界前列。开展环境空气质量监测是解决大气环境问题的第一要务，可为政策和战略的制定、环境空气质量控制目标的设立、监督检查污染物的排放和环境标准的实施情况等提供必要的科学依据。

二、大气污染的来源

大气污染物的类型有很多。大气污染源排放的污染物按存在形态分为颗粒态污染物和气态污染物。前者如粉尘、烟、飞灰、黑烟、雾、可吸入颗粒物（$PM_{2.5}$）和细颗粒物（$PM_{2.5}$）等，后者包括含硫化合物（SO_2、H_2S）、含氮化合物（NO、NH_3）、烃（主要为 $C_1 \sim C_5$ 化合物）、碳氧化物（CO、CO_2）和卤素化合物（HF、HCl）5 类。大气污染物按生成机理分为一次污染物和二次污染物。其中，由人类或自然活动直接产生并由污染源直接排入环境的污染物称为一次污染物；排入环境中的一次污染物在物理、化学因素的作用下发生变化，或与环境中的其他物质发生反应所形成的新污染物称为二次污染物。

根据大气污染物对公众健康和生态环境的危害和影响程度，生态环境部会同国家卫生健康委制定了《有毒有害大气污染物名录（2018 年）》，筛选出可以实施管控的排入大气环境中的化学物质共 11 种（类），其中包含二氯甲烷、甲醛、三氯甲烷、三氯乙烯、四氯乙烯、乙醛 6 种（类）挥发性有机物，镉及其化合物、铬及其化合物、汞及其化合物、铅及其化合物、砷及其化合物 5 种（类）重金属类物质。这 11 种（类）化学物质涉及的主要排放行业包括化学原料和化学制品制造业、有色金属冶炼和压延加工业、有色金属矿采选业等。有关部门会依据风险评估结果、改善环境质量需求以及实际环境管理能力，适时更新名录。

大气污染来源广泛，工业、燃煤、机动车是影响空气质量的三大污染源。

（1）燃料燃烧源。我国工农业生产及人民生活使用的各种燃料如煤炭、石油、重油，燃烧过程中会产生大气污染，污染物为其燃烧产物，即二氧化硫、氮氧化物和飞灰等。

（2）工业生产源。冶金、化工、有色冶炼、造纸、纺织、建筑材料等生产过程中会产生大量的有毒有害气体和粉尘，如矿石破碎过程、各种研磨加工过程及物料的混合、筛分过程等都有大量的粉尘产生，生产过程中使用的原材料被加热时发生一系列化学变化，此过程会产生大量有毒有害气体。工业生产因使用的原料不同，对大气造成的污染也不同。

（3）移动源。根据《中国移动源环境管理年报（2019）》，我国已连续十年成为世界机动车产销第一大国，机动车等移动源污染已成为我国大气污染的重要来源，使得移动源污染防治的重要性日益凸显。根据大气细颗粒物源解析结果，机动车特别是柴油车已经成为许多大中城市的首要污染源。

我国大气污染呈现出较强的地域性和季节性特征，与污染排放、气象条件、区域传输密不可分。尽管 $PM_{2.5}$ 污染水平持续得到有效遏制，年均浓度与超标城市比例继续下降，但 $PM_{2.5}$ 仍是重点控制的污染物，是打赢蓝天保卫战改善环境空气质量的重点因子；重点区域秋冬季期间大气环境形势依然严峻，出现了连片式、区域式污染，汾渭平原大气污染问题逐步凸显，成为全国大气污染最为严重的区域之一；臭氧污染加重是重点区域普遍存在的问题，浓度呈上升趋势，尤其是在夏秋季节已成为部分城市的首要污染物；挥发性有机物（VOCs）监测工作尚处于起步阶段，企业自行监测质量普遍不高，已成为大气环境管理的短板，石化、化工、工业涂装、包装印刷、油品储运销等重点行业是我国 VOCs 重点排放源。

第二节　大气污染的生物与物理综合修复技术

相比于物理修复技术效果不尽如人意且所需费用高、耗费人力、物力多，还有二次污染的情况，化学修复技术中使用的化学助剂会对生态系统造成消极影响，且人们尚未完全了解化学修复技术对环境的影响，导致化学修复技术实际应用有限。生物修复技术有很多优势，但生物修复技术也有很多必须遵循的原则。由于污染废气中含有的大量金属元素在用生物处理技术处理污染气体时会影响微生物的正常机理活动，从而影响处理污染气体的效果，所以人们选择用物理方法先将污染废气中的重金属处理掉，再使用生物修复技术处理其他污染物质，以达到修复难以修复的废气的目的。这种方法就是新式生物洗涤法。

一、新式生物洗涤法

这是一种处理废气常用的生物方法，其操作简单、费用消耗少，在气态大气污染物的处理方面应用颇多，但因多元化污染废气的出现，难以使用传统生物洗涤法去除污染物；而现今用的还是新式生物洗涤法，是将物理处理装置安装在传统生物洗涤的前端，以彻底去除难以使用传统生物洗涤法去除的废气。

二、新式生物洗涤法的原理及方法

（一）原理

①在调节池阶段，利用物理方法为后续处理做好准备——溶解处理部分污染物；②在洗涤反应阶段，首先将微生物、营养物以及水组成混合液，然后将废气中可溶性的气态污染物吸收，再好氧处理掉吸收了废气的微生物，最终达到降解污染物、微生物吸收液循环使用的效果。

（二）工艺和装置

从整体上看，由调节池和洗涤反应设备组成的装置，在洗涤阶段可以分为两部分：废气吸收段和悬浮液再生段；或由吸收设备和再生反应器组成，即物理溶解过程和生物处理过程两部分。

（三）洗涤反应装置

吸收室和再生池。吸收室顶部喷淋出生物循环液，将废气中的污染物和氧转入液相，然后吸收了废气中成分的生物悬浮液会流入再生反应器，即活性污泥池中，通入空气后，生物循环液再生；而被吸收的有机物则会通过微生物作用，被从活性污泥悬浮液中去除。

三、新式生物洗涤法的应用实例

一日本铸造厂在处理含胺、酚和乙醛等污染废气时就采用了这种方法。因为传统的生物洗涤法会使某些微生物在锻造尾气中的重金属颗粒污染物影响下活性受损，降低处理废

气能力，所以该厂使用了新式生物洗涤法，很好地修复了污染气体。

修复设备由调节池、吸收塔、生物反应器及辅助装置组成，如图10—1所示。在实际使用中，首先，在通过物理调节池时，废气中所含有的重金属会被吸附剂大量吸附，从而去除废气中的颗粒污染物和其他污染物，再经处理，回收利用重金属并再生吸附剂；污染气体经过前端处理后，剩下的气体中主要含有胺、酚和乙醛等有机物，在生物反应器中，这些废气接触到微生物悬浮液，与微生物发生好氧吸收，从而得到修复；若反应器效率下降，营养物储槽则会将特殊营养物添加到反应器中，保障微生物的活性。该日本锻造厂已经使用此法多年，装置也一直保持着 95% 左右的去除率。

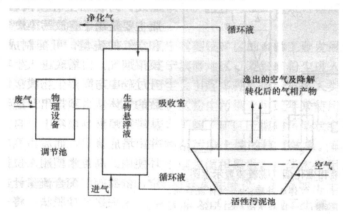

图10—1　新式生物洗涤技术处理工业废气装置

第三节　大气污染的生物与化学修复技术

虽然大气污染环境中应用了非常多的生物修复技术，但由于很多污染气体具有强化学性质，如酸碱性和氧化性，而且生物修复技术对工作条件的要求非常严格，如微生物修复技术需要在微生物适合的酸碱性和氧化性条件下工作，所以研究人员综合应用化学修复技术和生物修复技术来修复大气污染。这一做法产生了很好的效果。

一、生物膜液相催化烟气脱硫

生物法烟气脱硫是将烟气中的硫氧化物利用化能自养菌对 SO_x 的代谢过程，经微生物的还原作用生成单质硫而去除。正是因为所选微生物对废气适应快，且能转化降解污染物，所以微生物法能够有效脱硫（宁平、易红宏，2012）。目前的微生物法与传统处理方法相比，能更快更好地处理污染大气问题。而且其中加入的化学试剂能作为微生物转化污染物时的催化剂，进而提高修复效率。

二、生物膜液相催化烟气脱硫的原理

由于酸性条件下利用 Fe^{3+} / Fe^{2+} 体系催化氧化氧气气体的工艺原理简单且效果好，国内外很多学者和企业开始重视这一方法。其基本反应为：

$$Fe_2(SO_4)_3 + SO_2 + 2H_2O_2 \longrightarrow 2FeSO_4 + 2H_2SO_4$$

$$2FeSO_4 + SO_2 + O_2 \longrightarrow Fe_2(SO_4)_3$$

$$2SO_2 + O_2 + 2H_2O \longrightarrow 2H_2SO_4$$

在 Fe^{3+} 与 Fe^{2+} 系脱硫反应过程中，吸收液中的 Fe^{3+} 不断增加而 Fe^{2+} 逐渐减少，反应稳定时 Fe^{2+} 与 Fe^{3+} 的比值接近于1（Yao et al., 1998; Brandt et al., 1995）。在反应的过程中，Fe^{3+} 作为强氧化剂，具有较强的脱硫能力，但 Fe^{2+} 转化为 Fe^{3+} 速度会制约其氧化 SO_2 的速度。要想加快 Fe^{2+} 向 Fe^{3+} 的转化，提高脱硫速度和效率，可以利用有效微生物氧化亚铁硫杆菌的氧化活性。而在脱硫反应过程中，氧化亚铁硫杆菌起到了生物液相催化氧化的作用。

三、生物膜液相催化烟气脱硫的案例

生物膜液相催化烟气脱硫实际运行简易装置，如图 10—2 所示（宁平等，2012）。

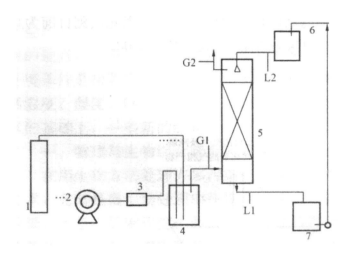

图10—2 生物膜液相催化烟气脱硫装置

1—SO_2 钢瓶；2—风机；3—气体缓冲罐；4—气体混合瓶；5—生物填料塔；6—高位槽；7—循环水槽；G1、G2—出入气体采样点；L1、L2—液体进出采样点。

生物填料塔是装置的主要构件，由内径为 40mm 的有机玻璃制成，内部装黏土轻质陶粒；前端的 SO_2 钢瓶主要用来存放污染废气，并通过调节氧气和空气流量配制出含氧量的模拟烟气。生物膜在从塔底进入填料塔的上升过程中，会因接触润湿生物膜而得到净化，并由塔顶排出。循环液体在逆流操作过程中，由塔顶喷淋到填料上自上而下经过润湿填料层后从塔底排出，最后净化过的气体经循环泵打回高位箱进行循环使用。水位控制仪可以控制高位水槽以保持水头恒定，并依靠流量计与阀门的相互配合来控制液体流量。

接种挂膜法净化就是在锥形瓶中放置一些盛有培养基的陶粒，首先在摇床中进行连续培养，培养基每隔约40h更换一次，4～5次后转入填料塔。而后培养基每隔24h更换一次，然后进行不断的液体喷淋，就可以达到循环通气驯化的目的。并且每天在固定时间测定铁硫杆菌中Fe^{2+}的氧化速率，等到氧化速率稳定，挂膜就成功了。

虽然液相生物氧化脱硫是一种新的主要处于实验阶段的脱硫修复技术，但已经有不少地方将其用于废气的处理。在这种修复方法中，微生物的主要作用有两种：一种是间接催化氧化作用，也就是通过细菌（如氧化亚铁硫杆菌等）在酸性条件下快速氧化Fe^{2+}成Fe^{3+}，增强Fe^{3+}对SO_2的液相催化氧化能力；另一种是直接氧化作用，即低价硫化物被细菌氧化成SO_4^{2-}，使含硫成分更加稳定，从而脱离气体。

第十一章　环境监测与环保技术的多维探索

第一节　环境监测在环境保护中的作用

新时代，我国社会经济发展日新月异；与此同时，全球变暖、雾霾等各种生态问题影响着其可持续性发展。近年来，随着环境保护意识的逐渐增强，人们对环境保护给予了高度关注。当前，加大环境监测研究力度，具有巨大的现实价值和长远意义。随着生态环境问题的加剧，人们开始意识到环境监测的重要性，并积极研发和推广生态环境监测技术。生态环境监测技术发展较快，不断向更高层次发展，有助于保护环境，保证工作质量。相关部门要加大环保技术研究力度，不断改善生态环境。

一、环境监测在环境保护中的重要性

（一）起着指导和监督作用

环境保护涉及的影响因素较多，环境监测数据的精准性和可靠性能够确保环境保护工作的顺利进行。人们可以利用环境监测数据，掌握污染具体分布情况，明确污染源。有关管理部门能够加强管控，督促涉污企业减少污染排放量，开展污染综合治理。环境监测可以监督环境保护的具体行为，真实、有效地反映环保措施的实施效果。

（二）为环境质量评价提供必要参考

在环境质量评价中，环境监测人员会直接参与监测计划制订、采样分析和数据采集工作，因而需要全面了解影响环境质量的污染源和生态要素等因素。环境监测能够有效提供环境质量变化信息，为环境质量评价提供依据，是环境保护中非常重要的工作。

（三）为城市布局规划提供可靠依据

环境保护是我国城市规划必须考虑的内容。目前，我国部分城市存在严重的噪声污染、光污染和化学污染等问题，严重影响着城市居民生活质量。为了减少城市建设项目对周边

环境的影响，有必要开展环境监测，确保工业厂房的污染物排放量符合环境保护要求。环境监测可以反映城市环境状况，在城市规划布局中发挥着重要作用。

二、环境监测在环境保护中的作用分析

（一）环境相关标准的制定和执行

我国环境监测以公众的身体健康为重点，以生态环境为基础，利用新型监测技术，保证环境标准制定与执行等工作的顺利开展。

（二）污染治理

环境监测可以清晰地呈现我国现阶段环境保护工作中出现的问题，如有害物质的大量排放、污染较为严重等。环境监测人员通过实地勘察，获得科学、精准、有效的数据，把监测结果上交给环境管理部门，以便及时采取措施，有效处理环境污染问题，合理控制污染源。与此同时，环境监测能发现企业污染问题，督促相关人员落实环保工作。

（三）环境质量评价

随着我国社会经济的不断发展，人们对环境保护提出了更高的要求。环境保护与经济发展相辅相成，环境保护能够推动经济发展，经济发展也有助于开展环境保护工作。因此，我国既要大力发展经济，又要加强环境保护。通常，城市规划离不开环境监测，环境监测又在环境规划中发挥着重要作用。

环境监测是环境质量评价的重要依据，环境质量评价人员要综合掌握各种环境质量影响因素。环境监测可以为环境质量评价提供有效的信息数据，在生态环境质量评价中发挥着重要作用[1]。环境监测可以提升环境质量评价效果，人们要科学地实施监测，及时发现污染源，加强对工业企业的监管，确保环境评价质量。

（四）确保环境保护的综合性

环境监测是制定环境保护标准的有效依据，为实施环境保护提供了基础保障。环境保护涉及面非常广泛，影响因素较多。当前，我国环境污染治理存在治标不治本的情况，人们时常需要同时处理水污染和大气污染。环境保护耗时较长，是一项系统工程，生态环境部门要制订系统性的治理方案。例如，我国华北地区在冬春季节时常出现沙尘暴，这不仅和大气污染有关，还和西北地区的土地荒漠化有着直接联系。在防治沙尘暴时，我们不能仅处理大气污染，还要综合采取处理措施。通常，环境监测可以收集和分析我国各地的大气、水体和土壤等的污染情况，保障生态环境保护工作顺利开展[2]。除此之外，环境监测还可以对比分析各地不同历史阶段的环境污染状况，准确反映污染变化，为环境保护和污染治理提供有效支持。

---

① 毕爽. 环境监测在环境保护工作中的作用分析 [J]. 农村经济与科技，2017，28（1）：4.
② 赫天翼. 环境监测在环境保护中的作用 [J]. 科技经济导刊，2018（2）：85.

三、发挥环境监测价值的有效措施

（一）增加资金投入

当前，要增加环境监测的资金投入，成立环境监测基金会，为环境监测提供技术和资金支持，完善监测设备，鼓励企业积极创新；要出台税收优惠政策，鼓励民营资本参与环境监测，促进环境监测行业实现良好发展；要拓展环境监测融资渠道，加大环境保护和环境监测的宣传力度，提升大众对环境保护的认识水平。

（二）有效提升监测人员的技能水平

环境监测要想顺利实施，既要配备新型监测设备，又要具备业务能力较高强专业监测人员。环境监测站要加大环境监测人员的培养力度，有效提升技术人员的专业水平和综合分析能力，同时利用实验室分析等培训方式，科学培养技术骨干人才，创建水平高、专业强的环境监测团队。日常培训应该着重关注监测人员的专业理论知识和专业仪器应用能力，以及增强突发事件应对和处理能力，为环境监测提供有效保障。

（三）环境监测监督制度

环境监测管理人员要按照监测站的实际发展状况，建立相应的监测制度，有效加强各项工作的相连性。同时，要整理质量监测方案，核实监测设备和仪器具体情况，加大员工培训力度，对质量控制进行严格考核，全面掌握环境监测业务，进而制订科学的监测方案。质量监测人员要以质量控制为中心，以环境监测的具体情况为基础，建立科学的质量管理制度，有效落实各项监测工作，充分发挥监督作用。与此同时，各级政府要加大环境监测资金投入力度，为环境监测工作的顺利实施提供保障[1]。

（四）加强环境监测技术创新

我国环境保护难度较大，生态环境部门要积极采取措施，加强环境监测技术创新。环境监测单位要严格按照有关法律法规和标准，强化日常监管，对各项内容进行细致化处理，将任务和责任明确到人。同时，要创建完善的奖惩制度，规范工作人员的行为。另外，要加大科研力度，实施技术创新。环境监测技术要不断创新，以满足环境保护的多样化需求，创建完善的环境监测机制[2]。

（五）提高对环境监测的重视度

生态环境部门要重视环境监测和环境保护，加大宣传力度，利用环保知识讲座、社区环保宣传会等形式，提高公众对环境保护的关注度。同时，要树立环境保护理念，使大众了解环境监测在环境保护中的重要作用，重视环境监测，加大宣传力度与投资力度。另外，

---

[1] 张文志. 环境监测在环保工作中的重要性及实施措施 [J]. 化工管理，2018（18）：165—166.

[2] 龙明梅. 环境监测在环境保护中的作用及意义 [J]. 节能，2018，37（9）：102—103.

要出台优惠政策，吸引社会资本参与环境监测，有效拓展环境监测的融资渠道，推动环境监测实现可持续发展[①]。

环境监测可以为环境保护提供重要保障，且有关监测数据可以为环境保护提供重要依据。为了保证监测结果的精准性和有效性，监测人员要进行实地调研与勘察，了解实际污染状况。生态环境部门要增强环保意识，监测人员要保持严谨的工作态度，提升专业技能，尽可能降低环境污染的危害，最终为人们创建舒适、和谐的生态环境。

第二节　环境监测新技术发展

环境监测是生态文明建设和环境保护的重要基础。监测新技术的快速发展，将为实现绿水青山的美丽中国提供强有力的支撑。随着环境监测科技水平的不断提高，环境监测仪器朝高质量、多功能、高度集成化以及自动化、系统化和智能化的方向发展，各种物理、化学、生物、电子、光学等先进的技术在环境监测中的应用不断深化。现今各种环境污染事故对环境污染的应急监测工作也提出了更高的要求，现场快速监测将成为环境监测工作的研究重点。此外，3S 技术在环境监测中的应用范围以及深度不断拓宽，通过综合使用遥感技术、地理信息系统以及全球定位系统技术，可以建立完善、系统以及动态的天空地面一体化监测体系，进一步扩大环境监测工作的覆盖面，使环境管理者可以从整个体系中获取更多、更全面、更有价值的数据信息，为科学管理提供更有力的支撑。

一、环境监测有机分析新技术

（一）气相色谱法及气相色谱—质谱法

1. 气相色谱法

气相色谱法因检测器选择性多、灵敏度高、适用范围广，在环境监测领域中已得到普及。最常用的氢火焰离子化检测器（FID）在环境有机分析中应用最广，结合直接进样法、顶空进样法或吹扫捕集法等，可以检测环境样品中的挥发性有机物，如非甲烷总烃、苯系物、挥发性卤代烃、醇类等；结合液液萃取法、索氏提取法、快速溶剂萃取法，可以检测环境样品中的半挥发性有机物，如酚类、酞酸酯类、石油烃等。与 FID 相比，使用频率次之的是电子捕获检测器（ECD），因 ECD 只对电负性化合物有响应且响应极高，最小检测量可以达到 $10\sim13g$，可以检测环境样品中的挥发性卤代烃、氯苯类、硝基苯类、烷基汞、多氯联苯类、有机氯农药等有机物。除 FID 和 ECD，气相色谱在环境监测领域中应用较广的为硫磷检测器（FPD），该检测器对含硫、含磷的化合物有专门的响应，含硫化合物如

---

① 魏晓霜. 环境监测在环境保护工作中的作用分析 [J]. 中小企业管理与科技，2017（6）：58—59.

甲硫醇、乙硫醇、二硫化碳，含磷化合物最主要的是有机磷农药，如甲基对硫磷、马拉硫磷、敌敌畏等。与 FPD 较接近的为氮磷检测器（NPD），NPD 对含氮、含磷化合物有专门的响应，含氮化合物如乙腈等，含磷化合物同硫磷检测器。

2. 气相色谱—质谱法

气相色谱—质谱法兼具气相色谱的分离功能，使质谱辅助定性更加准确，目前在环境监测领域中已被广泛运用。水和废水、土壤和沉积物中的挥发性有机物可以将吹扫捕集或顶空进样器与 GC—MS 连接进行测定，空气和废气中的挥发性有机物可以将热脱附仪或苏玛罐进样器与分析系统连接进行测定。水和废水中的半挥发性有机物可以通过液液萃取、固相萃取、衍生萃取法后，再利用 GC—MS 进行定性定量分析。空气和废气中的半挥发性有机物可以通过溶剂解吸、索氏提取后，再利用 GC—MS 进行定性定量分析。土壤和沉积物中的半挥发性有机物可以通过索氏提取、加速溶剂萃取、超声萃取、微波萃取法后，再利用 GC—MS 进行定性定量分析。

近年来，挥发性有机物和半挥发性有机物的监测仍然是环境监测的两大重点。挥发性有机物因为沸点低、挥发性强，对人体健康造成较大危害。在当今时代以及科技快速发展影响下，尤其是信息技术发展已经大量运用于国内各领域，环境监测领域也同样如此。

整体来看，环境监测中运用信息技术就是使用信息技术中特有的无线传感网络技术，运用这个技术在短时间内可以把已经完成的监测后期环境数据信息传送到指定的数据处理中心，由此为有关工作人员进行生态环保工作时提供更安全可靠准确的数据信息。跟其他类型的环境监测技术对比，这种技术当中的 PLC 技术的运用优势就在于其有非常强的适用性，可以用在环境条件较恶劣的情况下进行监测操作。另外，这项技术还具备非常多的有效特性，如防灰尘以及抗震等功能，能够通过这种技术对农作物在防洪水以及抗旱灾等方面进行远程监控管理工作。目前挥发性有机物的监测方法在环境监测领域越加成熟，近几年环境监测领域行业标准已出台和更新较多方法。比如，《固定污染源废气总烃、甲烷非甲烷总烃的测定 气相色谱法》HJ 38—2017 代替 HJ/T 38—1999，用气袋或玻璃注射器采集气体样品，直接注入带 FID 检测器的气相色谱仪中分别测得甲烷和总烃的浓度。《环境空气 挥发性有机物的测定 罐采样 / 气相色谱—质谱法》HJ 759—2015 利用罐采样，低温浓缩再脱附，然后通过 GC—MS 定量分析测定环境空气中 67 种挥发性有机物。《土壤和沉积物 挥发性有机物的测定 吹扫捕集 / 气相色谱—质谱法》HJ 605—2011 利用吹扫捕集浓缩样品中的目标物，然后通过 GC—MS 定量分析测定土壤和沉积物中 65 种挥发性有机物。半挥发性有机物包括多环芳烃、多氯联苯、苯胺类、酞酸酯类、硝基苯类、酚类化合物、有机氯农药、有机磷农药等，因其毒性高、生物累积性强、不易降解等特性，对人体和环境危害极大。因此，多环芳烃、多氯联苯基本推荐 GC—MS 法测定，当部分化合物存在干扰时，可采用双柱定性。比如，土壤和沉积物中多环芳烃的测定一般采用《土壤和

沉积物 多环芳烃的测定 气相色谱—质谱法》HJ 805—2016，水和废水中多氯联苯一般采用《水质 多氯联苯的测定 气相色谱—质谱法》HJ 715—2014。

（二）液相色谱及液相色谱—质谱法

1. 液相色谱法

液相色谱法对化合物的适用范围广，可以弥补气相色谱无法分析高沸点化合物、热不稳定性化合物或难挥发化合物的缺点。目前，水和废水、空气和废气、土壤和沉积物中的醛酮类化合物、多环芳烃、酞酸酯类、草甘膦等可以通过固相萃取、液液萃取、索氏提取法等前处理步骤后，再利用 HPLC 进行测定。

2. 液相色谱—质谱法

液相色谱质谱法因仪器昂贵，在环境监测分析的运用并没有普及。2017—2019 年，水和废水、土壤和沉积物中的硝基酚类、氨基甲酸酯类、苯胺类可以根据发布的标准方法通过高效液相色谱 — 三重四级杆质谱法进行测定，解决了现有手段不易测定这几类化合物的难题。

液相色谱法可以选择二极管阵列检测器、紫外检测器和荧光检测器，尤其是荧光检测器可以达到很低的检出限，如多环芳烃采用 HPLC 方法，其灵敏度远高于 GC—MS 方法，可以满足更低检测浓度的需求。在相同化合物选择不同检测方法时，可以根据执行标准的推荐方法及其限值以及客户的要求来确定合适的检测方法。液相色谱—质谱法因其前处理方法简单、样品量少、检出限低、对环境友好，是非常值得推广的一种分析手段。

（三）环境激素测定的新方法

环境激素又名环境内分泌干扰物或环境雌激素，是环境中天然存在或因为人类活动而释放到环境中的，对生物系统的生长与发育产生促进或抑制作用的化学物质。环境激素主要包括天然雌激素和合成雌激素、植物雌激素、类雌激素环境化学物质。类雌激素环境化学物质包括农药、多氯联苯、多环芳烃、邻苯二甲酸酯类等。余宇燕等利用免疫分析方法检测环境激素类物质 2，4—二氯苯酚。相比于传统色谱分析法，该方法具有分析时间短、前处理简单、快速灵敏的特性，对痕量环境激素的检测有指导意义。迈克尔·比特纳（Michal Bitttner）等人利用重组酵母固定化技术，对 3 种不同酵母进行培养，然后进行重组，最终获得一种可以快速即用的变种。该变种可以快速检测环境及环境样品中的雌激素或雌激素类化合物，具有特异性强、灵敏度高、成本低廉、安全可靠等优点。

（四）测定三嗪类除草剂的新方法

三嗪类除草剂又叫均三氮苯类除草剂，可以控制植物生长、预防农田杂草生长，使用范围非常广泛。已知的三嗪类除草剂有西玛津、莠去通、西草净、阿特拉津、仲丁通、扑灭通、莠灭净等。在使用过三嗪类除草剂之后，该类化合物会在植物和环境当中产生残留，通过食用的方式进入人体或动物体内，从而对人们的生命健康产生威胁。因此，建立环境中三嗪类除草剂的测定方法对控制和减少该类化合物的污染具有重要意义。常用的传统预处理方法包括液液萃取（LLE）、固相萃取（SPE）、索氏提取、快速溶剂萃取（ASE）。传统LLE法和索氏提取法消耗大量有机溶剂，操作烦琐、费时，提取效率不稳定，对操作人员的健康存在危害因素。SPE方法是近年来常用的富集方法，虽然主要为富集和洗脱，但相对昂贵，步骤多，样品处理时间长。ASE萃取效率高，但因仪器设备价格昂贵，样品处理时间相对较短，目前在环境固体样品前处理中被推广使用。但以上几种前处理方法对溶剂的消耗量均较大，不利于环境健康，有必要对此类样品的预处理进行优化，以减少前处理步骤，减少溶剂使用量，提高检测灵敏度，降低检测限。固相微萃取（SPME）是一种集采样、萃取、富集于一体的新型样品前处理方法，具有操作简单、速度快、灵敏度高等优点。罗恰（Rocha）等利用SPME技术对地下污水中三嗪类除草剂进行了净化和富集，对影响萃取效果的因素，如盐浓度、样品体积、提取时间、注射时间等因素进行了优化，取得了良好的效果。

（五）胶束增敏荧光光度法测定草萘胺含量

草萘胺是一种酰胺基高效广谱除草剂，被应用于多种水果、蔬菜和农作物上，许多国家主要用于防治一年生单子叶杂草和一些阔叶杂草。该药物具有共轭双键体系，有一定的刚性结构，在特定条件下会发出一定强度的荧光。迄今为止，草萘胺的检测方法主要有HPLC等，有的需要较为昂贵的精密仪器，或者是在实验过程中一定要严格控制其反应条件，并且操作步骤复杂繁多。利用荧光光谱法探索3种有序介质（TritonX—100、SDS、CTMAB）对草萘胺荧光光谱性质的影响，结果显示，CTMAB对草萘胺荧光增敏效果最好。在此背景下，建立了一种通过CTMAB增强荧光光谱法测定草萘胺含量的方法，并将本法用于十几种蔬菜中草萘胺的测定，结果满意。该方法具有操作简便快捷、准确性高、重现性好、灵敏度高等突出的优点，可以推广用于在环境样品中测定草萘胺的含量。

（六）现代环境监测及其运用价值

由于目前国内社会经济快速发展，人们生活质量获得很大提升，但同时在很大程度上也为生态环境带来很多严重问题。例如，不可再生的资源越来越少，环境污染情况越来越严重，这在很大程度上都会对人们的正常生产生活造成影响。环境监测就是结合监测技术规范当中有关标准以及要求对环境进行技术性的监测以及解析，主要对环境当中的水资源、土壤及噪声等方面进行监测，对现阶段环境况况进行全面解析，由此来判断环境有没有受到污染以及损坏等。对于环境监测内容而言，其关联很多内容，主要就是对环境当中的物理以及化学指标、生态系统平衡性等内容进行监测。从整体方面来看，环境监测除了尽可能实现科学性管理生态环境，还能通过实际运用目前较先进的环境监测技术，对现阶段有可能会发生的违反环保类有关法律条例，以及对生态环境所造成的损坏行为进行监管和惩罚。

从本质上来讲，不管是对生态环境本身变化开展监测工作，还是对防范人为原因对环境所造成的破坏，对环境开展监测都是其中必须进行的一个阶段。针对环境进行监测的流程有：①对环境监测的现场实际信息进行对应的收集和整理。②对开展监测的环境信息进行监测方案制定，结合这个方案在环境监测现场当中的布置以及收集到的监测样本，后期通过对所收集到的样本进行进一步探究，由此来全面评价环境监测的环境实际状况。

环境监测的作用则是为环境有关工作提供更具科学性的信息依据，比如大气当中有没有存在污染情况，怎样对其进行预防或处理污染情况，可以运用环境监测技术对有关数据信息进行测定，结合测定获得的结果进一步解析其中某个数据有没有出现超标问题，根据目前空气实际情况来确定空气污染状况，对后期空气污染发展情况进行更有效的预测，须结合上述所制定的环境治理方案。从整体来看，运用环境监测技术可以提升员工的工作效率，全面对环境污染状况进行了解和解析，更有利于有关工作部门具体进行有关工作。

为了保障客观世界的物质生活满足人类的需求，保障可持续发展，环境监测中有机物分析仍然存在一定的挑战性，尤其是在仪器的分析方式上。为了使客观世界中的物质为人类生产生活服务，确保可持续发展，有机分析也将面临许多新的机遇和挑战。随着现代新技术和新方法的不断涌现，有机分析必将迅速朝灵敏度更高、速度更快、准确度更高、小型化和自动化方向发展。

二、环境快速检测技术

随着社会经济的快速发展以及对环境监测工作高效率的迫切需要，研究高效、快速的环境污染物检测技术已成为国际环境问题的研究热点之一，尤其是水质和气体的快速检测技术的迅速发展，对我国环境监测技术的发展起到了重要的推动作用。

（一）便携水质多参数检测技术

便携式仪器法是利用根据污染物的热学、光学、电化学、电磁波学、气相色谱学、生物学等特点设计的仪器进行污染物现场检测的方法。便携式仪器具有防尘、防水、质轻和耐腐蚀等特性，一些还配有手提箱，所有附件一应俱全，十分便于野外操作。下面介绍几种典型或新型的水质便携式多参数检测仪。

1. 手持电子比色计

手持电子比色计（GE LC—01 型）是由同济大学设计的半定量颜色快速鉴定装置，其结构简单，小巧轻便（154mm×91mm×30mm，约360g），手持使用。该装置与传统的目视比色卡片不同，不受外部环境条件（光线、温度等）的影响，晚上也可正常使用。该比色计存储多种物质标准色列，可用于多种环境污染物和化学物质的识别与半定量分析。配合 GEE 显色检测剂或其他水质检测包（盒）等，可对数十种化学物质或离子进行快速半定量分析，非专业人员也可自主操作。其适用于环境监测、排污监督、水质分析、食品质量检验、应急监测等。

2. 水质检验手提箱

水质检验手提箱由微型液体比色计、测量系统、现场快速检测剂、显色剂、过滤工具等组成，由同济大学污染控制与资源化研究国家重点实验室研制。

根据使用目的不同，配置有氮磷硫氯检测手提箱、重金属检测手提箱、广谱检测手提箱等多种规格。手提箱工具齐备、小巧轻便，采用高亮度手（笔）触 LED 屏，界面清晰、直观，适合于户外使用。它在水质分析、环境监测、食品检验及其他分析检验领域，尤其对矿山、企事业单位、农村、山区、高原、事故现场等的水质快速或应急检测具有重要价值。

水质检验手提箱中配备的微型液体比色仪是一种全新的小型现场检测仪器，微型液体比色仪工作原理与传统分光光度计不同，其直接采用颜色传感器，无滤光、信号放大系统，避免了因部件转动、光电转换引起的测量误差。颜色测量计算系统是基于 CIE Lab 双锥色立体（Bicone Color Solid）而设计开发，通过色调（Hue）、色度（Chroma）和明度（Lightness）的三维矢量运算处理，计算混合体系中各颜色的色矢量（CV），在配色技术和颜色检测反应中有重要的应用价值。其中，在痕量物质检测领域，待测物标准系列采用二次函数拟合，误差小、范围宽，并设计单点校正标准曲线，方便操作人员修正因测量条件改变而引起的检测误差。

手提箱提供快速检测粉剂，胶囊包装，性能稳定，携带方便，可对氨（铵）、亚硝酸盐、硝酸盐、磷酸盐、硫酸盐、硫化物、氯化物、余氯、溶解氧、铬（Ⅵ，Ⅲ）、铁、铜、锌、铅、镍、锰、总硬度、甲醛、挥发酚、苯胺、肼等数十种物质（离子）进行快速定量检测，灵敏度高，重现性好。

3. 现场固相萃取仪

常规固相萃取装置（SPE）只能在实验室内使用，水样流速慢，萃取时间长，不适于水样现场快速采集。同济大学研制的微型固相萃取仪（GE MSPE—02 型）为水环境样品的现场浓缩分离提供了新的方法和技术。

与常规 SPE 工作原理不同，微型固相萃取仪是将 1~29 吸附剂直接分散到 500~2000mL 水样中，对目标物进行选择性吸附后，通过蠕动泵导流到萃取柱，使液固得到分离，再使用 5 ~ 10mL 洗脱剂洗脱出吸附剂上的目标物，即可用 AAS、ICP、GC、HPLC 等分析方法对目标物进行测定。

现场固相萃取仪小巧轻便，采用锂电池供电，保证充电后可连续工作 8h 以上。该装置富集效率高（100 ~ 400 倍），现场使用可减少大量水样的运输和保存带来的困难，尤其适合于偏远地区、山区、高原、极地和远洋等水样的采集。改变吸附剂，可富集水体中

環境監測与環保技術応用

的目标重金属或有机物，适应范围广。

该仪器已被成功用于天然水体中痕量重金属（Cu^{2+}、Zn^{2+}、Pb^{2+}、Cd^{2+}、CO^{2+} 和 Ni^{2+}）和酚类化合物等污染物的现场浓缩、分离。

4. 便携式多参数水质现场监测仪

便携式多参数水质现场监测仪是专为现场水质测量的可靠性和耐用性而设计的仪器，可同时实现多个参数数据的实时读取、存储和分析。如默克密理博新开发的便携式多参数水质现场监测仪 Move100，内置 430nm、530nm、560nm、580nm、610nm、660nm 的 LED 发光二极管，可以测试氨氮、COD、砷、镉、铅、六价铬、铜、镍、挥发酚等 100 多个常见水质分析项目。仪器内置的大部分方法符合美国 EPA 和德国 DIN 等国际标准。IP68 完全密封的防护等级，使其可以持续浸泡在水中（水深小于 18m，至少 24h），特别适用于野外环境测试或现场测试。仪器在现场进行测试后，可以带回实验室采用红外方式进行数据传输，IRiM（红外数据传输模块）使用现代红外技术，将测试结果从测试仪器传输到 3 个可选端口上，通过连接电脑实现以 Excel 或文本文件格式存储以及打印。同时，该仪器具有 AQA 验证功能，包括吸光度值验证和在此波长下的检测结果验证。

（二）大气快速检测技术

大气快速检测技术采用便携、简易、快速的仪器或装置，在尽可能短的时间内对目标污染物的种类、浓度、污染范围及危险性做出准确科学判断。下面对常见的几种大气污染快速检测和空气质量现场快速分析技术进行简单介绍。

1. 气体检测管

气体检测管是一种简便、快速、直读式的气体定量检测装置，可在已知有害气体或蒸气种类的条件下进行现场快速检测。其测试原理为：先用特定的试剂浸渍少量多孔材料（如硅胶、凝胶、沸石和浮石等），然后将浸渍过试剂的多孔材料放入玻璃管内，使空气通过玻璃管。如果空气中含有被测成分，则浸渍材料的颜色就会发生变化，根据其色柱长度，计算出污染物的浓度。气体检测管既可用于室内空气监测、公共场所的空气质量监测、作业现场的空气及特定气体的测试、大气环境监测等许多方面，也可用于需要控制气体成分的生产工艺中。

根据构造和用途的不同，气体检测管可分为普通型、试剂型、短期测量管、长期测量管和扩散式测量管等。普通型是玻璃管内仅放置指示剂，能直接与待测物质起颜色反应而定性定量。试剂型是在玻璃管内不但装有指示剂，而且装有试剂溶液小瓶，在采样检测前或后，打破试剂溶液小瓶，待测物质与试剂反应产生颜色变化。扩散式测量管的特别之处是不需要抽气动力，而是利用待测物质的分子扩散作用达到采样检测的目的。气体检测管法具有体积小、质量轻、携带方便、操作简单快速、灵敏度较高和费用低等优点，并且对使用人的技术要求不高，经过短时间培训就能够进行监测。目前，市售气体检测管种类较多，能够检测的污染物超过 500 种，可以检测的环境介质包括空气、水及土壤、有毒气体（如 CO、H，S、Cl_2 等）、蒸气（如丙酮、苯及乙醇等）、气雾及烟雾（如硫酸烟雾）等，可参照《气体检测管装置》（GB/T 723—2008）选用合适的检测管。然而，气体检测管不能精确给出大气污染物的浓度，易受温度等因素的干扰。

2. 便携式 $PM_{2.5}$ 检测仪

德国 Grimm Aerosol 公司的小型颗粒物分析仪，不需要切割头，可实时分析可吸入颗粒物和可呼吸颗粒物，同时分析 8、16、32 通道不同粒径的粉尘分散度。该仪器采用激光 90。散射时，不受颗粒物颜色的影响，内置可更换 EPA 标准的 47mm PTFE 滤膜，同时进行颗粒物收集，用于称重法和化学分析。自动、精确的流量控制，能够保证分析结果的可靠性，特别的保护气幕使光学系统免受污染，可靠性极高，维护量少。数据存储卡可以保存 1 个月到 1 年的连续测试数据，其有线或无线的通信方式，便于在线自动监测和数据下载。内置充电池，适合各种场合的工作。

我国首款便携式 $PM_{2.5}$ 检测仪——"汉王蓝天霾表"能实时获取微环境下的 $PM_{2.5}$ 和 PM_{10} 数据，并得到空气质量等级的提示，最长响应时间为 4s。其大小相当于一部手机，质量为 150g。该仪器采用了散射粒子加速度测量法，通过特殊传感器获得粒子质量、运动速度、粒径、反光强度，进一步对空气中颗粒物的粒径大小分布进行统计和分析，从而实时获取 $PM_{2.5}$ 和 PM_{10} 的浓度。该仪器适用于分析局部环境中的当前空气质量，比如家庭中的吸烟、油烟、周边环境等因素对家庭健康的影响。

3. 便携式烟气二氧化硫分析仪

便携式烟气二氧化硫分析仪采用定电位电解法进行测定。仪器主要由两部分组成，即气路系统和电路系统。气路系统完成烟气的采样、处理、传送等功能，电路系统则完成气电转换、信号放大、数据处理、数据的显示打印和仪器的工作状态控制等功能。仪器预热后，烟气通过烟尘过滤器去除粗烟尘。过滤后的烟气经过采样枪进入气水分离器，在气水分离器内水分和细烟尘与烟气分离，从而使基本洁净的干烟气经过薄膜泵进入传感器气室，在气室内扩散后，采集的烟气再从气室出口排出仪器。在气室内扩散的烟气与传感器发生氧化还原反应，使传感器输出微安级的电流信号。该信号进入前置放大器后，经过电流 / 电压的变换和信号放大，模拟量信号经数模转换器转换成计算机可识别的数字信号，经数据处理后可将测试结果显示出来。

4. 便携式甲醛检测仪

美国 Interscan 便携式甲醛检测仪采用电压型传感器，是一种化学气体检测器，在控制扩散的条件下运行。样品气体分子被吸收到电化学敏感电极，经过扩散介质后，在适当的敏感电极电位下气体分子发生电化学反应，反应产生的电流与气体浓度成正比，这一电流转换为电压值并传输给仪表读数或记录仪记录。传感器有一个密封的储气室，这不仅使传

感器寿命更长，而且消除了参比电极污染的可能性，同时可用于厌氧环境的检测。传感器电解质是不活动的、类似于闪光灯和镍镉电池中的电解质，所以不需要考虑电池损坏或酸对仪器的损坏。

三、半渗透膜被动采样技术

自然水体中痕量持久性有机污染物（POPs）监测是传统环境监测的难题，通常需要采集大体积水样，使用昂贵的高纯度试剂和长时间的富集，并只能获取采样时间点水中有机物的瞬间浓度。近年来发展起来的半渗透膜被动采样装置（Semi—Permeable Membrane Devices，SPMDs）利用将化学富集和生物富集有效结合的被动采样方式，可实现水环境中有机污染物的原位高效富集，也可进行原位模拟生物富集的采样。这种新型被动式采样技术的核心，即是针对目标有机污染物研发的各种半渗透膜，如生物类脂 / 聚偏氟乙烯高分子复合膜、三油酸甘油酯—醋酸纤维素复合膜（TECAM）、低密度聚乙烯膜（LDPE）和聚二甲基硅氧烷膜（PMDS）等，其中 TECAM 等复合膜表现出与鱼体较相似的富集能力，具备生物模拟采样功效，并对水体中非极性有机污染物具有很强的富集能力。

（一）连续流动水体被动采样装置

在对水体中有机污染物（如 POPs）的长期监测中，有时污染物浓度波动较大，传统的主动采样（瞬时抓取）频次较低，可能不能真实有效地反映水体中有机污染物的浓度，采样本身引起的误差会对分析结果造成偏误。中国科学院生态环境研究中心与同济大学研究团队合作研发了一种连续流动集成被动采样器（可装载 SPMD 装置和 TECAM、LDPE 或 PMDS 等半透膜），在自然水域的固定监测站点按时间进行动态采样，也可用于水域大尺度空间范围内走航期间航段的动态采样。

通常通过水管或蠕动泵从环境水体中抽取水样使其流经被动式采样装置，装置内的半透膜暴露于环境水体中，流出装置的水被泵入环境水体中。根据采样设计需求，在不同的时间点将装置中的半透膜取出，用以监测不同时段内污染物在膜中的富集浓度。同时，对时间梯度富集浓度使用一级动力学数学模型进行拟合计算，求得目标物质在水体中的浓度。

在被动式集成采样箱中的每个膜组件内，可同时放置两张半透膜，每个膜组件内半透膜采样时间不同，代表各个不同富集时段的样品。将取出的半透膜清洗后，进行膜样品处理并定量分析。目标物质在半透膜中的浓度随采样时间的增加而变化，使用分析软件对不同时间点的膜中富集浓度进行非线性拟合，拟合公式如上所述。目标物质在膜中的浓度 C_s、目标物质的平衡分配系数 K_p 以及富集时间 f 均为已知，输入上述参数，可拟合求得目标物质在该采样水体中的浓度 C_w 以及释放速率常数 k_e。

该方法基于连续流动水体原位被动采样和目标物分析测定数据，既可以用于掌握一定时间和空间尺度内有机污染物在水体中的动态变化和空间分布，也可以用于计算时间加权平均浓度，或空间加权平均浓度，从而减小不同时空范围内浓度波动变化的误差，为持久性、有毒的疏水性有机污染物的监测和生态风险评价提供数据支持。

（二）水下自动化时间序列被动采样器

为实现极地、山区、海岛等偏僻地区水体中持久性有毒物质（PTS）的筛查及其季节性变化特征的监测，同济大学与中国科学院生态环境研究中心合作研制了水下自动化时间序列被动采样器。这是一款自动化控制的半渗透膜被动采样器，主要用于特殊水体中持久性有机污染物的时间序列采样，以获得不同时间段的半透膜样品，为POPs的筛查以及特征有机物的长期跟踪监测提供有效手段。

水下自动化时间序列被动采样器原理在于：在投放到水体中之后，采样器的各个智能化被动采样单元将按时间序列打开和关闭，水中痕量的疏水性有机污染物，都会被开启的采样单元中的被动采样膜器件（如SPMD装置，以及TECAM、LDPE或PMDS等半透膜）原位捕获，连续富集一定时间后该采样单元自动关闭，接着按时启动下一个采样作业。无人值守采集任务完成后，取出不同采样单元的样品进行分析。该技术有助于提高我国履行国际公约优先控制污染物监测的能力，对国际上相关的设备研发与应用有重要意义。

四、应急监测技术

突发环境事件是指突然发生，造成或者可能造成重大人员伤亡、重大财产损失和对全国或某一地区的经济社会稳定、政治安定构成重大威胁和损害，有重大社会影响的涉及公共安全的环境事件。随着长期积累的环境问题的破坏性释放，我国突发环境事件时有发生，不但对经济和生态环境造成难以恢复的重大损失，而且对社会生活秩序产生了严重影响。

（一）突发性环境污染事故监测

突发环境事件不同于一般的环境污染，具有发生突然、扩散迅速、危害严重、污染物不明和处理困难等特点。根据突发环境事件的发生过程、性质和机理，突发环境事件主要分为三类，即突发性环境污染事故、生物物种安全环境事件和辐射环境污染事件。突发性环境污染事故是指由于违反环境保护法律法规以及意外因素的影响或不可抗拒的自然灾害等原因在瞬时或短时间内排放有毒有害物质，致使地表水、地下水、环境空气和土壤等环境要素受到严重的污染和破坏，对社会经济和人民生命财产造成损失及不良社会影响的突发恶性事故。根据污染物的性质及常发生的污染事故，通常可将突发性环境污染事故分为以下几类。

1. 剧毒农药和有毒化学品的泄漏与排放

有机磷农药如甲胺磷、对硫磷、敌敌畏、敌百虫等，有机氯农药如DDT、2，4—D等，有毒化学品如氰化钾、亚砷酸钠、砒霜、苯酚等，如运输不当会造成翻车、翻船泄漏排放以及氟化氢、芥子气、沙林毒剂等的挥发释放，从而可引起空气、水体、土壤等的严重污

染及人员伤亡。

2. 易燃易爆物的泄漏与爆炸

煤气、瓦斯气、石油液化气、乙醚、苯、甲苯等易挥发性燃气或有机溶剂如操作不当，易进入各个环境要素，其浓度达到一定极限值时易引起爆炸。

3. 溢油污染事故

油田或海上采油平台出现井喷、油轮触礁或与其他船只相撞等事件均可造成溢油事故，它可导致大量鱼类、水生动植物死亡，不但严重破坏海洋生态环境，而且可能引起燃烧和爆炸。

4. 城市污水和厂矿废水造成的水体污染事故

城市污水和厂矿废水含有大量的耗氧物质，突然泻入水体可大量消耗水中的溶解氧，不但导致鱼虾等窒息死亡，而且使水体发黑发臭，产生有毒的 CH_4、H_2S、NH_3 等，破坏生态环境。

应急监测是指在应急情况下，为查明环境污染情况和污染范围而进行的环境监测，包括定点监测和动态监测，是对污染事故及时、正确地进行应急处理，减轻事故危害和制定恢复措施的主要依据。《突发环境事件应急监测技术规范》（HJ 589—2010）对突发环境事件应急监测的布点与采样、监测项目与相应的现场监测和实验室监测分析方法、监测数据的处理与上报、监测的质量保证等技术要求进行了详细规定。

现场监测记录是应急监测结果的依据之一。应急监测应配置常用的现场监测仪器设备，如检测试纸、快速检测管和便携式监测仪器等。需要时，配置便携式气相色谱仪、便携式红外光谱仪、便携式气相色谱—质谱分析仪等。这些仪器应能快速鉴定、鉴别污染物，并能给出定性、半定量或定量的检测结果，直接读数，使用方便，易于携带，对样品的前处理要求低。凡具备现场测定条件的监测项目，应尽量进行现场测定。对于突发性环境污染事故，应急监测在分析技术上必须满足定性和定量的要求，在时间响应上必须做到迅速和及时。定性分析的目的是在最短的时间内准确查明污染物种类并尽可能提供详细的化合物信息。而通过定量分析可确定应急监测的采样断面、对照断面、控制断面和消减断面，为跟踪监测和事件处理提供技术依据，并可进一步确定污染事故的"元凶"和导致污染事故发生的客观条件及污染途径。

应急监测的作用主要包括以下几个方面。

（1）表征事故污染物

迅速提供污染事故的初步分析结果，如污染物的种类、形态、特性及释放量，受污染的区域和范围，向环境扩散的速率及降解速率等信息。

（2）快速提供处理措施

鉴于突发性环境污染事故所造成的严重后果，根据初步分析结果，迅速提出有效的应急措施，将事故的危害影响降到最低限度。

（3）连续、实时地监测事故发展态势

突发性环境污染事故对受污染地区产生的后果有可能会随时间的变化而产生不同的影响，因此必须对原拟定的处理措施进行实时的修正。

（4）为实验室分析提供第一手资料

由于突发性环境污染事故的复杂性，采用现场应急监测设备往往很难确切地弄清事故所涉及的为何种化学物质，但现场测定结果可为进一步开展实验室分析提供有益的帮助。

（5）为事故的评价提供必需的信息

对环境污染事故进行事故后的报告、分析、评价，可为将来预防类似事故的发生及拟定发生后的处理措施提供非常宝贵的参考资料。

（二）应急监测方案制订

在制订突发性环境污染事故应急监测方案时，应遵循的基本原则有：现场应急监测和实验室分析相结合；应急监测技术的先进性和现实可行性相结合；定性与定量相结合；快速与准确相结合等。

1.应急监测的样品采样及预处理

采样断面（点）的设置一般以突发环境事件发生地及其附近区域为主，同时必须注重人群和生活环境，重点关注对饮用水水源地、人群活动区域的空气、农田土壤等的影响，并合理设置监测断面（点），以掌握污染发生状况，反映事故发生区域环境的污染程度和范围。

对突发环境事件所污染的地表水、地下水、大气和土壤应设置对照断面（点）、控制断面（点），对地表水和地下水还应设置削减断面，尽可能以最少的断面（点）获取足够的有代表性的所需信息，同时需考虑采样的可行性和方便性。

采样应根据突发环境事件应急监测预案初步制订有关采样计划，包括布点原则、监测频次、采样方法、监测项目、采样人员及分工、采样器材、安全防护设备、必要的简易快速检测器材等。其中，采样器材的材质及洗涤要求可参照相应的水、大气和土壤监测技术规范，有条件的应专门配备一套应急监测采样设备。此外，还可利用当地的水质或大气自动在线监测设备进行采样。

2.应急监测项目

突发环境事件发生的突然性、形式多样性和成分复杂性决定了应急监测项目往往一时难以确定，此时应通过多种途径尽快确定主要污染物和监测项目。

（1）已知污染物的突发环境事件监测项目的确定

根据已知污染物确定主要监测项目，同时应考虑该污染物在环境中可能发生的反应、衍生成的其他有毒有害物质。

对固定源引发的突发环境事件，通过对引发事件的固定源单位的有关人员（如管理人员、技术人员和使用人员等）的调查询问，以及对引发事件的位置、所用设备、原辅材料、生产的产品等的调查，同时采集有代表性的污染源样品，确认主要污染物和监测项目。

对流动源引发的突发环境事件，通过对有关人员（如货主、驾驶员、押运员等）的询问以及运送危险化学品或危险废物的外包装、准运证、押运证、上岗证、驾驶证、车号（或船只）等信息，调查运输危险化学品的名称、数量、来源、生产和使用单位，同时采集有代表性的污染源样品，鉴定和确认主要污染物和监测项目。

（2）未知污染物的突发环境事件监测项目的确定

通过污染事故现场的一些特征，如气味、挥发性、遇水的反应特性、颜色及对周围环境作物的影响等，初步确定主要污染物和监测项目；如发生人员或动物中毒事故，可根据中毒反应的特征症状，初步确定主要污染物和监测项目；通过事故现场周围可能造成污染的排放源的生产、环保、安全记录，初步确定主要污染物和监测项目；利用空气自动监测站、水质自动监测站和污染源的在线监测系统等现有仪器设备的监测，确定主要污染物和监测项目；通过现场采样分析，包括采集有代表性的污染源样品，利用试纸、快速检测管和便携式检测仪器等现场快速分析手段，确定主要污染物和监测项目；通过采集样品，包括采集有代表性的污染源样品，送实验室分析后，确定主要污染物和监测项目。

3.应急监测方法

为迅速查明突发环境事件污染物的种类（或名称）、污染程度和范围以及污染发展趋势，在已有调查资料的基础上，充分利用现场快速监测方法和实验室现有的分析方法进行鉴别、确认。

为快速监测突发环境事件的污染物，首先可采用以下快速监测方法。

（1）快速试纸、快速检测管和便携式检测仪器等监测方法。

（2）现有的空气自动监测站、水质自动监测站和污染源在线监测系统等在用的监测方法。

（3）现行实验室分析方法。

采集样品后从速送实验室进行确认、鉴别，实验室应优先采用国家环境保护标准或行业标准。当上述方法不能满足要求时，可根据各地具体情况和仪器设备条件，选用其他适宜方法，如 ISO、美国 EPA、日本 JIS 等国外的分析方法。

（三）应急检测仪器

应急检测仪器设备的确定原则是：应能快速鉴定、鉴别污染物的种类，并能给出定性或半定量直至定量的检测结果，直接读数、使用方便、易于携带，对样品的前处理要求低。

下面介绍突发性环境污染常用的一些应急检测仪器的代表。

1.MQuantTM 定性 / 半定量测试试纸

MQuantTM 定性 / 半定量测试试纸非常适于突发性环境事故的快速检测，试纸条反应区虽然只有几个平方毫米，却是一个"化学芯片"。反应区负载了进行化学反应所需要的所有重要化学信息，如指示剂、缓冲溶液、氧化还原试剂等。使用步骤非常简单，取出测试条放入样品，通常反应 10min 后和外包装上的标准比色块对比即可。

2. 砷快速检测试纸

传统的砷测试过程烦琐，操作复杂且存在潜在的安全性问题。采用砷试纸法进行水质分析，只需要 3 种预制试剂。此外，反应过程中产生的砷蒸气被封闭在反应瓶中，避免了砷蒸气与人体接触，从而保证了使用过程中操作人员的安全。砷化物测试试纸的使用方法如下：将试纸浸入加有试剂的水样中，加盖密封，经过 20min 左右，砷蒸气在试纸的反应区内形成砷斑，使试纸的颜色发生改变，然后将试纸与包装瓶上的色阶进行比对，当试纸的颜色与某一个色阶的颜色接近时，就可读出该色阶对应的砷浓度，记录实验结果。每个包装内包括两个用于化学反应的测试瓶和所需的所有试剂，可以同时进行两组水样的测试。

3. 自吸式水质检测管

将显色试剂等直接封装在聚乙烯软塑料管中，测定时将检测管刺一小孔，用手压住检测管后端，放入待测水样吸入适量的水样，经过 2 ~ 3min 的显色反应后，测定液的颜色发生变化，将其与标准比色卡（一般有 6 个色阶）对比，即可得知待测物在水样中的浓度。该法操作简单、反应迅速，也是突发性应急监测的常用方法。

4. 便携式气相色谱仪

便携式 GC 与一般的 GC 相比，在性能方面已无明显差别，具有体积小、轻便、适于现场监测的特征。这类仪器主要使用 PID。PID 可以检测离子电位不大于 12EV 的任何化合物，如烷烃、芳香烃、多环芳烃、醛类、酮类、胺类、有机磷、有机氯等化合物以及一些有机金属化合物，还可检测 H_2S、Cl_2、NH_3、NO 等无机污染物。

5. 手持式 VOCs 检测仪

气体检测器有多种类型，其中用于挥发性有机气体检测的有光离子化检测器（PID）和氢火焰离子化检测器（FID）等。检测器以手持式结构为多，质量轻，体积小，通常一个人即可完成现场快速检测工作，在快速半定量检测、污染物筛选和报警等性能方面对应急监测具有不可替代的作用。PID 的工作原理是使用一支 UV 光源将有机物"击碎"成可被检测到的正负离子（离子化），检测器测量离子化的气体电荷，将其转化为电流信号，电流被放大并显示 VOCs 浓度。VOCs 被检测后，离子重新复合成原来的气体或蒸气，因而 PID 是非破坏性检测器，经检测的气体可被收集做进一步测定。PID 属于广谱型检测器，常用于芳香族化合物、醇、酮、醛、卤代烃、不饱和链烃和硫化物等气体的检测。FID 对能燃烧的有机物均有响应，与 PID 相比能检出的有机物种类更多，属于广谱型有机化合物检测器，除了可检测芳香烃类有机物（苯、甲苯和萘等）外，对饱和烃、不饱和烃、氯代烃、醇和酮等有机物也有响应，但 PID 的定量性能和灵敏度（10—⁹级）均优于 FID。便携式 FID 需要配置氢气瓶作为电离源，目前大部分 FID 产品都内置小型氢气瓶，并以进样气体作为氧气源点燃火焰，因而在危险环境中，其安全性低于 PID。

第三节　生态环境监测及环保技术发展分析

随着科学技术的不断发展，生态环境技术已经从原本的人工检测转变成了自动化检测，这使得多个检测地区获取的数据信息质量更高且同步效率更高，同时生态环境监测工作的整体质量也得到了提高。环保技术的应用需要结合技术要求为有关地区配置专业的生态环境保护资源，加快该地区生态环境保护工作的开展。但从实践角度来看，生态环境监测与环保技术的发展却面临着一些亟须解决的问题，这些问题使得环保技术难以实现规范化、系统化的发展，对此应当秉承着具体问题具体解决的原则，促进地方生态环境保护工作的配置升级。

一、常见的生态环境监测及环保技术

（一）色谱技术

色谱技术的本质是分离与分析，在生态环境监测和环保工作中通常被用来分离待检测物中的有机物。色谱技术分为气相色谱法与液相色谱法等。

（二）光谱技术

与色谱技术不同，光谱技术一般按照被检测物的原子光谱强度来检测其含量，在生态环境监测中的应用较为广泛。光谱技术通常分为发射光谱分析与吸收光谱分析两种，后者的基本依据为朗伯比尔定律。当前，我国已经建设了以光谱技术为核心的水环境监测技术标准，这为光谱技术的应用与发展打下了良好的基础。

（三）GPS 技术

GPS 技术在生态环境检测与环保工作中优劣势显著，通过全球定位体系的建设来实现生态环境的动态化检测，有助于保障数据信息的真实性与完整性。GPS 技术主要与卫星建立定位系统，再通过三维导航的功能为生态环境监测提供全球性的监控功能。与 RS 遥感技术相比，GPS 技术可以实现环境监测信息的高效率收集与处理，在不同的监测条件下都能实现生态环境的全方位监测。

（四）GIS 技术

GIS 为地理信息系统，主要针对地理信息数据进行收集与整合，通过计算机将地理信息进行存储与共享。而数据平台在运作期间还可以根据当前的地理空间情况进行环境分析，对不同的环境问题信息进行处理，实现空间动态信息的动态化管理。GIS 技术是目前应用非常广泛的生态环境监测技术，受到了环境监测管理单位的重点关注，并在应用实践中也发挥着自身的独特优势，保证了地理信息监测的真实性与有效性。

（五）RS 技术

RS 遥感技术主要运用卫星实现远程监测，根据电磁波的变化情况来分析监测目标中的生态环境信息。在监测期间，RS 技术还可以凭借自身的拍摄与扫描等功能来获取森林覆盖面积、植被生长情况、空气污染指数等信息。如我国在大兴安岭的生态环境监测工作中就运用了 RS 遥感技术，针对大兴安岭的植被覆盖面积变化进行监测，针对可能出现的环境问题进行评估，将其作为环境保护工作的参考信息，在保护生态环境的同时缩减了生态环境监测所需的成本。

二、生态环境监测与环保技术应用及发展的有关对策

（一）加大资金投入力度，促进规范化发展

技术的发展永远离不开充裕的资金，面对生态环境监测与环保技术发展中存在的种种问题，更应加大资金投入力度加以解决。目前，我国对生态环境保护十分重视，资金供应渠道也越来越多样化，这使原本的生态环境监测工作与环保工作的开展具备了稳定的基本条件，但资金投入与资金管理也需要实现"系统化"。如在环保技术的应用中，需要做好资金管理工作，杜绝资金随意使用和擅自挪用等问题，确保每一笔资金都能在生态环境监测工作中发挥作用，满足环境保护工作要求。同时，还需要根据生态环境监测的内容进行创新，统一工作标准和规范要点，确保工作人员在生态环境监测工作中能够按规定执行，保证环境监测结果的完整性与准确性，并且与实际情况符合。在一些特殊区域的生态环境监测中，还需要考虑地理因素的影响，选择合理的监测技术，提高监测结果的可靠性。

（二）加大宣传力度，完善相关的制度体系

做好宣传工作是促进环保工作持续稳定推进的基本要素之一。特别是在目前的时代背景下，人们的环保意识进一步提高，生态环境部门可以号召更多领域的群众参与到环境保护工作之中，从源头上控制环境污染的发生及污染程度，缓解生态环境监测与治理的压力。在经济新常态背景下，生态环境部门需要强调传统经济发展模式对于环境带来的危害，经济的发展不能以牺牲环境为代价，经济的可持续发展强调经济与环境的协调发展。因此，生态环境部门需要通过宣传工作将可持续发展理念贯彻到更多行业、更多领域，以及更多人群的理念之中，实现经济发展与环境保护的协同并进，建立更健康的发展体系，为生态

环境发展打下良好基础；同时，还需要通过制度的规范来为生态环境监测提供更有利的环境，形成健全的环保体系，加快环保技术的发展，为生态环境的保护与治理提供更有力的帮助，并通过新型环保理念的宣传为生态环境的可持续发展助力①。

（三）生态保护的全面参与

如今人们的环境保护意识加强，对环境保护工作的了解也越来越深入，大多数人群已经有了参与生态保护工作的倾向，但却缺少参与的机会，参与渠道不够多元化。对此可以在生态保护全员参与方面提供更多的参与途径，如通过手机或电脑软件推行"云种树"，为更多人群提供参与生态环境建设的机会，也调动人们参与环境保护的积极性。与此同时，还可以通过微信公众号、微博官方账号等方式持续关注生态环境保护进度和生态事件，如近些年出现的敦煌防护林大规模破坏事件，很多人都了解到了生态环境保护的关键意义，但大多数人却无法参与到生态保护工作中，对此可以借助网络为群众提供关注环境保护、参与环境保护讨论的渠道，让人们可以成为监督者。此外，还要推行新型的环保理念，不管是农村生活还是城市生活，政府部门可以为普通群众开设更多关于生态环境主题的活动或保护措施，不仅是生态旅游业的发展，还可以动员人们参与垃圾分类、资源再利用等活动。这些活动的本质也属于生态环境保护的一种，在生态环保理念全员渗透的背景下为人们提供更多的参与途径，让更多群众主动投入生态环境保护工作之中。

（四）建立正确认知，提高工作人员专业水平

各地区在大力发展经济建设的过程中也要兼顾环境保护工作，并根据当地的经济发展情况和环境保护现状规划针对性的生态环境保护工作方案，矫正原本侧重经济发展轻视环境保护的滞后理念。同时，还需要做好环境保护工作人员的培训教育工作，邀请更多行业专家和专业人士定期展开培训，从理论知识、实践技能、工作态度、工作理念等角度出发，一方面提高工作人员的技能水准，另一方面矫正错误的环保理念。

为充分提高培训教育活动的开展效果，生态环境部门还可以结合当地环保工作的开展现状和培训内容设计对应的培训考核机制，经过考核后的环保工作人员可以获得资格证书，原本的岗位工作在责任划分上更加明确具体，在工作酬劳方面也可以适当调整，但只有通过考核的人员才能持证上岗，未通过考核的可以选择继续接受培训直到通过为止。通过"培训＋培训考核"的方式筛选出专业素质达标的工作人员，保证生态环境检测与环保技术应用与发展质量②。

（五）数据采集

生态环境监测工作会产生大量的环境信息，这些环境信息包含地质监测信息、水质监

---

① 马丁园.生态环境监测及环保技术发展分析［J］.中国设备工程，2021（20）：154—156.
② 常光远.生态环境监测及环保技术发展分析［J］.资源节约与环境，2021（1）：45—46.

测信息、空气监测信息等，它们都是环境保护与治理工作开展的重要依据。目前，我国很多城市和地区都实现了环境监测的全方位覆盖，生态环境监测工作通常运用地面监测的手段实现，利用监测技术了解一定区域内的生态环境信息，再对这些监测数据进行整合与处理，能够为环境保护与治理提供更科学的依据。

（六）模拟真实评估，实时监测

在生态环境监测与保护中，工作人员需要结合目标区域的实际情况以及获取到的监测结果进行评估，运用人工智能和物联网、互联网等先进技术实现监测数据的整合与分析、处理等工作，及时发现污染源头并了解污染问题的位置与严重程度。生态环境监测系统平台的应用与发展还需要结合不同地区的情况进行区别应用，在其中安装对应数量的触头节点，避免系统中某一个节点出现故障而造成整个生态环境监测系统瘫痪等问题。为保证监测工作的灵活性与效率，还需结合建立的网络体系设计移动 Agent 节点。

（七）数据分析，创新回收技术，资源再生

随着信息技术的快速发展，大数据时代的来临给生态环境监测与环保技术的发展也带来了新的机遇，借助大数据分析强大的功能性实现环境监测与保护工作的开拓创新，为环保工作的开展提供更加精准可靠的信息支持。针对现有的回收技术进行创新与优化，在资源再生方面加大投入力度，针对生活废物进行回收再利用。如生活污水与工业废水是污水的主要来源，可以通过水资源净化技术对这部分污水进行净化，在水质达到标准后进行循环利用。针对现有的污水处理体系进行创新，缓解水资源短缺等问题，还可以运用可再生能源，如太阳能与风能等，在光伏发电与风力发电技术上仍需加大投入力度，提高资源开发效率，逐步降低对不可再生能源的需求，借此来降低使用石油、煤炭资源而造成的污染问题[1]。

三、生态环境监测及环保技术的发展展望

目前，虽然生态环境监测系统越来越完善，但并没有形成统一化的监测体系，污染控制不够精细化，监测信息的收集、处理、应用、共享质量依然有待提高，还需要进一步加快技术研发来实现。首先，需要完善生态环境监测责任体系，加强政府的主导地位，其他部门做好协调工作，引导更多社会公众参与到环境治理与监督工作中，实现全员参与、全面协同的生态环境保护体系。其次，要在生态污染方面完善法律法规制度，在生态环境监测方面制定完善的技术与规范，如空气环境监测和水质环境监测等，需要根据不同的监测方法制定不同标准。最后，则需要创新生态环境监测的技术体系，通过与先进技术的融合来开发更多的现代化生态环境监测技术，实现生态监测与生态治理的结合[2]。

① 石学玲. 浅谈生态环境监测及环保技术 [J]. 中外企业家，2019（19）：158.
② 王敏翔，宋骏捷. 对生态环境监测及环保技术及其应用的研究 [J]. 资源节约与环保，2019（2）：136.

目前，生态环境的保护是我国重点关注的问题，只有保证生态环境的治理与保护落实到位，才能真正实现经济的可持续发展。而生态环境监测与环保技术的发展在其中发挥着不可或缺的作用，对此应当进一步加快生态环境监测技术的创新，灵活运用环保技术方法，加大资金投入力度与宣传力度，完善相关的保护制度与执法流程等，为生态环境监测与保护提供更有利的开展条件，促进经济与生态的协调发展。

第四节　基于环保大数据的环境监测平台建设

一、大数据技术在环境监测中的优势

近年来，随着移动终端、传感器和智能终端等物联网监测设备的投入使用，各类数据呈现爆发式增长；随着环境监测的粒度变细和状态变量增多，环保数据呈现异构性、高维度、关联程度紧密等特点[1]。大数据技术利用物联网、数据挖掘和人工智能等技术，对类型多样的数据进行快速处理和存储，并能从不同的角度、维度挖掘有价值的信息[2]。大数据技术促进了商业变革。例如，在新闻个性化推荐、网上购物等方面，均产生了巨大的应用价值和经济价值。与现有的其他技术相比，大数据技术成为从海量数据中挖掘知识和揭示数据背后客观规律的有力武器[3]。

大数据技术用于环境监测方面，打造全国生态监测网，可实现数据资源的整合，提高部门协同工作能力。通过对数据进行综合分析，可为企业的污染治理提供技术支撑，为环境治理提供科学的解决方案。因此，搭建大数据环境监测具有重要的社会意义。

二、大数据环境监测平台建设框架

环保大数据监测平台不仅要考虑当前业务需求，还要考虑未来业务需求的变化。因此，平台采用稳定且易扩展的方式进行设计[4]。环境监测平台由数据采集层、数据处理层、数据存储层、数据计算层、数学建模层和应用层组成。

在保证数据真实的前提下，要从多个维度、时空属性、不同的粒度采集数据，如时间、位置、部门、过程等，实现过程和结果的全方位监测。数据采集要支持不同的采集方式，如数据库、传感器、文件等采集，采集的数据越多，建立的模型越稳定，所揭示的数据背后的规律越客观。

---

① 陶启，李伟，丁红卫，等．食品大数据应用综述 [J]．食品与生物技术学报，2020（12）：1—5.
② 杨应良．探究环保大数据在智慧环保监管领域的应用 [J]．低碳世界，2021（2）：50—51.
③ 曹越．大数据技术在生态环境保护中的应用价值研究 [J]．环境科学与管理，2020（11）：26—30.
④ 苗刚松，王卫．环保大数据平台的建设与思考 [J]．科技创新与应用，2020（20）：56—57.

采集的数据含有噪声数据，无法直接建模，需要对数据进行规范化处理。通过噪声数据处理、缺失数据补充、冗余数据删除、不同类型数据转换、数据分类、数据融合等操作，将数据整理成标准数据。数据涉及各个企业的内部私密信息，存储系统要采用安全性和保密性措施，确保数据得以安全存储。

目前，机器学习、深度学习等人工智能技术得到了广泛应用。例如，循环神经网络 LSTM 被广泛用于文本翻译，卷积神经网络 CNN 被成功用于视频分析和人脸识别。监测平台选择合适的分类或者回归模型进行建模，挖掘出数据背后的客观规律，用于环境精准化监测和科学治理。

业务层根据不同的业务需求对数据分析出的结果进行展示并与用户进行互动。业务层要具有扩展功能，可以随时增加、删除业务，并能够对结果进行可视化分析，挖掘出数据背后的客观规律及做出科学决策。

三、环保大数据平台应用

数据环境监测平台可实现对数据高效化管理，有效提高环境监测水平[①]。下面分别从污染物排放预警、污染物溯源、科学决策 3 个方面对监测平台的应用进行阐述。

（一）污染物排放预警

环境监测制度不够完善，部分企业擅自调整排污监控设备或进行排污数据造假，使得排放的污染物仍高于国家制定标准。污染物排放预警利用大数据信息技术对某一地区的环境污染以及未来的发展趋势进行建模与分析并给出科学预测。通过分析污染物的变化规律，对可能出现的污染事件进行预警，对打造区域生态环境监测网具有重要的推进作用。

（二）污染物溯源

污染物溯源机制不够完善，部分企业污染物偷排、偷放现象严重。污染物溯源根据提前安装的点监测设备或线监测设备，实时监测污染物从源头到监测点所经过的轨迹以及浓度变化信息。通过对污染物浓度进行定量分析并与轨迹信息进行匹配，实现对污染物的定位和溯源。该技术不仅可用于监管企业的偷排行为，还可对生产过程中的污染物处理进行全过程监测，为企业生产工艺的改进提供科学依据。

（三）科学决策

大数据技术对数据进行综合挖掘和分析，找到数据背后的客观规律，使其在环境监测和治理的过程中用数据思维的方式进行科学决策。与以经验为主的传统方式相比，其使得资源配置更优化，对环境治理更加精准化。例如，在种植农作物过程中，滥用化肥、农药，造成了土壤和地下水的严重污染，通过对农作物种植数据、化肥和农药数据进行综合分析，

① 陈武权. 江西省环保大数据平台建设思考 [J]. 江西科学，2017（6）：997—1000.

设计出一个高效、低污染、高产出的绿色农业生产模式，减少环境中重金属和有机物的污染。在汽车尾气排放方面，分析不同地区交通路线和车辆运行的轨迹等信息，对车辆的运行路线和红绿灯等待时间进行动态调度和调整，有效地减少汽车尾气排放，对未来道路的规划有科学的指导作用。

大数据技术为环境监测提供了新的发展方向。将大数据应用在环境监测方面不仅可以提高环保工作的效率，还使得环境监测更科学、更智能化，对构建完整的生态监测系统具有重要的推动作用。

结束语

随着我国经济的发展和人们思想意识的提高，保护生态环境已成为我国目前发展的重要战略，无论哪一行业的发展都必须秉持绿色生态的理念。同时，国家相关部门也在不断加大环境保护与治理力度，而环境监测是对生态环境进行保护的重要举措之一，对促进我国环境与经济社会的发展有重要意义。通过环境监测，能够从根本上改善生态环境品质，创造良好的生态环境。环境监测在生态环境保护中的发展策略如下。

（一）建立健全环境监测工作管理体系

管理体系是一切管理工作的首要前提，能够为管理人员的工作提供相应的体系制度保障，使其在工作中有规章制度可依。因此，环境监测部门要想推动其工作有序开展，必须建立健全相关制度，并加大监督力度，确保环境监测工作能够真正做到规范性与科学性的统一，同时又能对工作人员的行为进行一定的约束与管控。因此，环境监测部门必须结合其工作实际与特定情况制定相应的管理制度，也可以在现有的管理制度上进行完善与加强，从而打造完善与科学的环境监测工作管理体系，提升我国环境监测工作的系统性与全面性，促使我国生态环境得以改善。此外，环境监测部门还需要建立健全相关监督机制，将责任落实到每个工作人员身上，明确责任主体，确保在进行监管时各项任务都能找到其相关负责人，并且还应将环境监测工作的实施情况与工作人员的考评联系在一起，完善相应的奖惩制度，对工作完成质量与效率高的人员应及时奖励。同时，对于工作懈怠者则需要严格按照相关惩罚制度采取行动，以督促环境监测工作人员秉持认真、负责、专业的态度完成工作。

（二）加强环境监测先进技术的运用

随着现代科学技术的飞速发展，我国环境监测的技术与设备得到了极大的优化。在现阶段的环境监测工作中，大量先进的技术和仪器已得到了广泛的运用。在此背景之下，环境监测部门必须意识到使用先进技术与仪器的重要性，大力引进先进的技术并完善相关高科技仪器与设备。同时，工作人员必须加强对新技术、新设备的学习，提升自身使用这些

技术与设备的水平，并在日常工作中积极学习，踊跃参加相关技术水平比赛，更好地提高环境监测工作的质量与效率，实现对污染的有效整治。

（三）完善环境监测预警系统

为了更好地治理生态环境，在进行环境监测工作时需要对环境污染的程度进行分析与判断，进而确定污染对生态环境造成的破坏，再根据实际情况发出预警预报。因此，环境监测部门必须完善相应的预警系统，以污染现象的实际情况和具体数据作为依据，及时预警并制订出可行的解决方案，从容解决环境污染事件。

综上所述，随着我国城市化建设步伐的加快及经济增速，保护生态环境已成为当下人们极为关注的内容之一。在进行生态环境保护工作时，需要加强对生态环境的监测，有效开展环境监测工作。工作人员必须充分认识到环境监测对生态保护的重要意义，并加强对该项工作的重视，在实际工作中应用更多先进的环境监测技术与设备，提高其工作质量与效率，使监测工作更具有科学性。除此之外，还要为环境监测工作投入更多的资金，完善相应的管理体系及预警系统等，确保该项工作能够顺利开展。

参考文献

[1] 孙秀慧，周玉燕，王文．浅谈生态环境监测技术对环境保护管理的意义 [J]. 石河子科技，2023（03）：51—53+69.

[2] 裴松松，李鑫．提高大气环境监测质量的措施探究 [J]. 黑龙江环境通报，2023，36（02）：64—66.

[3] 陈兴宇．环境监测预警对于环境保护工作的影响分析 [J]. 黑龙江环境通报，2023，36（02）：73—75.

[4] 何天英．探究环境监测在环境保护工程中的重要意义 [J]. 黑龙江环境通报，2023，36（02）：70—72.

[5] 潘法安．关于水环境监测及水污染防治的相关思考 [J]. 黑龙江环境通报，2023，36（02）：76—78.

[6] 代菊，陈苋．环境监测在生态环境保护中的作用及发展措施探讨 [J]. 清洗世界，2023，39（04）：115—117.

[7] 黄润生．关于环境监测在生态环境保护中的作用和发展探讨 [J]. 清洗世界，2023，39（04）：103—105.

[8] 廖丹．水环境监测全过程质量体系构建及对策分析 [J]. 清洗世界，2023，39（04）：112—114.

[9] 詹雪梅．大气环境监测的布点方法及发展策略研究 [J]. 清洗世界，2023，39（04）：132—134.

[10] 赵晨，李崇智，王贺．生态环境监测技术如何实现环境保护管理 [J]. 智慧中国，2023（04）：88—89.

[11] 郑小妹，邱行利，王晓宇，等．大气环境污染应急监测的问题及对策 [J]. 化学工程与装备，2023（04）：232—234.

[12] 陆珣．环境监测在生态环境保护中的作用及发展策略 [J]. 皮革制作与环保科技，2023，4（07）：40—42.

275

[13] 雷江 . 环境监测在生态环境保护中的作用及发展途径研究 [J]. 皮革制作与环保科技，2023，4（07）：81—83.

[14] 程鹏飞 . 水环境监测工作的技术要点与改进策略 [J]. 皮革制作与环保科技，2023，4（06）：180—181+184.

[15] 张娟 . 试析大气环境监测全过程质量控制的有效方法 [J]. 皮革制作与环保科技，2023，4（06）：82—84.

[16] 艾贞 . 水环境监测及水污染防治研究 [J]. 低碳世界，2023，13（03）：31—33.

[17] 彭庆 . 土壤环境监测的重要性及发展趋势分析 [J]. 资源节约与环保，2023（03）：85—88.

[18] 李志远 . 水环境监测中遥感技术的作用及应用策略分析 [J]. 清洗世界，2023，39（03）：155—157.

[19] 唐明 . 浅谈水环境监测现状及发展趋势 [J]. 皮革制作与环保科技，2023，4（05）：67—68.

[20] 赵东敏 . 人工智能技术在大气环境监测中的应用 [J]. 环境工程，2023，41（03）：322.

[21] 王宇峰，刘凯，梁增强 . 环境监测在环境保护中的作用与策略探索 [J]. 冶金管理，2023（04）：109—112.

[22] 张玉国 . 环境监测在生态环境保护中的意义与策略 [J]. 皮革制作与环保科技，2023，4（04）：39—41.

[23] 赵聪园 . 浅谈生态环境监测技术的发展对环境保护管理的意义 [J]. 皮革制作与环保科技，2023，4（04）：72—74.

[24] 田珍 . 环境监测在生态环境保护中的应用 [J]. 化纤与纺织技术，2023，52（02）：116—118.

[25] 董建 . 低碳经济背景下环境监测对生态环境保护的促进作用 [J]. 皮革制作与环保科技，2023，4（03）：39—41.

[26] 石涛 . 生态环境保护中环境监测管理探讨 [J]. 清洗世界，2023，39（01）：128—130.

[27] 纪轶，李媛媛 . 环境监测在生态环境保护中的作用及发展分析 [J]. 清洗世界，2023，39（01）：140—142.

[28] 杨丹 . 分析生态环境保护中环境监测的作用及发展措施 [J]. 皮革制作与环保科技，2023，4（02）：69—71.

[29] 肖宇 . 土壤环境污染监测及治理措施 [J]. 资源节约与环保，2023（01）：55—58.

[30] 刘增彩 . 水土保持及其生态环境监测方法研究 [J]. 低碳世界，2023，13（01）：45—47.

[31] 鲁守良 . 遥感技术在现代环境监测与环境保护中的应用 [J]. 化纤与纺织技术，2023，52（01）：43—45.

[32] 黄婵娟.土壤环境污染及监测技术发展探索 [J].清洗世界，2022，38（12）：75—77+80.

[33] 任燕.环境监测工作在生态环境保护中的重要性探究 [J].清洗世界，2022，38（12）：111—113.

[34] 樊明辉.水土保持及其生态环境监测方法分析 [J].皮革制作与环保科技，2022，3（24）：113—114+117.

[35] 郭勇，屈磊，李超.我国土壤环境监测技术的应用现状及发展趋势 [J].皮革制作与环保科技，2022，3（24）：42—44.

[36] 顾雷霆.环境监测在生态环境保护中的作用及途径分析 [J].皮革制作与环保科技，2022，3（24）：160—161+164.

[37] 陆杨.生态环境保护中基层环境监测管理的若干问题 [J].皮革制作与环保科技，2022，3（24）：177—179.

[38] 郑小妹，王晓宇.环境监测在环境保护工作中的作用分析 [J].资源节约与环保，2022（12）：71—74.

[39] 申剑.生态环境监测在环境保护中的作用及措施探究 [J].资源节约与环保，2022（12）：83—86.

[40] 张弦.环境监测技术在生态环境保护中的运用研究 [J].低碳世界，2022，12（12）：22—24.

[41] 林淮.土壤环境监测质量控制探讨 [J].皮革制作与环保科技，2022，3（23）：40—42.

[42] 邹飞.环境监测在环境保护中的作用 [J].城市建设理论研究（电子版），2022（34）：109—111.

[43] 崔伟洋，王坤.生态环境保护中环境监测的重要性及实施策略 [J].清洗世界，2022，38（11）：143—145.

[44] 何莹洁.生态环境保护工作中的环境监测档案管理 [J].清洗世界，2022，38（11）：194—196.

[45] 李晓.生态环境保护视角下水资源环境监测的实施 [J].智慧中国，2022（11）：78—79.

[46] 姜德民.土壤环境污染监测技术及方法 [J].黑龙江环境通报，2022，35（04）：79—81.

[47] 高兰.土壤环境监测技术的现状及展望 [J].黑龙江环境通报，2022，35（04）：104—107.

[48] 郎炜.生态环境保护中环境监测的作用分析 [J].皮革制作与环保科技，2022，3（20）：148—150.

[49] 哈力木拉提·提力瓦丁. 环境监测在生态环境保护中的作用及发展措施 [J]. 皮革制作与环保科技，2022，3（18）：169—171.

[50] 林正葳. 环保大数据在环境污染防治管理中的运用 [J]. 资源节约与环保，2022（07）：69—72.

[51] 杨亚兵. 水土环境保持监测工作的重要性 [J]. 旅游纵览（行业版），2012（06）：96.

[52] 范礼国. 初探水土保持的生态环境监测方法 [J]. 资源节约与环保，2020（02）：40.

[53] 李建，王慧铭，李文俊. 浅谈水土保持的生态环境监测方式 [J]. 资源节约与环保，2018（10）：142.

[54] 王双顶. 水土保持中的生态环境监测探讨 [J]. 环境科学导刊，2016，35（S1）：245—246.

[55] 程玉明. 浅析水土保持的生态环境监测方法 [J]. 资源节约与环保，2014（01）：140.

[56] 薛明. 水土保持环境指标遥感监测技术研究 [J]. 科技资讯，2012（29）：176—177.